Kay André Weidenmann

Verbundstrangpressen mit modifizierten Kammerwerkzeugen

Werkstofftechnik, Fertigungstechnik, Simulation

Verbundstrangpressen mit modifizierten Kammerwerkzeugen

Werkstofftechnik, Fertigungstechnik, Simulation

von
Kay André Weidenmann

Umschlagbild

Institut für Umformtechnik und Leichtbau, IUL, TU Dortmund
Institut für Angewandte Materialien – Werkstoffkunde, IAM-WK, KIT

Impressum

Karlsruher Institut für Technologie (KIT)
KIT Scientific Publishing
Straße am Forum 2
D-76131 Karlsruhe
www.ksp.kit.edu

KIT – Universität des Landes Baden-Württemberg und
nationales Forschungszentrum in der Helmholtz-Gemeinschaft

KIT Scientific Publishing 2012
Print on Demand

ISBN 978-3-86644-890-2

Vorwort

Das vorliegende Buch basiert auf der vom Autor verfassten Habilitationsschrift mit dem Titel „Werkstoff- und Fertigungstechnik des Verbundstrangpressens mit modifizierten Kammerwerkzeugen", die im Jahre 2011 bei der Fakultät für Maschinenbau des KIT eingereicht wurde.

Mein Dank gebührt allen Kolleginnen und Kollegen, die zum Gelingen dieser Habilitationsschrift beigetragen haben. Diese ist in meiner Zeit als Abteilungsleiter am Institut für Angewandte Materialien – Werkstoffkunde des Karlsruher Instituts für Technologie entstanden und basiert maßgeblich auf den Forschungsleistungen, die innerhalb des Sonderforschungsbereichs/Transregio 10 erbracht wurden und dem ich seit seiner Entstehung im Jahre 2003 als Mitarbeiter und seit kurzer Zeit auch als Teilprojektleiter mehrerer Teilprojekten angehöre.

Den Mitgliedern der Habilitationskomission, insbesondere den Gutachtern Prof. Dr.-Ing. habil. Volker Schulze, Prof. Dr.-Ing. A. Erman Tekkaya, Prof. Dr.-Ing. habil. Horst Biermann und Prof. Dr. rer.nat. Alexander Wanner danke ich für die Begutachtung der Arbeit und die Begleitung des Verfahrens.

Langjährige Weggefährten auf dem Forschungsgebiet des Verbundstrangpressens und den damit zusammenhängenden Fragestellungen waren oder sind meine Dortmunder Kollegen Michael Schomäcker, Marco Schikorra, Dirk Becker, Thomas Kloppenborg, Nooman Ben Khalifa und Daniel Pietzka sowie hier in Karlsruhe Matthias Merzkirch, Thilo Hammers und Andreas Reeb. Ihren Forschungs- und Publikationsleistungen ist maßgeblich zu verdanken, dass dem fertigungstechnischen Nischenthema Verbundstrangpressen mit modifizierten Kammerwerkzeugen heute die Bedeutung zukommt, die eine zusammenfassende Betrachtung im Rahmen dieses Buches rechtfertigt und damit dieses erst sinnvoll ermöglicht.

Allen Kolleginnen und Kollegen des Sonderforschungsbereichs Transregio 10 danke ich für die partnerschaftliche und erfolgreiche Zusammenarbeit. Allen Mitarbeitern des Instituts für Angewandte Materialien – Werkstoffkunde aus Wissenschaft, Verwaltung und Technik gilt mein herzlichster Dank für die stets tatkräftige Unterstützung bei meiner wissenschaftlichen Arbeit in nun fast einer Dekade der Institutszugehörigkeit.

Karlsruhe, im September 2012   *Kay André Weidenmann*

Inhaltsverzeichnis

1 Einleitung

Strangpressen von Profilen aus Leichtmetallen wie Aluminium oder Magnesium ist seit mehreren Jahrzehnten Stand der industriellen Technik. Die Gestaltungsmöglichkeiten hinsichtlich der Formenvielfalt sind bei diesem Verfahren äußerst zahlreich, weshalb es sich für die wirtschaftliche Herstellung von formleichtbauoptimierten Profilen grundsätzlich eignet und so auch eingesetzt wird. Will man jedoch die Stoffeigenschaften optimieren, stößt man beim Strangpressen früh an technologische Grenzen. So lassen sich beispielsweise Stähle oder Titan als weitere hochwertige Leichtbauwerkstoffe aufgrund der notwendigen höheren Temperaturen und der dadurch gesteigerten Anforderungen an die Strangpresswerkzeuge nur noch schwer bzw. in der Formenvielfalt deutlich eingeschränkt durch Strangpressen verarbeiten. Das Verbundstrangpressen schafft hier grundsätzlich Abhilfe: Die Kombination einer gut strangpressbaren Komponente (z.B. als Matrix) mit einer hinsichtlich Festigkeit und/oder Steifigkeit leistungsfähigeren Komponente (z.B. als Verstärkung) ermöglicht die Fertigung von Profilen, die neue Eigenschaftskombinationen besitzen.

In den vergangenen Jahrzehnten wurden mehrere Verfahrensvarianten des Verbundstrangpressens entwickelt, darunter in den 1970er Jahren das Verbundstrangpressen mit modifizierten Kammerwerkzeugen, dessen Potenzial insbesondere für den Leichtbau bewegter Massen bislang nicht hinreichend genutzt wird.

Seit 2003 beschäftigt sich der von der DFG geförderte Sonderforschungsbereich/Transregio 10 an den Standorten Dortmund, Karlsruhe und München mit der integrierten flexiblen Fertigung leichter Tragwerkstrukturen. Zwei Jahre zuvor wurde am Standort Dortmund das Verbundstrangpressen mit modifizierten Kammerwerkzeugen in den Fokus der Forschungsarbeiten gerückt und in Folge auch in den Transregio 10 integriert. Anfangs noch als „Risikothema" eingeschätzt, konnten auf dem Gebiet des Verbundstrangpressens mit modifizierten Kammerwerkzeugen durch die konzertierte Betrachtung der Fertigungstechnik, der Verfahrenssimulation und der Werkstofftechnik zwischenzeitlich große Fortschritte erzielt werden, in deren Folge das Potenzial für neue Anwendungsgebiete und Verfahrensvarianten des Verbundstrangpressens mit modifizierten Kammerwerkzeugen aufgezeigt werden konnte. Gleichzeitig sind jedoch die aktuellen Forschungsaktivitäten im Bereich des Verbundstrangpressens mit modifizierten Kammerwerkzeugen bislang im Wesentlichen auf den Sonderforschungsbereich/Transregio 10 begrenzt.

In den mittlerweile 10 Jahren, in denen dieses Verfahren durch die Forschenden neu angegangen wurde, wurden die Grundlagen gelegt, das Verbundstrangpressen mit modifizierten Kammerwerkzeugen aus seiner Nische zu rücken und künftig verstärkt auch in der industriellen Praxis umzusetzen. Diese Arbeit soll diese grundlegenden Forschungsarbeiten zusammenfassend reflektieren, wobei der Schwerpunkt auf der werkstoff- und fertigungstechnischen Betrachtung des Verfahrens liegen soll, da in diesen Bereichen zum Einen die größten Herausforderungen liegen und zum Anderen der Autor auf dem Gebiet der Werkstofftechnik des Verbundstrangpressens selbst promoviert hat und seitdem weiterhin gemeinsam mit mehreren Mitarbeitern und Kollegen auf diesem Gebiet forschend tätig ist.

Diese Arbeit ist in vier Hauptkapitel gegliedert, die einen zusammenfassenden Überblick über die Fertigungs- und Werkstofftechnik des Verbundstrangpressens mit modifizierten Kammerwerkzeugen geben sollen. Nach der Einleitung betrachtet Kapitel 2 die fertigungstechnischen Aspekte des Verbundstrangpressens selbst, Kapitel 3 beleuchtet die FEM-Simulation des Prozesses, Kapitel 4 enthält die werkstofftechnischen Betrachtungen von verbundstranggepressten Werkstoffsystemen. In Kapitel 5 werden Fragestellungen bearbeitet, die über die Fertigungs- und Werkstofftechnik des Verfahrens als solches hinaus gehen. Der Abschnitt umfasst eine kurze Darstellung bisher dokumentierter oder potenziell möglicher Anwendungen des Verfahrens zur Herstellung von Verbundprofilen.

2 Technologie des Verbundstrangpressens mit modifizierten Kammerwerkzeugen

2.1 Verfahrensvarianten des Verbundstrangpressens – Grundlagen und historische Entwicklung

Das Verbundstrangpressen gehört zu den Herstellverfahren in fester Phase, die sich von den Flüssigphasenverfahren zur Herstellung von Verbunden über die auftretenden Aggregatzustände abgrenzen lassen [DEG92]. Das Verbundstrangpressen gliedert sich dabei in mehrere Verfahrensvarianten, die im Folgenden kurz vorgestellt werden. Gleichwohl sind alle Verfahren unterschiedlich verbreitet, jedoch gehört das Verbundstrangpressen allgemein im Vergleich zum konventionellen Strangpressen hinsichtlich des Produktionsvolumens sicherlich zu den Nischenverfahren.

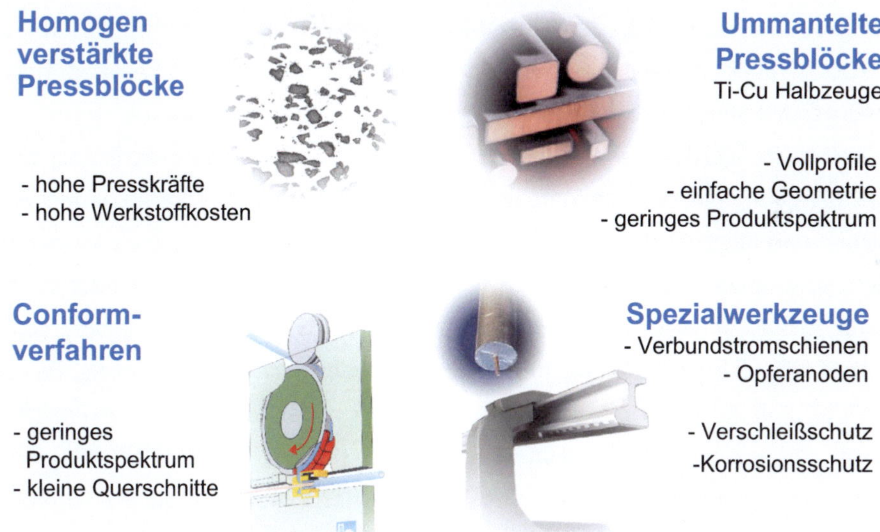

Bild 2.1:   Schematische Darstellung der Verfahrensvarianten des Verbundstrangpressens [KLE04a]

Grundsätzlich lassen sich beim Verbundstrangpressen zwei Verfahrensprinzipien unterscheiden. Entweder der Pressblock ist bereits verstärkt bzw. heterogen mehrphasig und dieser Verbundwerkstoff wird dann durch Strangpressen umgeformt, so z.B. beim Verbundstrangpressen von kurzfaser- und teilchenverstärkten Leichtmetalllegierungen oder beim Einsatz mehrkerniger Pressblöcke. Alternativ kann die verstärkende Komponente erst während des Umformprozesses zugeführt werden [KLE04a].

2.1.1 Verbundstrangpressen homogen verstärkter Blöcke

Das Verbundstrangpressen homogen verstärkter, d.h. kurzfaser- oder teilchenverstärkter Pressblöcke basiert hinsichtlich Verfahrensprinzip und -technologie auf dem Strangpressen konventioneller Pressblöcke [BAU01a]. Erste Entwicklungen auf dem Gebiet der dispersionsverstärkten Strangpressprofile gehen dabei zurück auf [JAN75], der diese auf Basis von gemahlenem und oberflächlich oxidiertem Aluminiumpulver herstellte. Der so erreichte Verstärkungsgehalt lag bei 12-15 Vol.-% Aluminiumoxid. Neben Aluminiumoxid kam früh auch Aluminiumkarbid zum Einsatz. Ein solcher Werkstoff wurde in den 1980er Jahren unter dem Namen „Dispal" vertrieben [ARN85]. Zusammenfassend ist festzustellen, dass sich bisherige Untersuchungen vor allem auf aluminiumoxidbasierte Verstärkungen aus Partikeln oder Kurzfasern stützen. Doch neben „Dispal" wird auch über verbundstranggepresste kohlenstofffaserverstärkte Aluminiumprofile berichtet [KRY91].

Als Halbzeuge werden bei dieser Verfahrensvariante verstärkte Pressblöcke eingesetzt, die häufig durch Sprühkompaktieren hergestellt werden [CRA88], wobei harte Teilchen und Kurzfasern mittels Injektor in den Sprühstrahl eingeblasen werden und eine Dispersion im Block bilden. Als Alternative bietet sich das Einrühren der Verstärkungen in die Schmelze an, dies ist jedoch im Vergleich zum Sprühkompaktieren hinsichtlich einer feinen Verteilung der Dispersoide oder Kurzfasern ungünstig. Die Verwendung von Kurzfasern resultiert in einer Faserorientierung der im Pressblock isotrop vorliegenden Fasern beim Strangpressen [BRE67] [MOR85] [KAN94], dabei hat die Auslegung des Presswerkzeuges wesentlichen Einfluss auf diese Orientierung und damit auf die resultierenden Werkstoffeigenschaften [KAN00]. Bei hochfesten, spröden Fasern oder Teilchen besteht dabei grundsätzlich die Gefahr des Partikelbruchs [KAN94] [STÖ78][DAV95]

Hochsiliziumhaltige Aluminiumlegierungen können durch Verbundstrangpressen zu Zylinderlaufbuchsen verarbeitet werden [HUM97], die sich durch das Umgehen der schmelzflüssigen Phase in einer hohen Gefügefeinheit fertigen lassen. Das Eutektikum und die primären Phasen sind dann feiner als 25 µm, was die Warm- und Ermüdungsfestigkeit deutlich steigert. Jedoch müssen sich diese Vorteile durch gesteigerte Kosten gegenüber der gießtechnischen Route erkauft werden.

Die Integration harter Verstärkungsphasen in den Pressblock führt jedoch auch zu prozesstechnischen Nachteilen: Die benötigten Presskräfte steigen durch die verminderte Umformbarkeit, der Werkzeugverschleiß nimmt durch die Abrasion zu. Zudem steigen auch die Halbzeugkosten, da die Herstellung verstärkter Blöcke entsprechend aufwändig ist [KLE04a].

2.1.2   Verbundstrangpressen von mehrkernigen oder ummantelten Blöcken

Im Unterschied zum im vorherigen Abschnitt beschriebenen Verfahren werden beim Verbundstrangpressen mehrkerniger Blöcke alle Komponenten im Pressblock umgeformt. [RUP81] stellen mehrere Möglichkeiten zur Herstellung von Metall-Graphit-Verbunden auf Basis des Verbundstrangpressens mehrkerniger Blöcke vor. Halbzeuge sind pulvergefüllte Blöcke, die durch Verbundstrangpressen zu Manteldrähten umgeformt werden. Diese Manteldrähte werden in Bündel zu mehrkernigen Blöcken zusammengefasst und erneut umgeformt.

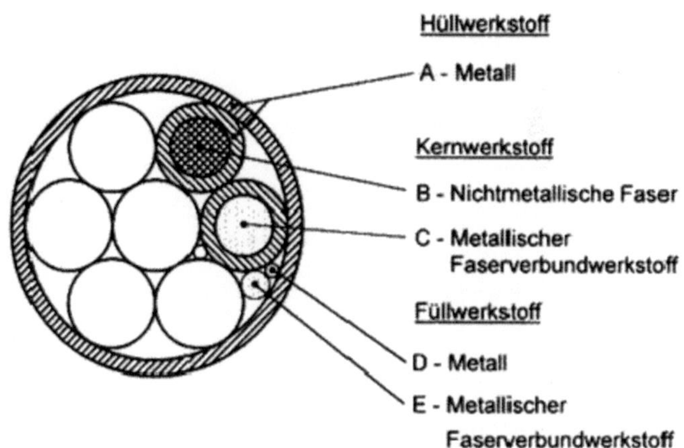

Bild 2.2:   Schematischer Aufbau metallischer Faserverbundwerkstoffe [MÜL91].

Da die verschiedenen Einzelkomponenten des Pressblockes beim Umformen keine Verschiebungen gegeneinander aufweisen sollten, kommt als Presstechnologie häufig das indirekte oder das hydrostatische Strangpressen zum Einsatz. Hierbei gibt es kaum Reibung zwischen dem Rezipienten und dem Pressblock, der zu solchen, unerwünschten Verschiebungen führen könnte. Gelingt dies nicht, sind Kern- und Hüllenbrüche häufige Ursachen für Unstetigkeiten im Endprodukt [MÜL03]. Bild 2.2 zeigt beispielhaft die Vielzahl möglicher Werkstoffkombinationen, die heute allerdings noch keineswegs voll genutzt werden [MÜL91].

Ummantelte Blöcke sind der einfachste Fall eines mehrkernigen Blockes. Dabei kann der Block entweder gießtechnisch (siehe z.B. [GRI09]) oder mechanisch z.B. durch Einschrumpfen eines Kerns (siehe z.B. [MÖH04]) hergestellt werden. Auch einfaches Einlegen eines Kerns ist möglich. Untersuchungen von [GRI09] haben jedoch gezeigt, dass die Grenzflächenfestigkeit gegenüber dem Umgießen in diesem Fall deutlich reduziert ist (Bild 2.3).

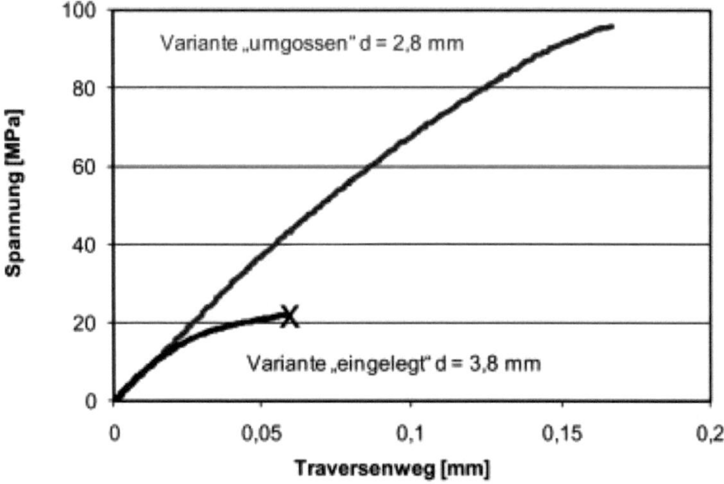

Bild 2.3:   *Festigkeiten der Grenzflächen in Ti-Al-Verbunden bei Verwendung umgossener oder eingelegter Kerne [GRI09]*

Mit diesem Verfahren wurden beispielsweise kupferummantelte Aluminiumleiter [HOR70], Verbundrohre [CHT00][MÖH04] oder Titan-Aluminium-Profile [GRI09] gefertigt.

Das Verbundstrangpressen mehrkerniger oder ummantelter Blöcke beschränkt sich bislang vor allem auf Anwendungen in der Elektrotechnik [RUP81]. Aufgrund der Tatsache, dass die Fließwege sehr genau bekannt sein müssen, um Vorhersagen über die Werkstoffverteilung im Endprodukt machen zu können, ist die Formenvielfalt auf eher einfache Profilgeometrien – namentlich einfache Hohlprofile oder Vollprofile – beschränkt. [CHT00] zeigt potenzielle Profilvariationen mit teils aufwändigen Pressblockgestaltungen, die ein kontinuierliches Block-auf-Block-Pressen unmöglich zulassen.

2.1.3 Das Conform-Verfahren

Das Conform-Verfahren unterscheidet sich erheblich von den anderen vorgestellten Varianten des Verbundstrangpressens, da es eine für sich eigene Prozesstechnologie besitzt, die mit dem (in)direkten oder hydrostatischen Strangpressen per se nicht vergleichbar ist.

Das Verfahren wurde zu Beginn der 1970er Jahre durch die britische Atomenergiebehörde entwickelt [TON02]. Die Aufgaben von Rezipient und Pressstempel werden von einem oder zweien rotierenden Reibrädern übernommen, die entlang ihres Umfangs eine oder zwei Nuten besitzen. Als Umformgut kommen nur rund 10 mm bis 25 mm dicke Drähte zum Einsatz, die durch die aufgrund der Rotation des Rades auftretende Reibung in die Umformzone gebracht und erwärmt werden. Alternative Verfahren auf Basis von Granulat, Pulver oder Schmelzen sind bekannt [SIE01]. Im Bereich der Umformung ist die Nut durch ein Verschlussstück abgedichtet, so dass das Halbzeug gezwungen ist durch das Umformwerkzeug auszutreten. Dabei können die Endprodukte größere Querschnitte als die Halbzeuge aufweisen [TON02], was beim konventionellen Strangpressen nicht üblich ist. Prinzipiell ist die Reibwärme vorteilhafterweise für die Umformung ausreichend, es ist aber möglich und vor allem notwendig, die Matrize zusätzlich zu heizen, um höhere Umformgrade oder komplexere Geometrien (Hohl- oder Verbundprofile) zu erschließen. Schon durch das Verfahrensprinzip können keine sonderlich hohen Umformkräfte realisiert werden, weshalb die Herstellung von Hohlprofilen oder Verbundprofilen schwierig ist, da die Kräfte für den Einsatz eines klassischen Mehrkammerwerkzeuges kaum ausreichen. Um die Werkstoffflüsse schon vorab zu trennen, beschreibt [LAN85] ein Maschinenkonzept mit zwei Reibrädern; [DAW96] ein Konzept mit einem Reibrad mit zwei Nuten.

Das Verfahrensprinzip zur Verbundherstellung mittels Conform-Verfahren ist in Bild 2.4 am Beispiel des Kabelummantelns gezeigt.

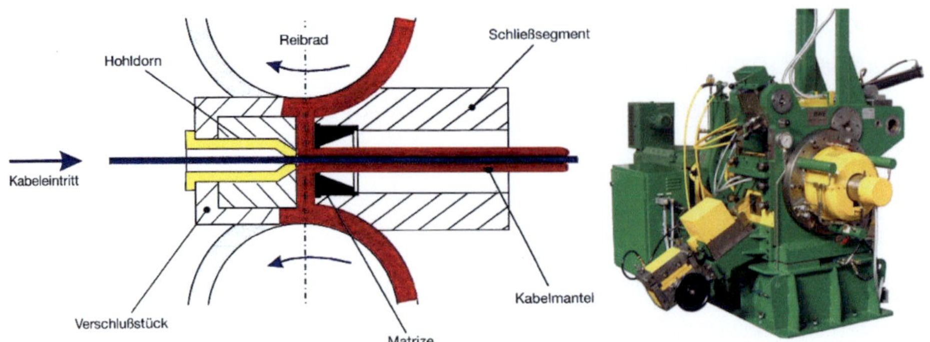

Bild 2.4: Conform-Verfahren – prinzipielle Darstellung der Verbundfertigung [SIE01] (links), CONKLAD-Anlage der Firma BWE [BWE11] (rechts)

Die Verbundbildung findet im Gegensatz zu den bisher vorgestellten Verfahren erst in der Umformzone statt. Auf Basis eines solchen Verfahrens berichtet [GAO99] von der Herstellung aluminiumbeschichteter Stahldrähte. Dabei wurden Umformtemperaturen von 450 bis 550 °C erreicht. Das Beschichten von Drähten mittels Conform wird von dem britischen Unternehmen BEW unter dem Handelsnamen CONKLAD vertrieben [BWE11]. Werkstoffe, die im Conform-Verfahren verarbeitet werden, sind neben Aluminium auch Kupfer, Zink, Blei, Magnesium sowie die Edelmetalle Silber und Gold [SIE01]. Aufgrund der beschriebenen Restriktionen hinsichtlich der möglichen Umformdrücke und der Werkzeuggeometrien ist die Formenvielfalt und damit das Produktspektrum beim Conform-Verfahren ähnlich eingeschränkt wie beim Verbundstrangpressen von mehrkernigen Blöcken, wenngleich die Gründe anderer Natur sind. Diese Aussage gilt noch stärker für das Verbundstrangpressen mit Conform, das sich letztlich auf beschichtete oder ummantelte Drähte beschränkt. Das Conform-Verfahren hat vor allem Vorteile hinsichtlich der Kontinuität des Verfahrens, da die drahtförmigen Halbzeuge eine durchgängige Profilfertigung ohne den sonst beim Strangpressen obligatorischen, häufigen Blockwechsel ermöglichen.

2.1.4 Verbundstrangpressen mit modifizierten Kammerwerkzeugen

Diese Variante des Verbundstrangpressens wird hier nur kurz vorgestellt, da diese Technologie im Rahmen dieser Arbeit intensiv betrachtet und daher in den folgenden Kapiteln umfassend dargestellt wird. An dieser Stelle soll daher nur das Grundprinzip kurz erläutert werden. Wie beim Conform-Verfahren werden beim Verbundstrangpressen mit modifizierten Kammerwerkzeugen nicht alle Komponenten umgeformt und die beiden Komponenten werden erst in der Umformzone vereinigt. Das Verfahrensprinzip (Bild 2.5) ähnelt hierbei dem konventionellen Strangpressen mit dem Unterschied, dass modifizierte Mehrkammerwerkzeuge zum Einsatz kommen, die eine Zuführung weiterer Komponenten zulassen. Das Verfahren basiert dabei auf dem direkten Strangpressen bezüglich seiner Analogie hinsichtlich des Aufbaus der Strangpresse und der Verwendung unverstärkter Pressblöcke. [GRI09] liegt hier falsch, wenn er behauptet, dass beim Verbundstrangpressen von Aluminiumlegierungen „üblicherweise" von außen zugeführte Verstärkungen eingesetzt werden. Es handelt sich auch keinesfalls um eine „klassische" Drahtverstärkung [GRI09]. Verfahren mit verstärkten oder mehrkernigen Blöcken sind weitaus häufiger verbreitet als diese Verfahrensvariante.

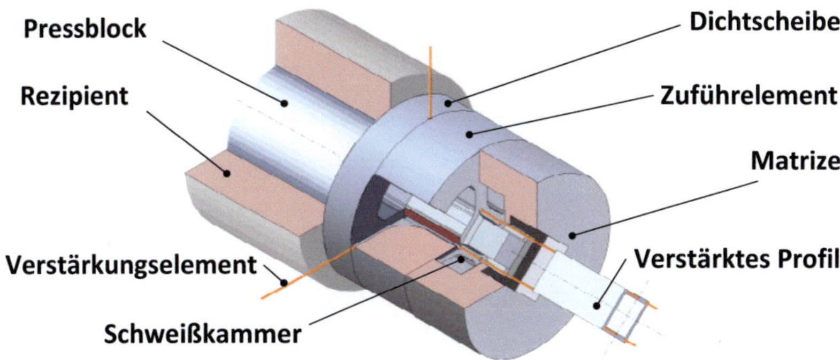

Bild 2.5:   Verbundstrangpressen mit modifizierten Kammerwerkzeugen – Verfahrensprinzip nach [KLE04b][KLA04a]

Im Vergleich zu den bislang vorgestellten Varianten stellt das Verbundstrangpressen mit Spezialwerkzeugen eine Kombination vorteilhafter Eigenschaften dieser Techniken dar. Die Pressentechnologie basiert auf dem direkten Strangpressen, das sehr weit verbreitet ist. Es werden konventionelle, unverstärkte Pressblöcke eingesetzt, was Aufwand und Kosten gegenüber mehrkernigen oder verstärkten Blöcken reduziert. Auch ist ein gesteigerter Werkzeugverschleiß nicht und ein erhöhter Presskraftbedarf nur bedingt zu erwarten [KLE04a]. Ersteres erklärt sich dadurch, dass die Verstärkungselemente nach der Zuführung in die Schweißkammer direkt eingebettet werden und damit keinen Kontakt mit dem Werkszeuginneren haben – die Zuführkanäle ausgenommen. Der Presskraftbedarf ist verglichen mit einem unverstärkten

Vollprofil definitiv erhöht, da die Aufspaltung des Matrixmaterialflusses im Zuführelement zusätzliche Reibflächen schafft. Der zu erwartende Presskraftbedarf ist daher mindestens im Bereich von Hohlprofilen und steigt mit der geometrischen Komplexität der Verbundprofile und der damit verbundenen Zunahme der Reibflächen an. Dieser Zusammenhang gilt aber generell bei der Komplexitätssteigerung von Profilen. Bei mehrkernigen oder verstärkten Blöcken ergibt sich der erhöhte Presskraftbedarf zunächst aus der schlechteren Umformbarkeit des Pressblockes, was durch dessen Verstärkung bedingt ist.

Das Verfahren kommt kommerziell bislang vor allem bei der Stromschienenfertigung zum Einsatz (vgl. Kapitel 5.1.1), wobei die strukturmechanischen Vorteile einer Einbettung von endlosen Verstärkungen nicht direkt ausgenutzt werden. In der Nutzung dieser Option liegt jedoch großes Potenzial zur Verwendung des Verfahrens für die Herstellung leichtbauoptimierter Tragwerksprofile [KLA04a]. Das Verbundstrangpressen mit modifizierten Kammerwerkzeugen wurde bereits 1975/76 von den Aluminium-Walzwerken Singen (heute Alcan Singen GmbH) zur Herstellung von Verbundstromschienen entwickelt und patentiert [WAG75][AME84][THE76].

Für die Herstellung der Verbundstromschienen werden zwei Stahlbänder verwendet, die nach dem Abhaspeln chemische und mechanische Vorbehandlungen erfahren. Die Bänder werden hier ebenfalls unter 90° der Schweißkammer zugeführt und bilden dort mit der Aluminiummatrix zwei spiegelsymmetrische Verbundprofile in einem einzelnen Fertigungsschritt (Duplexverfahren) [FUR81]. Für das Vorgehen existieren zwei Gründe: zum einen wird durch die spiegelbildliche Anordnung der durch die unterschiedliche thermische Ausdehnung der Stromschienenkomponenten entstehende Verzug minimiert, zum anderen kommt das Stahlband so zu keinem Zeitpunkt mit der Pressmatrize in Berührung, was bei den herrschenden hohen Pressdrücken zum Reibverschweißen mit anschließendem Bruch des Stahlbandes führen würde [WAG83]. Zwischen den Stahlbändern selbst findet keine Relativbewegung statt, weshalb diese sich beim Prozess nicht verbinden und so die Verbundschienenprofile nach dem Pressen getrennt vorliegen. Das Verfahrensprinzip zeigt Bild 2.6.

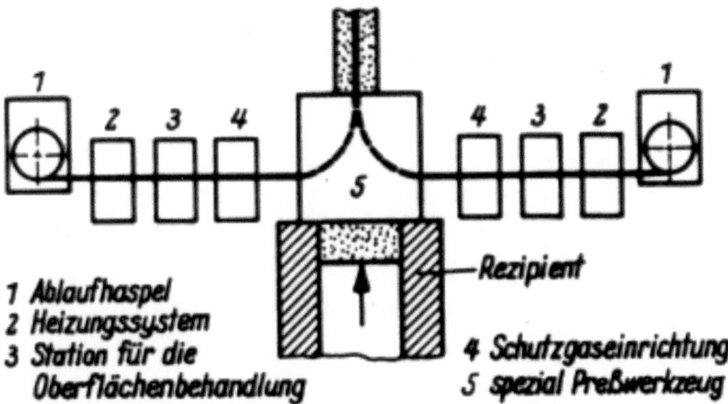

Bild 2.6:   *Verfahrensprinzip zur Herstellung von Aluminium-Edelstahl-
             Verbundstromschienen [THE76]*

Das 1975 offengelegte Patent von [WAG75] sieht neben der Fertigung von „Verschleißprofilen", zu denen hier auch die Stromschienen gezählt werden, auch die Fertigung „verstärkter Profile" vor, die „etwa als Trägerbalken mit Aluminiumaußenhaut Verwendung finden [können]". Explizit wird dabei von zwei Anwendungsgebieten gesprochen. Nach [FUR81] wurden ebenfalls Verbundprofile für Konstruktionszwecke mit eingelagerten Verstärkungsbändern gefertigt, die geometrisch den im Patent von 1975 dargestellten „Verschleißprofilen" mit innen liegenden Bändern entsprechen [WAG75]. Berichte über Werkstoffkombination, Herstellung, Eigenschaften oder Einsatz solcher Profile sind bislang jedoch nicht erschienen. Es ist daher davon auszugehen, dass den Erfindern diese zweite Anwendungsmöglichkeit bekannt war, aber eventuell aufgrund der Ausrichtung des Unternehmens oder mangels Nachfrage dieses Anwendungspotenzial nicht ausgeschöpft wurde.

Erst 2001 wurde das Verbundstrangpressen mit modifizierten Kammerwerkzeugen am Lehrstuhl für Umformtechnik (heute: IUL) der TU Dortmund im Rahmen einer Vorstudie mit dem Ziel der Fertigung leichtbauoptimierter Strukturprofile in den Fokus der Forschungsaktivitäten gerückt [SCH01]. Diese Vorstudie stellte den Neubeginn der Grundlagenforschung auf dem Gebiet des Verbundstrangpressens mit modifizierten Kammerwerkzeugen für den Leichtbau dar.

2.2 Grundlagen des Verbundstrangpressens mit modifizierten Kammerwerkzeugen

2.2.1 Verfahrensprinzip

Wesentlicher technologischer Aspekt des Verbundstrangpressens mit modifizierten Kammerwerkzeugen, sind die Kammerwerkzeuge selbst. Kammerwerkzeuge kommen auch beim konventionellen Strangpressen zum Einsatz, so z.B. bei der Fertigung von Hohlprofilen. Im Unterschied zu diesen Kammerwerkzeugen, müssen die beim Verbundstrangpressen verwendeten die Zuführung von Verstärkungselementen in die Umformzone ermöglichen. Kammerwerkzeuge kommen hier also generell, d.h. auch bei der Herstellung verstärkter Voll- oder Halbhohlprofile zum Einsatz. Ein, dem in Bild 2.5 gezeigten Verfahrensprinzip entsprechendes modifiziertes Kammerwerkzeug, ist in Bild 2.7 dargestellt.

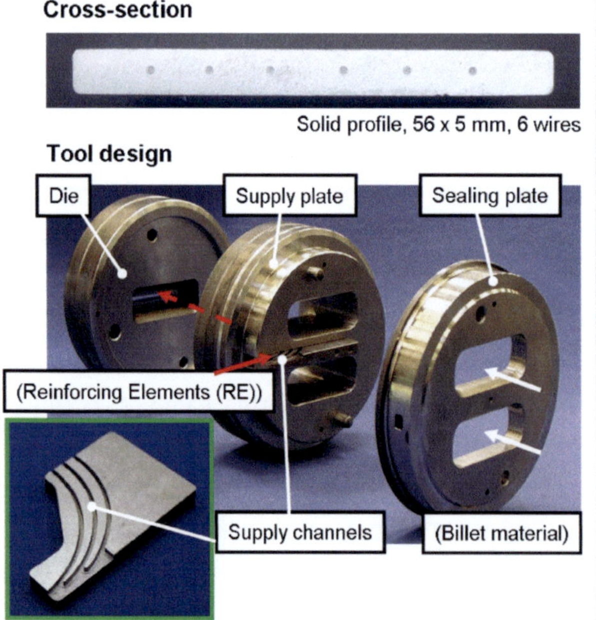

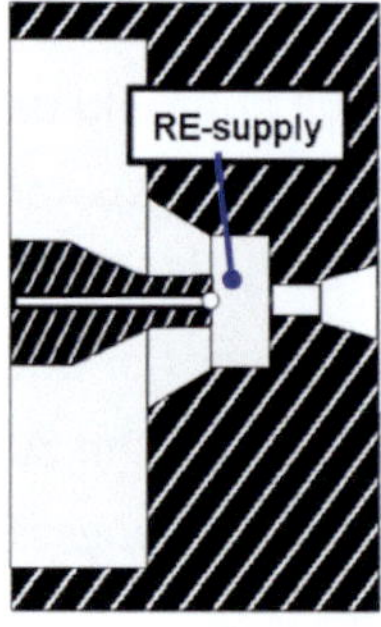

Bild 2.7:   Modifiziertes Mehrkammerwerkzeug zum Verbundstrangpressen eines mit sechs Elementen verstärkten Vollprofils [SCH07a]

Über eine Zuführplatte mit Zuführkanälen werden die Verstärkungselemente in Form von Drähten, Seilen oder Bändern von außen in die Schweißkammer geführt. Als einfachste Variante ist hier eine Umlenkung um 90° vorgesehen, sofern das Werkzeugpaket von der Seite einfach zugänglich ist. Auch eine Zuführung durch das Pressenmaul mit einer Umlenkung um 180° ist möglich [KLE04a], was bei gleicher Werkzeugpaketgröße kleinere Umlenkradien bedingt. Dies erfordert zwangsweise eine geringe Biegesteifigkeit der zugeführten Verstärkungen.

Zum Einsatz kommen konventionelle Pressblöcke der Matrixlegierung, die in einem Ofen vorgewärmt werden, bevor sie in den ebenfalls vorgewärmten Rezipienten geladen werden. Wie in Bild 2.7 dargestellt, werden die Werkstoffströme wie beim Pressen von Hohlprofilen aufgeteilt und um den Pressdorn, aus dem beim Verbundstrangpressen die Verstärkungselemente zugeführt werden, geführt. In der Schweißkammer verbinden sich die einzelnen Teilstränge zum fertigen (Hohl-)Profil. Die Positionierung der Verstärkungen ist dabei durch die Lage der Längspressnaht zwischen den einzelnen Werkstoffströmen bestimmt, die ein Artefakt des Wiederverbindens der Werkstoffteilstränge darstellen. Die Verstärkungen werden so in die Matrix des Grundwerkstoffes eingebettet, definiert innerhalb der Profilwand positioniert und treten mit dem Grundwerkstoff vereinigt als Verbundprofil durch die Matrizenöffnung aus [KLE04a].

Für die Umformung des Presswerkstoffes im Presswerkzeug und für das Wiederverschweißen der Werkstoffströme sorgt generell beim Strangpressen ein hydrostatischer Druckspannungszustand, der in der Schweißkammer herrscht [MÜL03] – so auch beim Verbundstrangpressen mit Spezialwerkzeugen, wobei die Aussage nur für das Matrixmaterial gilt. Für die Verstärkungen gelten andere Spannungsverhältnisse, die im Folgenden erläutert werden. Aufgrund des Pressverhältnisses – im in Bild 2.7 gezeigten Kammerwerkzeug beträgt dies nach Zuführung der Verstärkung 6:1 – wird der Matrixwerkstofffluss in der Schweißkammer zur Matrizenöffnung hin beschleunigt. Die Geschwindigkeit der Verstärkungen in der Schweißkammer ist jedoch konstant, da sie durch die Abzugsgeschwindigkeit am Pressmaul, d.h. die Profilaustrittsgeschwindigkeit festgelegt ist. Dies bedeutet, dass zwischen Verstärkungselement und Matrixmaterial unterschiedliche Relativgeschwindigkeiten auftreten, die das Verstärkungselement bremsen (vgl. Bild 2.8). Dies führt aufgrund der Scherkräfte zwischen Matrix und Verstärkung insgesamt zu Zugspannungen im Verstärkungselement (siehe z.B. [SCH07a] [PIE08a]) in longitudinaler Richtung, die radial von Druckspannungen überlagert werden.

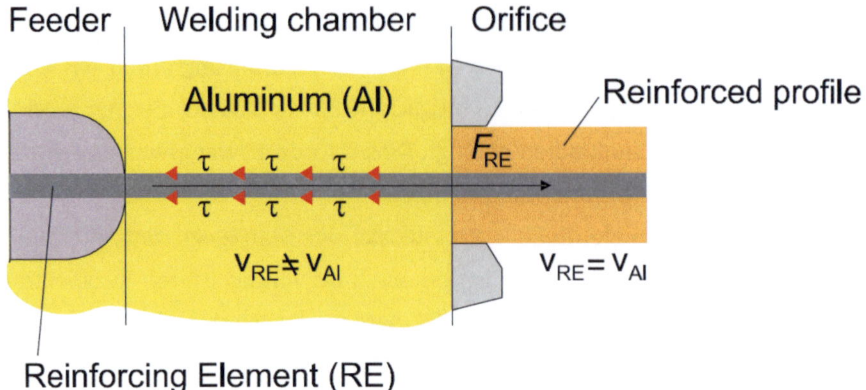

Bild 2.8:   Zugspannungen im Verstärkungselement bei der Verbundentstehung [PIE08a]

Der Betrag der Zugspannungen ist durch die Länge der Kontaktzone und der Reibung zwischen Matrix und Verstärkung bedingt. Erreichen diese Spannungen ein kritisches Niveau, versagt das Verstärkungselement. Durch eine Reduktion des Pressverhältnisses können die Scherspannungen und damit die Zuglast auf den Verstärkungen verringert werden. Dies bedingt den Einsatz mehrstufiger Kammerwerkzeuge, wie in Bild 2.7 gezeigt. Das gesamte Pressverhältnis von 60:1 wird durch eine erste Umformstufe vor der Zuführung der Verstärkung auf 6:1 in der Schweißkammer reduziert. Dabei findet die Hauptumformung des Grundwerkstoffes bereits vor der Zuführung der Verstärkungselemente in einer Vorkammer statt. Dadurch wird die Beschleunigung der Verstärkungen und als Konsequenz die Zugspannung reduziert. Dies konnte durch Simulationsrechnungen bestätigt werden [KLE04a] [KLE04c] [SCH06a] (vgl. Kapitel 3). Weitere denkbare Maßnahmen zur Reduktion der Zugspannungen bzw. der Scherkräfte zwischen Matrix und Verstärkung bei der Verbundentstehung, ist die Applikation eines Schmiermittels auf der Verstärkung oder die Verwendung von festen Beschichtungen [TIL05]. Dieses Vorgehen entlastet zwar das Verstärkungselement während des Fertigungsprozesses, jedoch wird auch die Bindung zwischen Verstärkungselement und Matrix im fertigen Verbund verändert, so dass unter Umständen keine optimalen Verbundeigenschaften mehr gewährleistet sind.

Da das Hauptaugenmerk der gesamten Arbeit auf der Verfahrensvariante des Verbundstrangpressens mit modifizierten Kammerwerkzeugen liegt, wird diese nachstehend in der Regel vereinfacht als Verbundstrangpressen bezeichnet.

2.2.2 Vor- und Nachteile sowie Grenzen des Verfahrens

Im Gegensatz zu den anderen Verfahren des Verbundstrangpressens bietet das Verbundstrangpressen mit modifizierten Kammerwerkzeugen mehrere Verfahrensvorteile: Im Vergleich zur Verwendung verstärkter Pressblöcke, die vergleichsweise hohe Presskräfte erfordern und gleichzeitig die minimal möglichen Wandstärken erhöhen, erlaubt die Verwendung unverstärkter Pressblöcke prinzipiell kleinere Presskräfte, damit kleinere Wandstärken und bietet somit das höhere Leichtbaupotenzial [KLA04a]. Unverstärkte Pressblöcke bieten hinsichtlich der Materialkosten, der möglichen Pressgeschwindigkeiten und der Werkzeuglebensdauer Vorteile gegenüber verstärkten oder mehrkernigen bzw. ummantelten Blöcken [KLA04a][KLE04a].

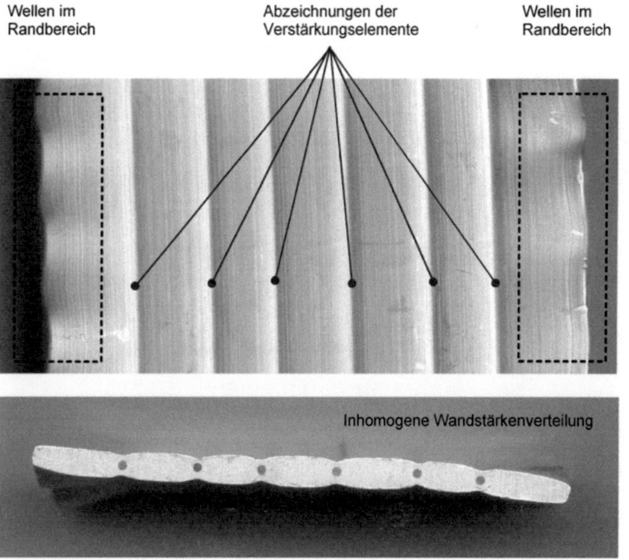

Bild 2.9: *Inhomogene Wandstärkenverteilung an einem dünnwandigen 56x2 mm²-Vollprofil [SCH07c]*

Hinsichtlich der Profilgestaltungsfreiheit gelten dieselben Regeln wie beim konventionellen Strangpressen, wobei berücksichtigt werden muss, dass die Einbringung von Verstärkungen in die Schweißkammer Einfluss auf die Fließgeschwindigkeiten im Presskanal und damit auf die Wandstärke der gepressten Profile haben kann [KLE06a][SCH07b][PIE09a]. Am Beispiel eines dünnwandigen verstärkten Vollprofils ist dies in Bild 2.9 gezeigt.

Da verfahrensbedingt die Lage der Längspressnähte auch die Lage der Verstärkungen bedingt und umgekehrt die Einbringung der Verstärkungselemente grundsätzlich die Anlage von Längspressnähten im Profil erfordert, müssen zur Erreichung eines hohen Verstärkungselementgehaltes äußerst komplexe Werkzeuge mit einer großen Zahl von Zuführkanälen eingesetzt werden. Bei gegebener Werkzeugpaketgröße ist man damit per se hinsichtlich der Profilkomplexität limitiert. Doch selbst wenn die Werkzeuggröße weiter ansteigen könnte, nimmt mit steigender Komplexität des Werkzeuges und zunehmender Zahl von Zuführdornen und Zuführkanälen die Zahl der inneren Reibflächen und/oder der toten Zonen ebenfalls zu. Damit steigen umgekehrt wieder die benötigten Presskräfte. Bei steigenden Reibkräften, z.B. bei kleinen Profilwandstärken unterhalb 4 mm, steigt die Wahrscheinlichkeit eines inhomogenen Werkstoffflusses stark an [SCH07c]. Die von einer Presse leistbare Umformkraft ist durch die maximal erlaubte Stempelkraft F_S limitiert. Umgekehrt treten beim Verbundstrangpressen neben der ideelen Umformkraft F_I, der Rezipientenreibkraft F_R und der werkzeugabhängigen Kraft F_W noch die Scherkräfte an den Verstärkungselementen F_{VE} auf. Zwischen diesen Kräften und der Stempelkraft muss ein Gleichgewicht herrschen. Somit gilt:

$$F_S = F_I + F_R + F_W + F_{VE} \qquad (2.1)$$

Durch eine Steigerung der Profilkomplexität und/oder des Verstärkungsanteils steigen F_I, F_W und F_{VE} an. Dies könnte nur durch einen leistungsfähigeren Stempel (Steigerung des Limits von F_S) ausgeglichen werden, was jedoch bei einem größeren Stempeldurchmesser auch wieder F_R steigert. Diese Spirale treibt den erforderlichen Stempeldurchmesser schnell in die Höhe, was letztlich in sehr großen Pressendimensionen mündet. Hierbei muss aber das nutzbare Werkzeugpaket klein bleiben (Begrenzung von F_W) , was jedoch wieder die idelle Umformkraft (großes Pressverhältnis wegen großem Rezipientendurchmesser bei kleinem Werkzeugpaket) steigert.

Man könnte die Prozesskräfte beim Verbundstrangpressen zumindest um den Rezipientenanteil reduzieren, wenn man vom direkten Strangpressen abgeht. Jedoch ist beim indirekten Strangpressen das Werkzeugpaket nicht ortsfest und die Zugänglichkeit zum Werkzeugpaket während des Pressens zusätzlich erschwert, so dass diese Prozessvariante nicht gangbar ist. Das hydrostatische Strangpressen hingegen bietet ebenfalls den Vorteil fehlender Rezipientenreibung, wobei die sonstigen Verhältnisse dem des direkten Strangpressens entsprechen. [MÖH04] verwendet dieses Verfahren zum Verpressen mehrkerniger Blöcke – es ist jedoch technologisch deutlich aufwändiger als das direkte Strangpressen und daher wenig verbreitet.

Aus heutiger Sicht ist daher davon auszugehen, dass mit konventionellen Strangpressen selbst bei optimiertem Werkzeugdesign und einem ausgewogenen Kräfteverhältnis im Sinne der Gleichung (2.1) eine Größenordnung von 10-20 Vol.-% für den Verstärkungsanteil nicht überschritten werden kann. Vor allem der Einsatz einer geringen Zahl von Verstärkungselementen mit großen Querschnitten (z.B. Bändern) kann hier die Verfahrensgrenzen erweitern, wobei dann eine einigermaßen homogene Verteilung der Verstärkungsphase nicht mehr gegeben ist. Dieser Ansatz wurde bereits von [FUR81] vorgeschlagen. Weiter wäre zu überlegen, ob die Zuführung der Verstärkungen nicht in Profilrichtung unter nahezu 0° zur Pressenachse erfolgen könnte. Dazu müsste der Matrixstrom, der bei konventionellen Pressen entlang der Pressrichtung ausgerichtet ist, um 90° umgelenkt werden. Vergleichbare Pressenkonstruktionen sind vom Ummanteln von Kabeln bekannt.

Die Kontinuität des Verbundstrangpressens bezüglich des Matrixmaterials ist gegeben, da das Block-auf-Block-Pressen beim Strangpressen Stand der Technik ist. Bislang ist jedoch nicht geklärt, wie die Kontinuität hinsichtlich der Verstärkungen gewährleistet werden kann. Hier wird man entweder große, kontinuierliche Verstärkungselementreserven vorsehen oder Technologien entwickeln müssen, die Verstärkungselemente anzubinden. Die entstehende Fügezone müsste dann aus dem gefertigten Profil entfernt werden. Das ist nicht ungewöhnlich und auch bei Querpressnähten Stand der Technik. Ein nachträgliches Einführen von Verstärkungen in das mit Matrixmaterial gefüllte Werkzeug ist bislang nicht gelungen, wenngleich Untersuchungen an seilverstärkten Profilen gezeigt haben, dass periodische Diskontinuitäten in der Verstärkungseinbettung auftreten können [KLE04c][SCH07a][SCH07c].

2.2.3   Rahmenbedingungen der prozesstechnischen Forschung

Die Rahmenbedingungen beim Verbundstrangpressen sind durch im Wesentlichen drei Parameter gegeben: Das Werkstoffsystem, das System Presse mit Werkzeug und die Profilgeometrie (vgl. [KLA04b] [KLA04a]).

Durch die Matrixlegierungen sind Einflüsse auf die Presstemperatur gegeben. Magnesiumlegierungen haben hier beispielsweise ein viel engeres Prozessfenster. Die Art der Verstärkungen (Volldrähte, Seile, infiltrierte Faserbündel) bedingt gewisse Umlenkradien durch Unterschiede in der Biegesteifigkeit, was direkten Einfluss auf das Werkzeugdesign hinsichtlich der Zuführung hat. Die Mehrstufigkeit des Presswerkzeugs hat wie oben beschrieben direkten Einfluss auf die Presskraft, dasselbe gilt für Profilgeometrie, Wandstärken und Verstärkungsgehalt (Füllgrad). Zudem ist es denkbar, dass die eingebetteten Elemente auch einen Funktionscharakter (z.B. Stromleitung) besitzen. Diese Weiterentwicklung des Verbundstrangpressens wird in Kapitel 2.3.6.3 vorgestellt.

Durch diese gegenseitigen Abhängigkeiten ist eine Separation der Einflussfaktoren nicht einfach. Erste Grundlagenuntersuchungen zu den Verhältnissen beim Verbundstrangpressen erfolgten daher an einfachen Profilgeometrien.

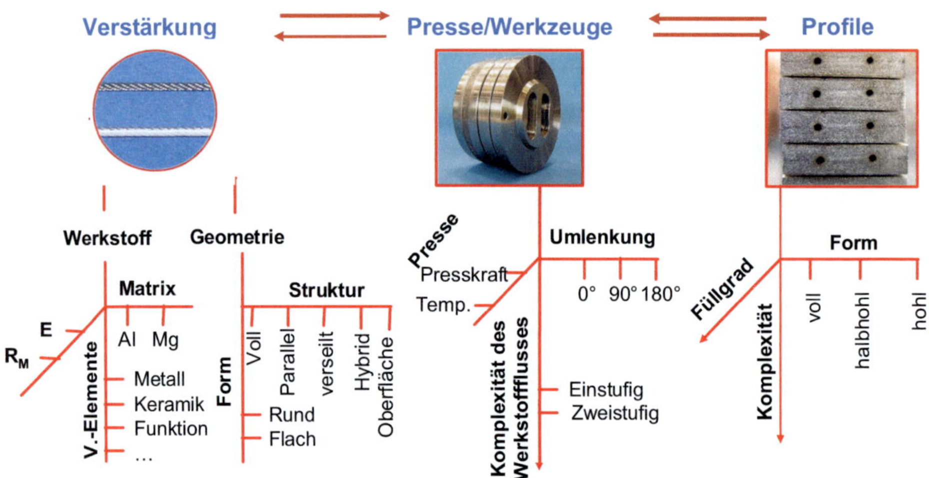

Bild 2.10: Schematische Darstellung der Einflussparameter auf den Verbundstrangpressprozess nach [KLA04b]

2.3 Verfahrensentwicklung und -charakterisierung

2.3.1 Pressentechnologie und Presswerkzeugdesign

Alle Untersuchungen zum Verbundstrangpressen mit modifizierten Kammerwerkzeugen wurden bislang auf direkten Strangpressen durchgeführt. [WAG83] berichtet von zwei horizontalen Strangpressen, die mit Presskräften von 4500 Mp bzw. 2500 Mp (entspricht ca. 45 MN bzw. 25 MN) ausgestattet und zur Fertigung von verstärkten Voll- oder Hohlprofilen mit einem maximalen Umschlingungsdurchmesser von 280 mm ausgerüstet waren. Diese wurden kommerziell zur Fertigung von Verbundstromschienen eingesetzt, die Zuführung des Stahlbandes erfolgte unter 90° [WAG83] [THE76]. Angaben zum Presswerkzeug finden sich in keinen öffentlichen Quellen. Die von [SCH01] entwickelte Sondervorrichtung wurde mit Hilfe einer Universalprüfmaschine der Bauart Zwick betrieben und war auf eine maximale Presskraft von 0,1 MN ausgelegt. Eine Zusammenbauzeichnung der Konstruktion zeigt Bild 2.11. Das Werkzeugpaket hatte hier einen Durchmesser von rund 50 mm [WEI05a]. Eine Darstellung des zugehörigen Verbundstrangpresswerkzeuges findet sich bei [KLA04a] (vgl. Bild 2.28). Die Zuführung der Verstärkungen erfolgte unter 90° zur Pressenachse.

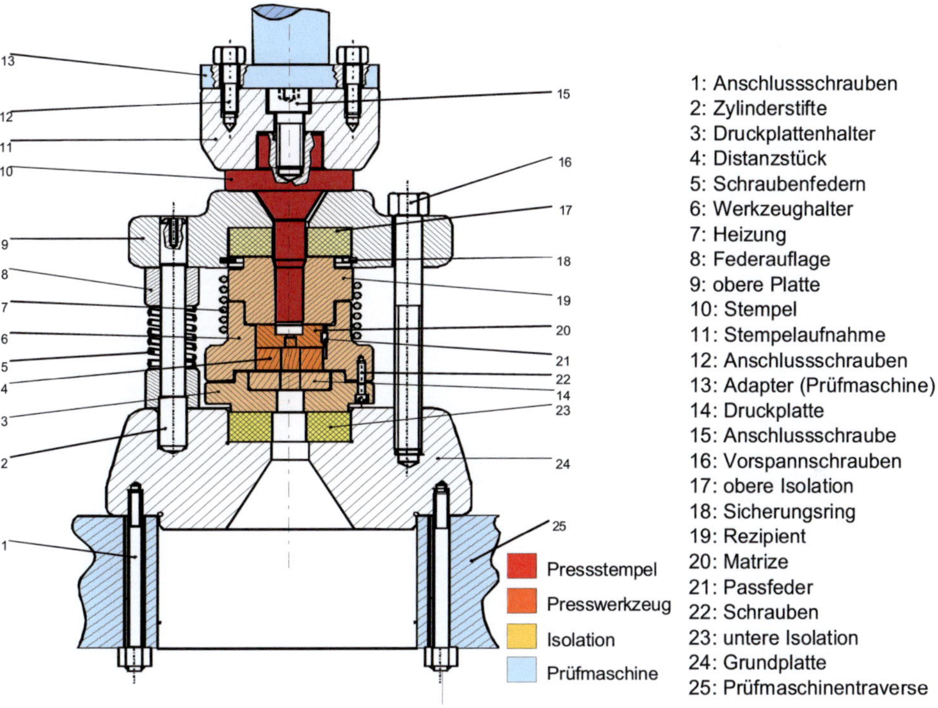

Bild 2.11:   *Sondervorrichtung zum Verbundstrangpressen nach [SCH01]*

Im Sonderforschungsbereich/Transregio 10 kommen am Institut für Umformtechnik und Leichtbau zwei Strangpressen mit Maximalkräften von 2,5 und 10 MN zum Einsatz. Bild 2.12 fasst die relevanten Maschinendaten zusammen. [PIE11] erwähnt ergänzend eine Industriepresse mit 20 MN. Diese Presse wurde kurzzeitig im Rahmen eines Industrietransfers genutzt.

Veröffentlichungen anderer wissenschaftlicher Arbeitsgruppen zur Pressentechnik des Verbundstrangpressens mit modifizierten Kammerwerkzeugen sind bislang nicht erschienen, so dass die Darstellung im wesentlichen die ganze Bandbreite an bislang zur universitären Forschung am Verbundstrangpressen mit modifizierten Kammerwerkzeugen verwendeten Einrichtungen darstellt.

Wie in Kapitel 2.2.3 dargestellt, ist die Presse nur eine Rahmenbedingung für die Forschung auf diesem Gebiet. Prinzipiell ist hierbei vor allem die Zugänglichkeit zum Werkzeugpaket, dessen Größe und die zur Verfügung stehende Presskraft entscheidend. Sind diese Bedingungen erfüllt, kann jede direkte oder hydrostatische Strangpresse zum Verbundstrangpressen mit Kammerwerkzeugen umgestaltet werden. Die Schlüsseltechnologie liegt im Kammerwerkzeug selbst, dessen prinzipieller Aufbau im Folgenden vorgestellt wird. Presswerkzeuge zum Verbundstrangpressen sind grundsätzlich modular aufgebaut und bestehen im Wesentlichen aus drei Bauteilen, der Abdeckplatte, dem Zuführelement und der Matrize [SCH07c][KLA04a][WAG75].

	2,5 MN-Strangpresse	10 MN-Strangpresse
Hersteller	Collin GmbH, Aichach	SMS Eumuco GmbH, Leverkusen
Betriebsart	Direkt	Direkt
Blockaufnehmerbohrung	Ø66	Ø146
Werkzeugpaket	Ø125 x 90 mm	Ø400 x 240 mm
Max. umschreibender Profilkreis	Ø40 mm	Ø130 mm
Zuführung der Verst.-elemente	180 °	90 °
Temperaturbereich Blockaufnehmer	300-450 °C	300-450 °C
Stempelgeschwindigkeit	Bis 7 mm/s	Bis 10 mm/s

Bild 2.12:   Technische Daten der Versuchsstrangpressen am IUL Dortmund [SCH07c]

Dieses Bauprinzip ist allen in Bild 2.13 dargestellten Presswerkzeugen gemein. Unterschiede gibt es, wie bereits dargestellt, bei der Art der Zuführung der Verstärkungen. Diese müssen bei einer Umlenkung um 180° durch die Matrize in das Zuführelement eingebracht werden. Die Umlenkung erfolgt dann im Zuführelement. Unter 90° erfolgt die Zuführung seitlich in das Zuführelement und in diesem auch die Umlenkung. Auch die Zuführung entlang der Pressenachse ist denkbar, um die Umlenkradien bei gegebener Werkzeuggröße in der Reihe 180°, 90°, <90°-Zuführung weiter zu erhöhen. Dies ist notwendig, wenn die Biegesteifigkeit der Verstärkungselemente ansteigt. Andernfalls käme es dann zu Brüchen oder plastischen Verformungen im Verstärkungselement bei der Zuführung, wobei letztere zu Prozessinstabilitäten oder zumindest zu mechanisch bedingten Eigenspannungen im Verbundprofil führen können. Um eine Zuführung unter <90° oder sogar nahe 0° zu realisieren, müssen die Verstärkungen durch den Rezipienten geführt werden, der bei einer direkten Strangpresse an die Rückseite des Werkzeugpaketes anschließt.

Bild 2.13:   *Mehrteiliger Aufbau von Verbundstrangpresswerkzeugen (links: 90°-Zuführung [PIE11], rechts: 180°-Zuführung [KLE04c])*

Bild 2.14 zeigt einen solchen modifizierten Rezipienten. [PIE11] konnte mit diesem Rezipienten bei gegebenem Werkzeugpaketdurchmesser von maximal 400 mm den Umlenkradius von 90 auf ca. 150 mm steigern. Die Zuführbohrungen sind hierbei asymmetrisch angeordnet, um die Zugänglichkeit für den Blocklader und die Pressrestschere zu garantieren, ohne Kollisionen zwischen diesen und den Verstärkungen zu provozieren [PIE11]. Diese Hilfsmittel sind notwendig, um ein kontinuierliches, automatisiertes Block-auf-Block-Pressen zu ermöglichen.

Bild 2.14:   Rezipient mit Zuführbohrungen für Verstärkungselemente[PIE11]

Gleichzeitig sind die Ausläufe der Zuführbohrungen trichterförmigm, um ein einfaches Einfädeln der Verstärkungen durch den Rezipienten zu ermöglichen. Auch prozesstechnisch ist die Zuführung durch den Rezipienten anspruchsvoll, da dieser zum Blockladen bewegt werden muss, während die Verstärkungen in diesem Prozessstadium ortsfest bleiben. Dabei muss beim Wiederansetzen des Rezipienten an das Werkzeug ein Stauchen der Verstärkungselemente vermieden werden.

2.3.2 Verbundentstehung und Werkstofffluss in der Schweißkammer

Die eigentliche Verbundentstehung findet in der Schweißkammer statt. Die dort herrschenden Randbedingungen haben dabei auf die Qualität des Verbundes wesentlichen Einfluss. Das gilt sowohl für die Positionierung der Verstärkungen als auch für die Ausbildung der Grenzfläche zwischen Verstärkung und umgebender Matrix. Nach [SCH07b] ist die Länge der Verbundentstehungszone dabei der wichtigste Einflussfaktor. Diese wird konstruktiv wiederum über die Geometrie der Schweißkammer eingestellt [SCH07c]. Bild 2.15 zeigt den Zusammenhang zwischen Länge der Verbundentstehungszone und der Qualität der Einbettung.

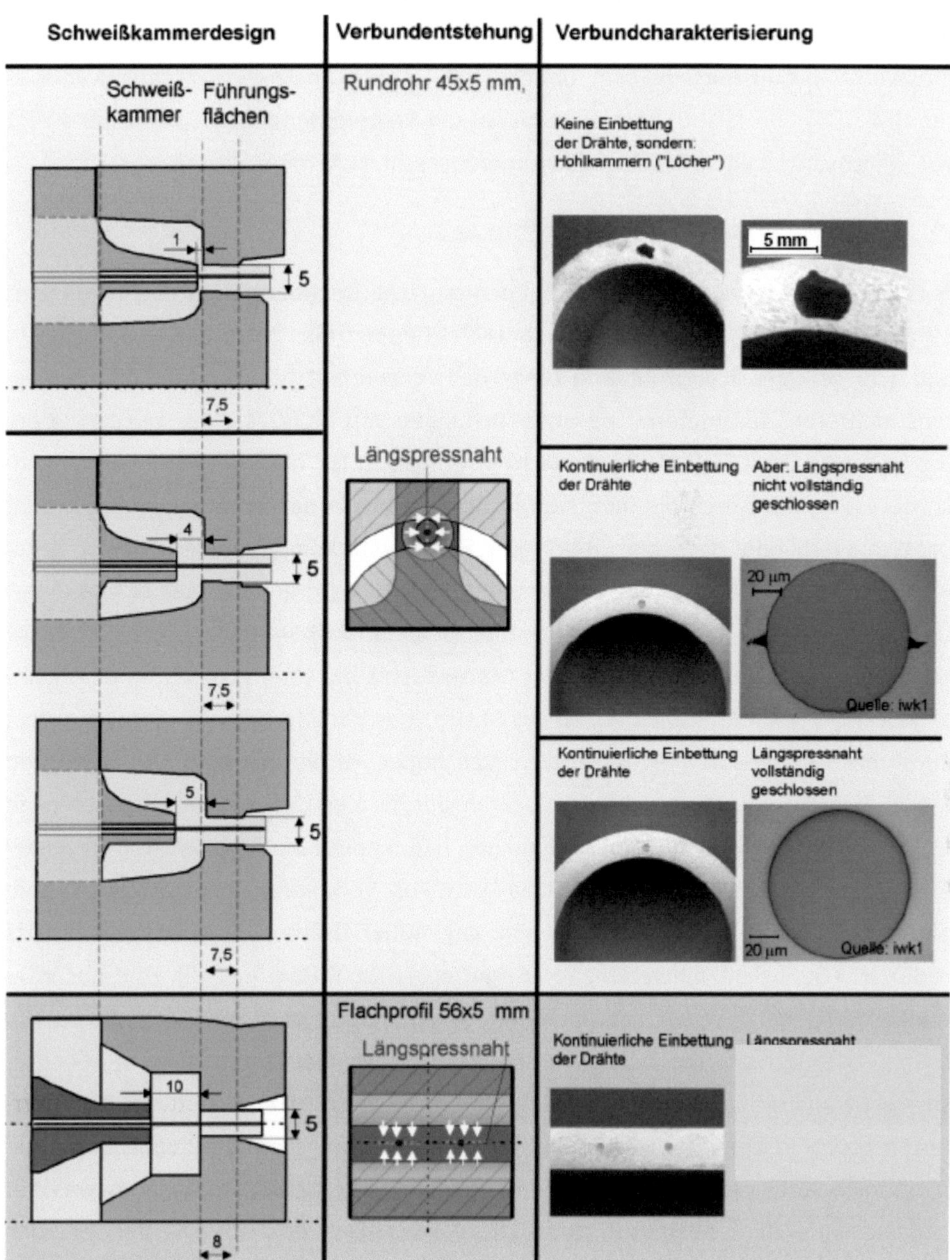

Bild 2.15:   Einfluss des Schweißkammerdesigns auf die Verbundentstehung nach [SCH07c][SCH07b]

Bei zu kurzer Verbundentstehungszone findet bei gegebenem Pressverhältnis keine hinreichende Anbindung der Verstärkungen statt. Gleichzeitig muss aber auch das Pressverhältnis ausreichend sein, um die Qualität der Längspressnaht zu gewährleisten. [MÜL95] und [SAU01] schlagen hierzu ein Pressverhältnis von mindestens 14:1 vor. Gleichzeitig sollte der Schweißkammerquerschnitt A_s mit

$$A_s = (s \cdot f)^2 = L_{\text{Verbundentstehungszone}} \cdot b_{\text{Schweißkammer}} \qquad (2.2)$$

bei einer Profilwandstärke s so gewählt werden, dass der Parameter f Werte von 6 bis 10 annimmt [MÜL95][SAU01]. Nach [SCH07c] bedingt dies beispielsweise für das in Bild 2.15 gezeigte Rohrprofil eine Länge der Verbundentstehungszone von mindestens mehreren Zentimetern. Die Untersuchungen von [SCH07c] hingegen beweisen, dass die von [MÜL95][SAU01] gemachten Vorgaben für die Verbundentstehung zu konservativ sind. Durch die mehrstufige Umformung in der Schweißkammer betrug das Pressverhältnis nach der Einbringung des Verstärkungselementes in der Regel weniger als 10:1 und die Länge der Verbundentstehungszone rund 5 bis 10 mm.

Der Werkstofffluss in der Schweißkammer ist beim Verbundstrangpressen gekennzeichnet durch die Beschleunigung des Matrixflusses bei einer konstanten Geschwindigkeit des Verstärkungselementes. Am Austritt des Verstärkungselementes aus dem Zuführdorn ist dessen Geschwindigkeit also höher als die der Matrix an derselben Stelle. Folglich entwickelt sich eine Zugkraft auf die Verstärkung. Dies ergaben auch entsprechende FEM-Simulationsrechnungen (vgl. Kapitel 3). Experimentell ist dieser Effekt ebenfalls nachzuweisen [SCH08a][SCH07b]. Verwendet man verseilte Drähte als Verstärkungen, die naturgemäß eine gegenüber Drähten gleichen Querschnitts reduzierte Steifigkeit aufweisen, kann man deren Dehnung über die Zahl der Windungen/Längeneinheit vor und nach dem Strangpressen bestimmen (vgl. Bild 2.16). Dabei verlängert sich die 1x5-Seilkonstruktion, die als biegsame Welle auf Torsionssteifigkeit und nicht auf Zugsteifigkeit ausgelegt ist, deutlich stärker durch die Zugbeanspruchung in der Schweißkammer. Messungen zufolge ist die Zugsteifigkeit der biegsamen Welle ca. 3-4 mal geringer als die der 1x7-Konstruktion [WEI06a], was den Unterschied erklärt. Wiederum steifer sind Volldrähte; hier sollte eine Verlängerung beim Strangpressen zu einer Querschnittsänderung führen. Diese ist nach [SCH07b] jedoch nicht zu sehen. Dies ist auch nicht zu erwarten: Das Verhältnis von Zugfestigkeit und Elastizitätsmodul für die betrachteten Drähte aus dem Federstahl 1.4310 beträgt mit Daten aus [WEI06a] rund 0,01. Damit erreichen die Drähte beim Einbetten maximale Längsdehnungen von 1 %, die Querkontraktion ist abgeschätzt maximal 50 % dieses Wertes. Eine Querdehnung von maximal 0,50 % oder eine Längsdehnung um maximal 1 % sind anhand der gewählten Messmethode sicherlich nicht zu erfassen.

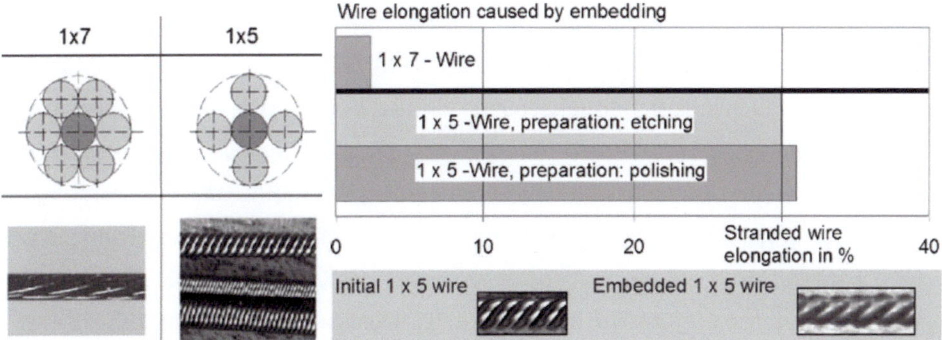

Bild 2.16:   Verlängerung eingebetteter Seilkonstruktionen beim Verbundstrangpressen [SCH08a]

Das Ziel einen qualitativ ausreichenden Verbund zu erzielen, erfordert nach Gleichung (2.2) tendenziell große Längen der Verbundentstehungszone. Gleichzeitig steigt dadurch die Zuglast auf das Verstärkungselement an, was dessen Versagen begünstigt. Dieser Zielkonflikt ist das bestimmende Problem beim Verbundstrangpressen und bedingt verschiedene Maßnahmen, um diesen aufzulösen. Ein Ansatz ist die bereits erwähnte Verwendung mehrstufiger Werkzeuge [KLE04a] [KLE04c] [SCH06a]. Der Unterschied zwischen einem ein- und mehrstufigen Werkzeugkonzept ist in Bild 2.17 dargestellt.

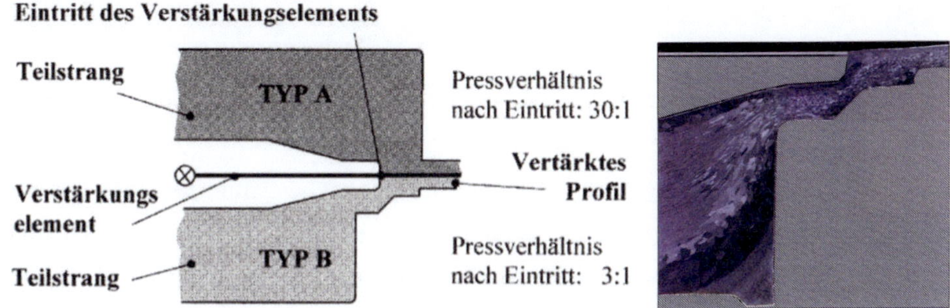

Bild 2.17:   Werkstofffluss in einem einstufigen (Typ A) und einem mehrstufigen (Typ B) Kammerwerkzeug (links, [KLE04b]) und Schliff durch einen Presskern eines mehrstufigen Werkzeugs (rechts, [KLA04a])

2.3.3 Positionierung der Verstärkungselemente

2.3.3.1 Lage der Längspressnaht

Für die Leistungsfähigkeit der gefertigten Profile ist die endgültige Lage der Verstärkungen entscheidend. Verfahrensbedingt werden diese in die Längspressnaht eingebettet, da sich dort die an der Abdeckplatte des Werkzeugs getrennten Werkstoffstränge wieder vereinigen (vgl. Kapitel 2.2.1). Nach [SCH07b] haben die Verstärkungen umgekehrt auch keinen nennenswerten Einfluss auf die Lage der Längspressnaht. Um dies zu belegen, wurden Profile mit und ohne Verstärkungen aus derselben Pressung bezüglich der Längspressnahtlage vermessen (Bild 2.18). Dabei wurden keine wesentlichen Unterschiede festgestellt. Auch ein Unterbrechen der Zuführung einiger Drähte während des Verbundstrangpressprozesses hat keine signifikanten Lageänderungen der anderen Drähte zur Folge [SCH07c]. Dazu wurden an einem 56x5-Profil während des Pressvorganges die Drähte sukzessive durchtrennt und die Lageänderung gemessen.

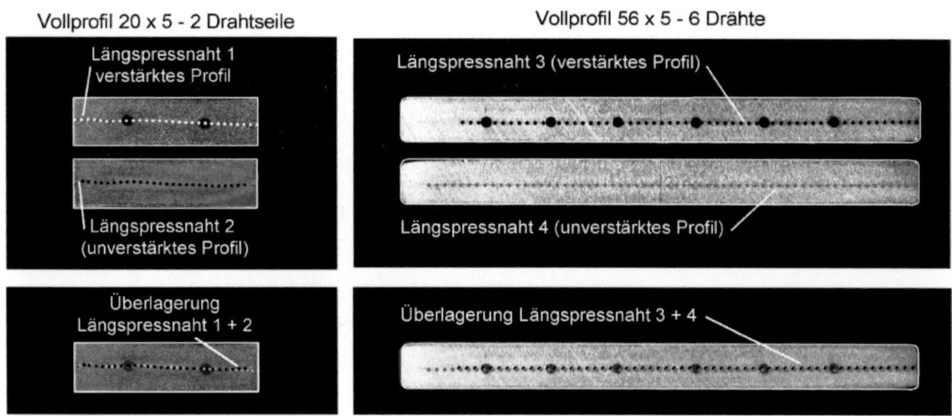

Bild 2.18: Lage der Längspressnähte in verstärkten und unverstärkten Profilen [SCH06a][SCH07b]

Bild 2.19 ist zu entnehmen, dass dabei maximale Lageabweichungsänderungen von ca. 0,1 mm festzustellen sind. Übereinstimmend mit [SCH07c] muss an dieser Stelle jedoch betont werden, dass im untersuchten Profil der Verstärkungsgehalt von nur 1,7 Vol.-% und der Abstand von ca. 8 mm zwischen den Verstärkungen auch keinen

Einfluss haben erwarten lassen und dieser bei höheren Verstärkungsgehalten, respektive geringen Abständen, nicht auszuschließen ist.

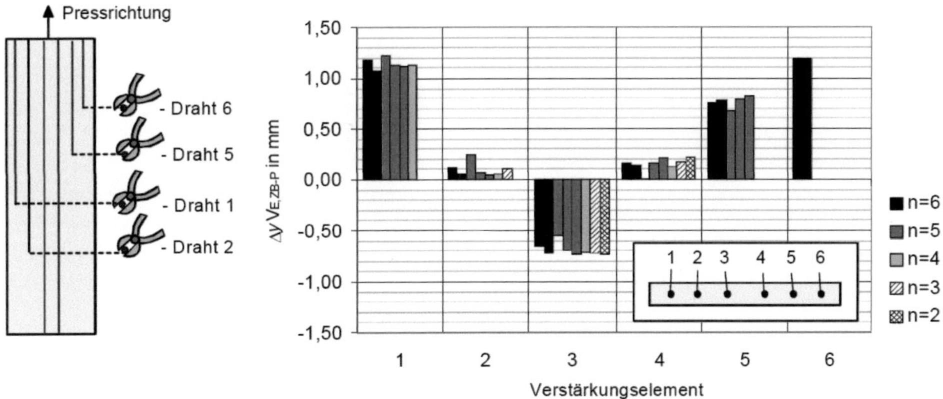

Bild 2.19:   Lageänderung der Verstärkungen nach sukzessivem Durchtrennen [SCH07c]

Um also eventuelle Lageänderungen der Verstärkungselemente zu erfassen, ist die Längspressnahtcharakterisierung eine notwendige, jedoch nicht hinreichende Bedingung, wie Bild 2.20 zeigt, da neben einer vertikalen Abweichung der Längspressnaht auch eine Verschiebung innerhalb der Längspressnaht stattfinden kann.

2.3.3.2   Lage der Verstärkungselemente

[SCH07c] hat umfangreiche Arbeiten zur Frage der Positionierung der Verstärkungen im Endprofil durchgeführt und veröffentlicht. Ausgehend von der idealen Lage der Verstärkungen im Profil können sowohl horizontale als auch vertikale Lageabweichungen auftreten. Im Idealfall entspricht die Lage der Verstärkungselemente dabei der Lage der Zuführbohrungen. Vertikale Lageabweichungen treten immer dann auf, wenn die Werkstoffflüsse der verschiedenen Teilstränge nicht identisch sind, bzw. nicht dem ursprünglich berechneten Verhältnis der Flüsse durch die Presskanäle entsprechen [SCH08a]. Dabei ist die Werkzeuggeometrie von entscheidender Bedeutung. Bereits kleine Abweichungen in der Maßhaltigkeit führen zu Abweichungen der Längspressnaht von der Ideallage.

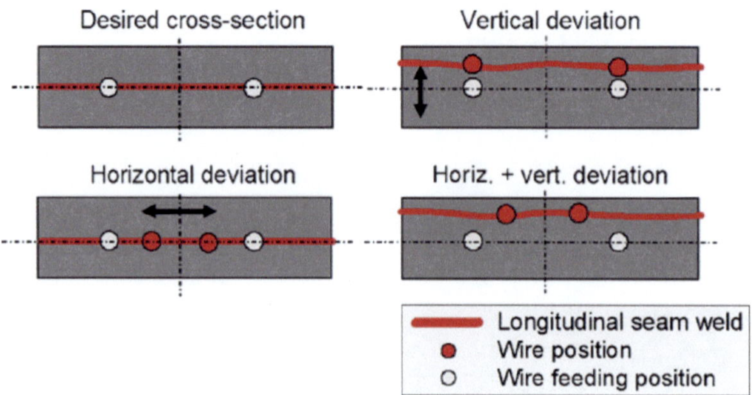

Bild 2.20:   Definition horizontaler und vertikaler Lageabweichungen der Verstärkungselemente [SCH08a]

Ähnlichen Einfluss hat die Temperaturverteilung im Werkzeug. Sind die Teilstränge unterschiedlich warm, differiert ihre Viskosität, was wiederum zu unterschiedlich starken Zuflüssen in die Schweißkammer führt. Diese beiden Ursachen für vertikale Abweichungen sind in Bild 2.21 verdeutlicht.

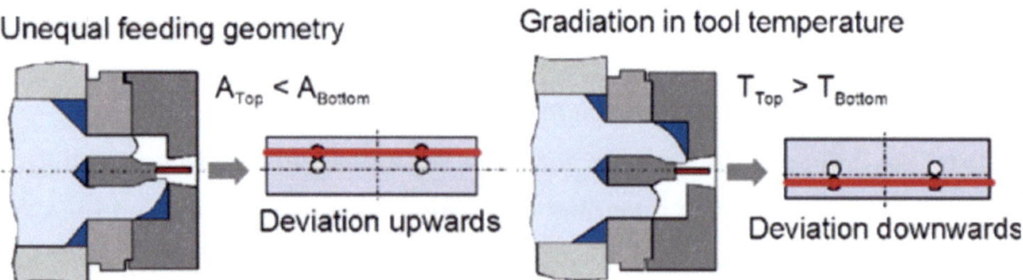

Bild 2.21:   Ursachen vertikaler Lageabweichungen [SCH08a]

Horizontale Lageabweichungen in Richtung der Pressachse können vor allem durch die Geometrie des Presswerkzeuges bedingt sein [KLE06b]. Dazu gehören nach [KLE06b] [KLE06a]:

o   die Dimensionierung der Werkstoffeinlässe

o   die Schweißkammerhöhe nach der Zuführung des Verstärkungselement (Länge der Verbundentstehungszone)

o   der Abstand der Zuführbohrung von der Profilmitte

o   die Querschnittsänderung (Pressverhältnis)

o   Maßabweichungen

Betrachtet man den einfachen Fall eines Werkzeuges für ein Verbundflachprofil mit einem symmetrischen Werkstofffluss wird klar, dass durch diesen per se eine Ablenkung der Verstärkungen zur Profilmitte gegeben sein muss (vgl. Bild 2.22).

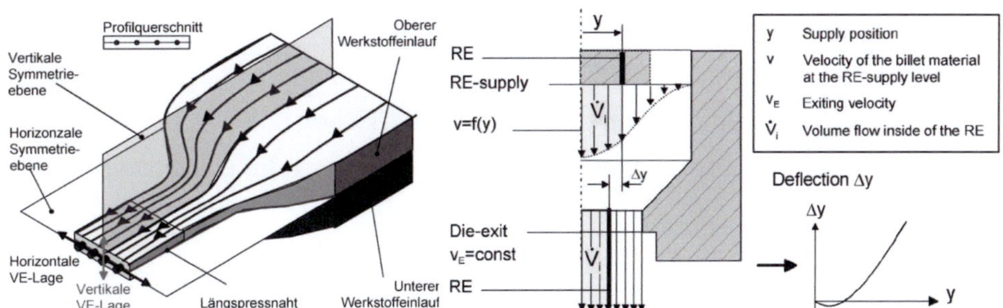

Bild 2.22:   Betrachtungen zum Werkstofffluss in einem symmetrischen Werkzeug für ein verstärktes Flachprofil [SCH07c][KLE06b]

Es ist dabei zu erwarten, dass die äußeren Verstärkungen zur Profilmitte (positiv) abgelenkt werden, während in Richtung zur Profilmitte ein Bereich existiert, in dem eine Abweichung nach außen zu (negativ) erwarten ist.

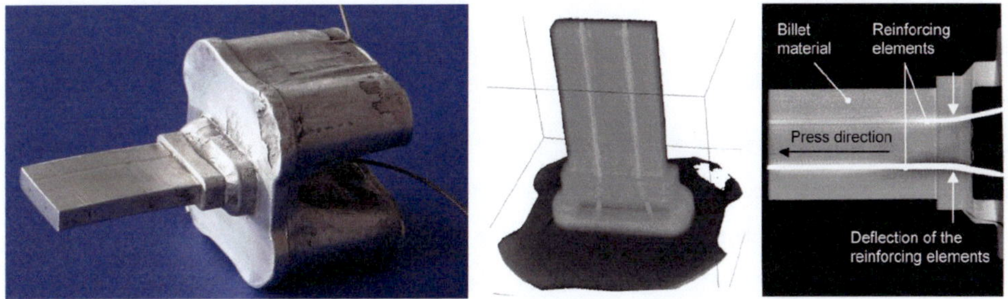

Bild 2.23:   Realbild (links) und CT-Aufnahme (Mitte, rechts) eines Presskerns zur Dokumentation der horizontalen Lageabweichung in der Schweißkammer [KLE06b][SCH07c][SCH07b]

Bild 2.23 zeigt das Realbild und die computertomographische Aufnahme eines Presskerns, der nach dem Strangpressen der Presskammer entnommen wurde. Es ist deutlich zu erkennen, dass die beiden Verstärkungen mit zunehmender Nähe zum Pressmaul in der Schweißkammer in Richtung der Pressachse abgelenkt werden.

Darüber hinaus haben auch das Werkstoffsystem (Matrixmaterial und Verstärkung) und die gesamte Temperaturführung (Block, Rezipient, Werkzeug) einen wesentlichen Einfluss, denn nach [FLI03] verändert letzteres deutlich das Geschwindigkeitsprofil in der Weise, dass das Material schneller der Pressachse zustrebt. Fluktuationen in der Temperatur, die nach obigen Schilderungen sowohl vertikale als auch horizontale Abweichungen zur Folge haben können, sind dabei nach [KLE06a] auf mehrere Ursachen zurückzuführen, wobei eine Überlagerung möglich ist. Dazu gehören beispielsweise:

- o Wärmeabfluss aus dem Block in den Rezipienten und/oder in das Werkzeug
- o Wärmeabfluss aus dem Werkzeug in die Abdeckplatte und
- o Erwärmung des Presswerkzeuges durch die Prozesswärme (Reibung, Umformung)

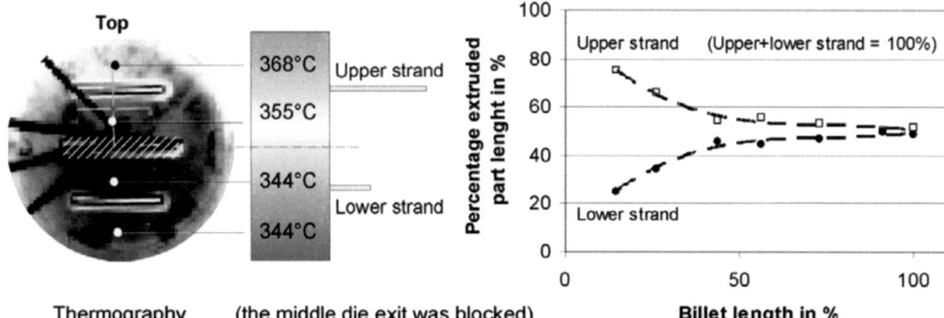

Bild 2.24:   Temperaturverteilung im Presswerkzeug (links) und unterschiedliche Strangaustrittsgeschwindigkeiten bei zweisträngiger Extrusion [KLE06a]

Der Einfluss dieser Effekte konnte experimentell nachgewiesen werden (Bild 2.24) [KLE06a]. Bei einem dreisträngigen Werkzeug wurde die mittlere Öffnung blockiert und die Materialvolumenströme durch die verbleibenden Öffnungen gemessen. Thermographieaufnahmen zeigten dabei zunächst deutliche Unterschiede in der Temperaturverteilung. Mit abnehmender Blocklänge, d.h. je länger gepresst wurde, passten sich die Werkstoffströme an, was durch Temperaturausgleichseffekte erklärt werden kann. Um diese Effekte für das Verbundstrangpressen experimentell nachzuweisen und zu quantifizieren, wurden Grundlagenuntersuchungen an einem 56x5-Profil mit sechs Verstärkungen durchgeführt (vgl. [SCH07c][KLE06a][KLE06b]). Das zugehörige Presswerkzeug (s.a. Bild 2.7) und die experimentelle Vorgehensweise sind in Bild 2.25 dargestellt. Die Temperaturmessungen erfolgten mittels Thermographie und mit Hilfe von Thermoelementen im Presswerkzeug und am Profil [KLE06a][KLE06b].

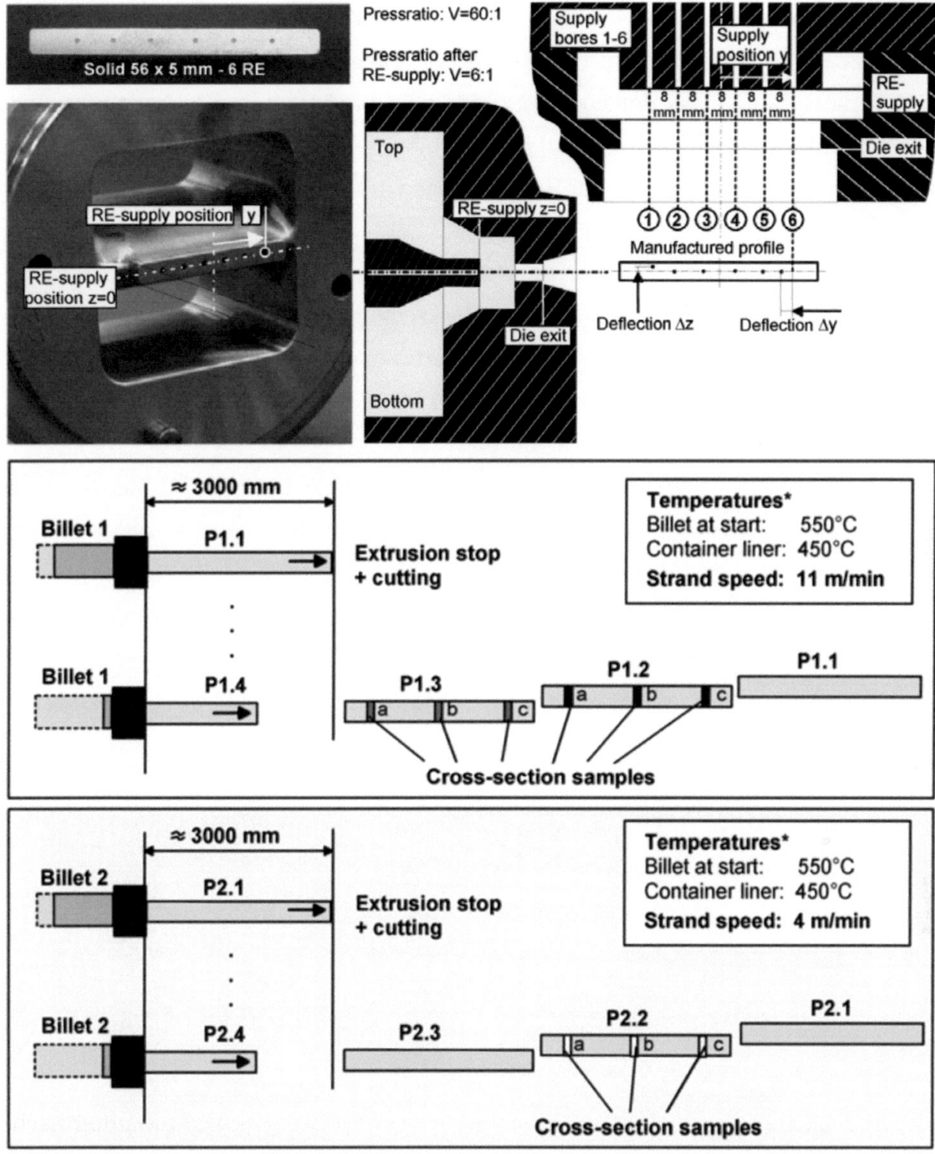

Bild 2.25:   Versuchswerkzeug und experimentelles Vorgehen zur Quantifizierung der Abweichung der Verstärkungen beim Verbundstrangpressen [KLE06a]

Es wurde bei zwei verschiedenen Strangaustrittstemperaturen (4 und 11 m/min) gepresst und nach jeweils 3 m ein Querschliff angefertigt, um die Lage der Verstärkungen zu vermessen. Es wurde festgestellt, dass zwischen den zwei symmetrisch angeordneten Messstellen im Werkzeug eine quasi konstante Temperaturdifferenz von rund 25 °C herrscht. Gleichzeitig nimmt die Temperatur im Werkzeug während des Pressens zu, bei Unterbrechungen ab, was den entsprechenden Wärmeflüssen aus dem Blockmaterial in das Werkzeug und aus dem Werkzeug in die Umgebung (v.a. Abdeckplatte) geschuldet ist [KLE06a] [KLE06b].

Hinsichtlich der Abweichungen der Verstärkungen in horizontaler und vertikaler Richtung wurden folgende Ergebnisse erzielt (Bild 2.26)

- o Vertikal kommt es zu einer generellen Abweichung der Längspressnaht und der Verstärkungen in Richtung der Werkzeugunterseite, d.h. zur kälteren Seite hin. Dies hängt wie bereits kurz erläutert mit Viskositätsunterschieden in den Matrixsträngen zusammen. Der wärmere Strang fließt schneller und „drückt" die Verstärkungselemente zur kälteren Seite hin.

- o Die horizontale Abweichung der Verstärkungen wird zur Profilaußenseite hin (steigender Abstand zur Pressachse) stärker. Die Abweichung erfolgt außen in Richtung der Pressachse. In Richtung Profilmitte (vor allem Verstärkung Nr. 3) treten negative Abweichungen auf. Ursachen für die Asymmetrie des Abweichungsprofils wurden nicht gefunden [KLE06b].

Damit konnten die theoretisch angestellten Anfangsbetrachtungen überwiegend bestätigt werden.

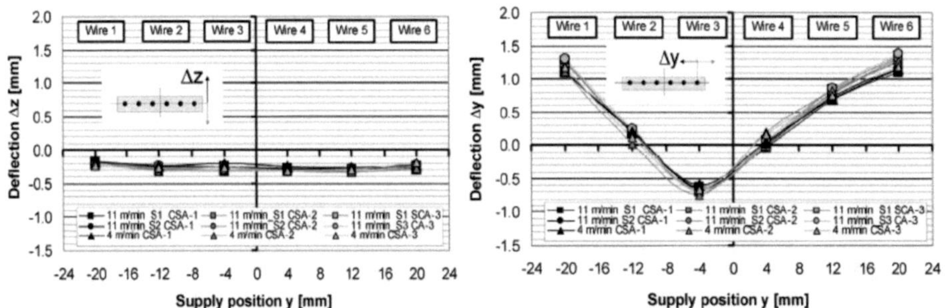

Bild 2.26: *Abweichungen der Verstärkungen beim Strangpressen in vertikale (links) und horizontale (rechts) Richtung [KLE06a]*

[SCH07c] hat neben dem Temperaturhaushalt weitere Einflussfaktoren auf die Positionierung der Verstärkungen am selben Profil untersucht. Dazu gehören hinsichtlich der horizontalen Lage detaillierte Untersuchungen zur Reproduzierbarkeit, zum Einfluss des Spiels in den Zuführbohrungen, zur längerfristigen Entwicklung über die Profillänge, zum Einfluss von Pressgeschwindigkeit und Temperaturführung. Hinsichtlich der vertikalen Lage sind die Untersuchungen weniger umfangreich, da hier – wie bereits geschildert – die Lage der Längspressnaht wesentlich ist, und die Einflussnahme auf deren Lage zum Kenntnisstand des konventionellen Strangpressens gehört. Die folgende Darstellung zeigt beispielhaft und überlagert die Abweichungen in horizontaler (x) und vertikaler (y) Richtung für mehrere Messungen über die Fertigungslänge eines 56x5-Profils. Im Hintergrund sind dabei die Zuführbohrungen gezeigt.

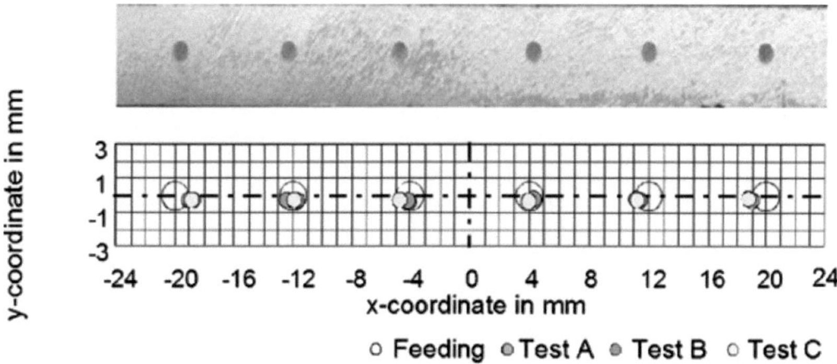

Bild 2.27:   Vergleich der Abweichungen der Verstärkungen mit der Lage der Zuführbohrungen [SCH08a]

Die Punkte der verschiedenen Messungen liegen dicht aufeinander und belegen die hohe Prozesskonstanz.

In der folgenden Tabelle sind die wesentlichen Befunde nochmals zusammenfassend dargestellt. Die Aussagen beziehen sich stets auf das dargestellte 56x6-Profil.

Tabelle 2.1:   Identifizierte Einflussfaktoren auf die horizontale Lage der Verstärkungen und deren Relevanz [SCH07c]

Horizontale Lage		
Einflussfaktor	**Theoretischer Hintergrund**	**Experimentelle Ergebnisse**
Zuführbohrungen	Die *Lage der Zuführbohrungen* bezüglich der Mittelachse wird die Höhe der Ablenkung in der Schweißkammer aufgrund des Werkstoffflusses bestimmen. Außen liegende Verstärkungselemente werden einer höheren Ablenkung als die inneren unterliegen.	Die äußeren Verstärkungselemente (1 und 6) werden durchschnittlich ca. 1 mm abgelenkt, die inneren zwischen 0 bis 0,5 mm. **Relevanz: Hoch**

Zuführbohrungen	*Schwankungen* zwischen den *Zuführbohrungswandung*en und den Verstärkungselementen können beim Anpressvorgang mit leerem Werkzeug zwischen den Versuchspressungen unterschiedliche VE-Positionen im Profil hervorrufen.	Die Mittelwerte der inneren Verstärkungselemente unterschiedlicher Versuchspressungen weichen bis zu 0,5 mm voneinander ab, bei denen der äußeren Verstärkungselemente sind dagegen nur geringe Abweichungen zu verzeichnen. **Relevanz: Mittel bis hoch**
Anpressvorgänge	Anpressvorgänge nach einem *Stillstand der Presse* können im Vergleich zum kontinuierlichen Pressvorgang zu großen Lageschwankungen der VE führen (primäre Anpressphase). Die *Ausprägung der primären Anpressphase* wird von den Randbedingungen abhängig sein. Eine kurze Unterbrechung des Pressvorganges mit anschließendem Weiterpressen wird eine relativ kurze Bauteillänge im Vergleich zum Anpressen eines neuen Blockes betreffen.	Beim Anpressen treten hohe Lageschwankungen von bis zu 0,4 mm über einer vergleichsweise kurzen ausgepressten Länge auf. Kurze Unterbrechungen und Wiederanpressungen führten zu hohen Lageabweichungen auf einer Länge von ca. 300 mm, während diese beim Anpressen eines neuen Blockes bis zu 2000 mm auftreten (entspricht dem ausgepressten Rest-Werkstoffvolumen in den Einläufen). **Relevanz: Mittel bis hoch**
Prozessparameter	Aufgrund von *Wärmeausdehnung* und *Schwindung* kann die Umformtemperatur eine Auswirkung auf die Lage der Verstärkungselemente im Profil ausüben.	Verhältnis Abstandsänderung der Drähte 1 und 6 zu Profilbreitenänderung beträgt bis zu 4:1. Die Wärmeausdehnung spielt im Vergleich zum geänderten Werkstofffluss eher eine untergeordnete Rolle. **Relevanz: Gering**

Einflussfaktor	Theoretischer Hintergrund	Experimentelle Ergebnisse
Prozessparameter	*Temperatur* und *Umformgeschwindigkeit* werden die Randbedingungen in der Schweißkammer bestimmen und somit einen Einfluss auf die Lage der Verstärkungselemente ausüben. Die äußeren Verstärkungselemente werden aufgrund eines geänderten (parabolisch angenommenen) Geschwindigkeitsprofils eine höhere *Abhängigkeit von den Prozessparametern* als die inneren aufweisen.	Die Lage der Verstärkungselemente zeigt bei den Versuchspressungen eine Abhängigkeit von den thermischen Randbedingungen. Die Ausprägung dieser Abhängigkeit wird durch die Pressgeschwindigkeit beeinflusst. Die äußeren Verstärkungselemente unterliegen Schwankungen bis zu 0,4 mm, die inneren bis ca. 0,1 mm. **Relevanz: Mittel**

Tabelle 2.2:   Identifizierte Einflussfaktoren auf die vertikale Lage der Verstärkungen und deren Relevanz [SCH07c]

Vertikale Lage		
Einflussfaktor	**Theoretischer Hintergrund**	**Experimentelle Ergebnisse**
Symmetrie des Presswerkzeugs	Asymmetrien der Werkstoffeinläufe und der Schweißkammer können einen asymmetrischen Werkstofffluss hervorrufen und eine außermittige Lage der Verstärkungselemente bewirken.	Im verwendeten Versuchswerkzeug konnten keine nennenswerten Asymmetrien festgestellt werden (<0,1 mm). Trotzdem zeigt sich ein Einfluss bei 180 °-Drehung des Presswerkzeuges, die (in Überlagerung mit thermischen Einflüssen) eine Änderung um 0,1 bis 0,3 mm bewirkt. **Relevanz: Mittel**

Einflussfaktor	Theoretischer Hintergrund	Experimentelle Ergebnisse
Temperaturgradienten	Aufgrund der Auswirkung auf das Fließverhalten des Werkstoffes kann ein Temperaturgradient eine außermittige Lage der Verstärkungselemente bewirken.	Die vertikalen VE-Positionen weichen innerhalb eines ausgepressten Blockes bei einem ermittelten Temperaturgradienten im Werkzeug zwischen 10 °C und 30 °C (*oben* und *unten*) zwischen 0,2 und 0,4 mm von der Mittellage ab. Zwischen unterschiedlichen Versuchspressungen sind bei gleichem Werkzeugeinbau nur geringe Unterschiede zu verzeichnen. **Relevanz: Mittel**
	Die Entwicklung des Temperaturgradienten im Verlauf der Pressung wird infolge geänderter Umformgeschwindigkeiten einen Einfluss auf die Lage der Verstärkungselemente ausüben.	Bei konstantem Unterschied der Werkzeugtemperatur weisen die Verstärkungselemente einen konstanten außermittigen Versatz auf. Ein Ausgleich des Temperaturunterschieds von ca. 12 °C auf 0 °C führte zu einer VE-Lageänderung von ca. 0,2 mm. **Relevanz: Mittel**

Alle vorstehend dargestellten und zusammengefassten Ergebnisse lassen den Schluss zu, dass eine reproduzierbare Herstellung verstärkter Profile mit dem Verbundstrangpressen mit modifizierten Kammerwerkzeugen möglich ist. Sollten die geschilderten Abweichungen von den Sollpositionen sich mit einem zunehmenden Verstärkungsgehalt nicht noch deutlich erhöhen, was sich letztlich aus den vorliegenden Untersuchungen nicht vorhersagen lässt, wobei mit einer zunehmenden Zahl der Verstärkungen deren gegenseitige Beeinflussung eher zu einer Stabilisierung ihrer Lage führen sollte, ist die Prozessstabilität als sehr gut zu bewerten. Aus werkstoffmechanischer Sicht spielen die ermittelten Lageabweichungen für die Eigenschaften des Gesamtprofils eine absolut untergeordnete Rolle. Selbst bei inhomogenen Spannungsverteilungen sind die Schwankungen im Vergleich zum Durchmesser der Verstärkung zu gering, um wesentlichen Einfluss auf die Lastaufnahmefähigkeit zu besitzen. Wesentlich jedoch ist, dass ausgehend von einer mechanisch optimierten Verteilung der Verstärkungen im Profil eine Rückrechnung auf die Lage der Zuführbohrungen stattfindet, die den Werkstofffluss im Werkzeug mit berücksichtigt. Aus diesem Grund kommt der FEM-Simulation des Verbundstrangpressens bei der Prozessentwicklung große Bedeutung zu. Entscheidend ist in der Tat nicht die Übereinstimmung der Lage der Zuführbohrung mit der endgültigen Lage der Verstärkung im Profil, sondern die Koinzidenz der prognostizierten und der wirklichen Lage.

2.3.4 Prozessoptimierung und –stabilität

Nachdem der von [WAG83] beschriebene Prozess zur Herstellung von Verbundstromschienen kommerziell genutzt wird, ist von einer entsprechend hohen Prozessstabilität auszugehen, was bei der Größe des Querschnittes des eingesetzten Stahlbandes nicht verwundert. Da die Querschnittsfläche bei steigendem Profilquerschnitt im Vergleich zur Oberfläche überproportional zunimmt, nimmt die Belastung insgesamt ab. Die steigende Zuglast, die über die Scherung an der Oberfläche eingebracht wird, wird auf eine stärker steigende Querschnittsfläche bezogen, so dass die Spannung auf die eingebrachte Verstärkung tendenziell abnimmt. Dieser Zusammenhang bestimmt im Wesentlichen die Prozessstabilität beim Verbundstrangpressen, wie die folgende Darstellung zeigt.

2.3.4.1 Verpressen metallischer Verstärkungen

Erste systematische Untersuchungen zur Prozessstabilität beim Verbundstrangpressen mit metallischer Verstärkung wurden mit Seilkonstruktionen durchgeführt. Grund hierfür waren die gegenüber Vollmaterialien geringeren möglichen Biegeradien, da die eingesetzten Werkzeugpakete kleinere Durchmesser hatten bzw. die Umlenkung um 180° erfolgte. Dies hing mit der für diese Untersuchungen eingesetzten Pressen zusammen. Überwiegend wurde die in Bild 2.12 dargestellte 2,5MN-Presse eingesetzt, teilweise auch die in Bild 2.11 dargestellte Sondervorrichtung, deren Werkzeug mit eingefädeltem Seil in Bild 2.28 dargestellt ist. Die Bandbreite der eingesetzten

Seilkonstruktionen umfasste Seile in 1x7- und 7x7-Konstruktion, biegsame Wellen und Sägelitzen. Diese Bandbreite war nicht alleine dem Umlenkradius geschuldet, sondern auch der Vorstellung, dass eine mechanische Verklammerung der Verstärkung in der Matrix die Verbundeigenschaften verbessern könnte.

Beim Verpressen von Seilkonstruktionen treten dabei häufig Prozessinstabilitäten auf. [SCH07c] und [KLE04a] berichten von starken Vibrationen und dem Auftreten von Rattermarken beim Verpressen eines 20x5-Profils mit zwei verstärkenden Seilen des Typs 7x7 aus der Nickel-Basis-Legierung 2.4851.

Bild 2.28: Verbundstrangpresswerkzeug mit Seil (links), verschiedene Seilkonstruktionen (rechts) [KLA04a]

Dabei wurde beobachtet, dass die Seile nur unstetig nachgezogen wurden und periodisch unterbrochen waren, teilweise kam es zum vollständigen Versagen. Ein Längsschliff in Bild 2.29 zeigt die Situation.

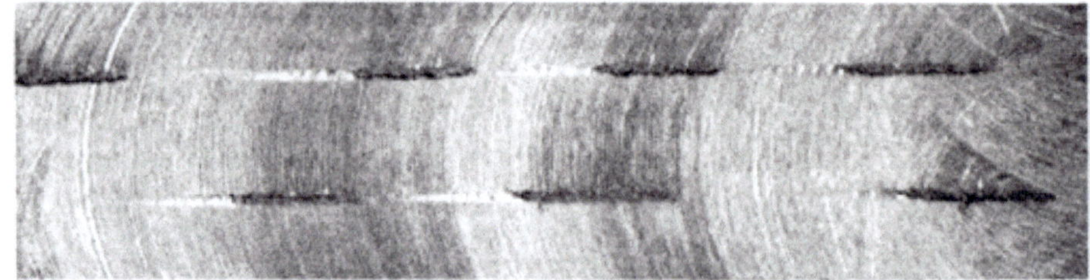

Bild 2.29: Periodisches Versagen einer 7x7-Seilkonstruktion aus 2.4851 beim Verbundstrangpressen im Längsschliff [KLE04a]

Nach [SCH06a] ist das periodische Abreißen und Wiedereinbetten auf das zyklische Gleichgewicht zwischen Schubspannungen und Materialfluss- bzw. Verstärkungselementgeschwindigkeit zurückzuführen: Die Geschwindigkeit des Matrixmaterials nimmt zur Matrize hin zu, dasselbe gilt für die Schubspannungen. Reißt dann die Verstärkung am Punkt der höchsten Zugspannung ab, bleibt der Rest im Bereich der Zuführung noch im langsameren Materialfluss eingespannt. Dieser Verstärkungselementanfang wird dann wieder Richtung Matrize gezogen, bis wieder ein kritisches Maß der Spannungen erreicht wird.

Auf Basis der bereits anfangs des Kapitels dargestellten Überlegungen zum Werkstofffluss wurden folgende Maßnahmen zur Erhöhung der Prozessstabilität ergriffen [SCH07b][KLE04a]:

- o Einsatz einer Bornitridbeschichtung zur Reduktion der Reibung zwischen Seil und Matrix
- o Anpassung der Schweißkammergeometrie, Übergang zu einem mehrstufigen Werkzeug
- o Änderung des Verstärkungselementes

Der Einsatz der Beschichtung bei ansonsten gleichbleibenden Parametern verbesserte die Prozessstabilität immerhin auf eine eingebettete Länge von 500 mm, wobei weiterhin Vibrationen und Rattermarken zu beobachten waren [KLE04a]. Diese verschwanden bei Einsatz eines optimierten Strangpresswerkzeuges, das eine mehrstufige Umformung vorsah und das Pressverhältnis nach Einbringung der Verstärkung von 30:1 auf 3:1 reduzierte (vgl. Bild 2.17). Gleichzeitig stieg die eingebettete Länge um das Drei- bis Fünffache. Doch erst der Ersatz der 7x7-Seilkonstruktion aus 2.4851 durch eine 1x7-Konstruktion aus 1.4401 bzw. 1.4301 brachte einen Durchbruch hinsichtlich der Prozessstabilität, was letztlich an der deutlich höheren Zugfestigkeit dieser Verstärkungselemente lag. Bezogen auf den Durchmesser des umschreibenden Kreises ist bei letzterem die Zugfestigkeit rund 60 % höher [WEI06a]. Gleichzeitig ist das für die schädigungsfreie Einbettung entscheidende Verhältnis von Mantelfläche zu Querschnittsfläche günstiger, wie die in Bild 2.30 dargestellten Überlegungen zeigen. Tatsächlich konnte damit weitgehende aber nicht endgültige Prozesssicherheit erreicht werden [SCH07c]. Es wurde festgestellt, dass die Seilkonstruktionen aufgrund ihres schraubenförmigen Charakters zu einer Rotation beim Verbundstrangpressen neigen. Wird diese in der Zuführung der Verstärkung nicht ausgeglichen, kommt es zum Entdrillen und konsequenterweise zum Verklemmen der Seile in der Zuführung, was den Bruch der Verstärkung zur Folge hat.

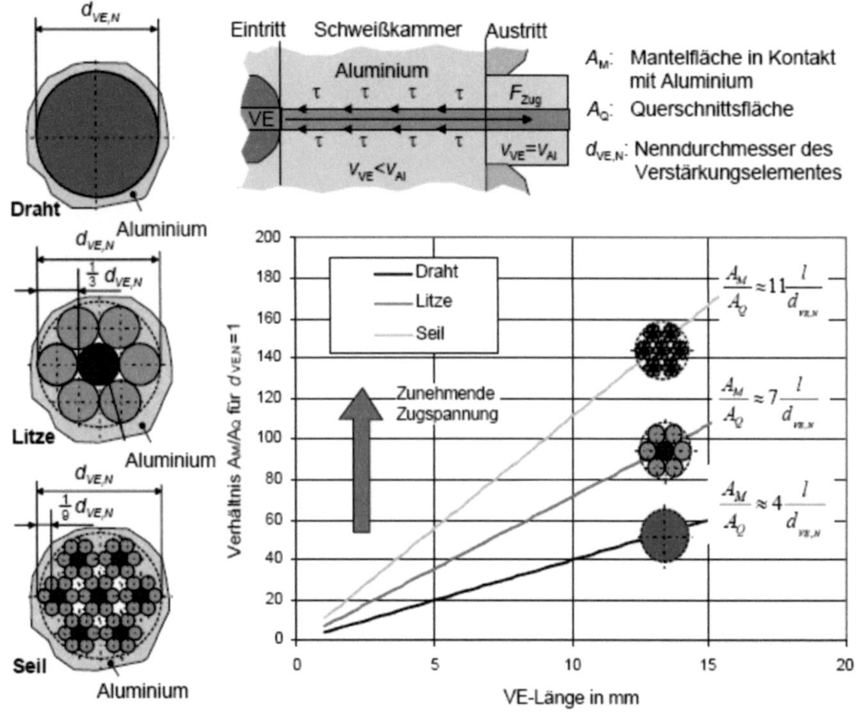

Bild 2.30: Verhältnis der Mantelfläche zum tragenden Querschnitt für verschiedene Verstärkungselementkonstruktionen [SCH07c]

Bild 2.31 zeigt einen Zuführkanal mit einem entdrillten Seil, das in Folge gerissen ist.

Bild 2.31: Entdrilltes Seil, das sich im Zuführkanal verklemmt hat [SCH07c]

Die Verwendung von Beschichtungen zur Prozessstabilisierung ist insgesamt als kritisch zu bewerten. Im Falle einer Bornitridbeschichtung ist zu erwarten, dass die Anbindung zwischen Matrix und Verstärkung im Verbund so weit reduziert wird, dass keine wirksame Lastübertragung mehr stattfinden kann. Es wurden auch Untersuchungen zu Drahtbeschichtungen mit potenziellen Haftvermittlern zwischen Aluminium und Stahl durchgeführt. Zwar konnte hier prozesstechnisch eine gute Haftung erreicht werden, die auch im kalten Zustand kein Abplatzen der Beschichtung zuließ [TIL05], aber im Prozess wurden die Schichten teilweise abgeschabt und blockierten wiederum die Zuführungen, was zum Prozessversagen führte [SCH07b][SCH07c] (s.a. Kapitel 4.3.1.1). Die Untersuchungen zur Grenzflächenfestigkeit (vgl. Kapitel 4.3.2) ergaben zudem keinen werkstofftechnischen Zugewinn im Vergleich zu unbeschichteten Drähten.

Mit unbeschichteten Drähten bzw. anderen Vollquerschnitten lässt sich beim Verpressen metallischer Verstärkungen potenziell die höchste Prozesssicherheit erreichen, da die Störquellen Beschichtung, Entdrillen oder ungünstiges Verhältnis von Mantelfläche zu Querschnittsfläche dann allesamt ausgeschaltet sind. Dennoch kann es zu Prozessunterbrechungen kommen, wenn die Zugbelastung auf die Verstärkung zu groß wird. Dies abzustellen ist dann vor allem eine Frage des Presswerkzeugkonzeptes. Die Beobachtungen von [SCH07b] sind in Bild 2.32 zusammengefasst.

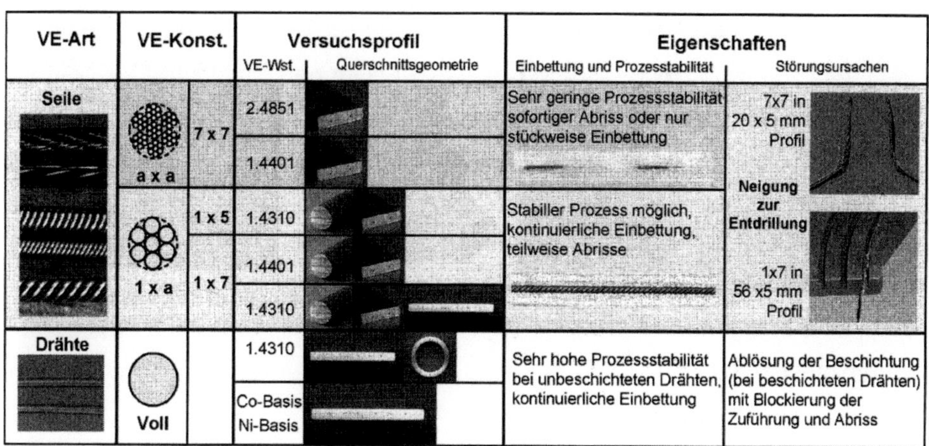

Bild 2.32: *Zusammenfassende Betrachtung der Prozessstabilität beim Verbundstrangpressen metallischer Verstärkungen [SCH07b]*

2.3.4.2   Verpressen keramischer Verstärkungen

Das Verpressen nichtmetallisch-anorganischer (keramischer) Verstärkungen ist hinsichtlich des Leichtbaus besonders interessant [LÖH04]. Mit Hilfe der in [SCH01] beschriebenen Vorrichtung wurden erstmals 2004 auch keramische Verstärkungen in Aluminium eingebettet.

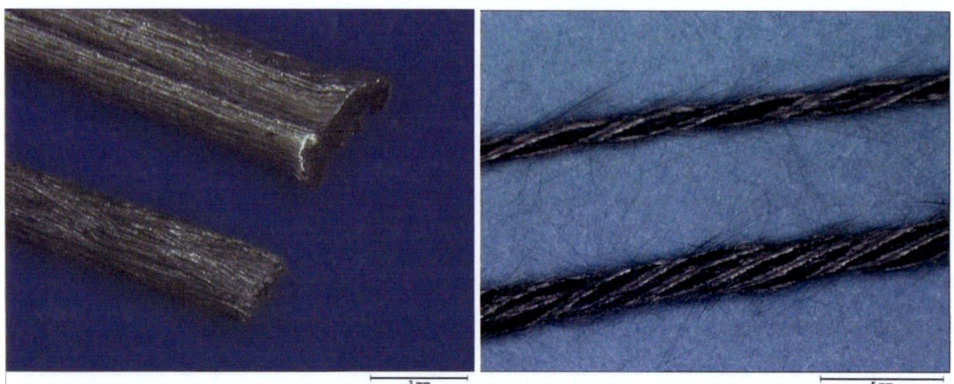

Bild 2.33: Verstärkungselemente aus C-Fasern: Verbunddrähte aus infiltrierten Fasern (links), verseilte Fasern (rechts)

Es handelte sich dabei um Kohlenstofffasern und Aluminiumoxidfasern [WEI05a], wobei vor allem erstere sehr hohe spezifische Elastizitätsmoduln bei Dichten von ca. 1,5 g/cm³ und Moduln von rund 600 GPa besitzen. Voruntersuchungen hatten hierbei ergeben, dass Faserbündel oder Seile zum Verbundstrangpressen ungeeignet sind (vgl. Bild 2.33), da sie keine Lastübertragung zwischen den Filamenten besitzen und daher im Prozess wegen des extrem ungünstigen Verhältnisses von Mantelfläche zu Querschnittsfläche abreißen. Daher wurden infiltrierte Faserrovings, so genannte Verbunddrähte eingesetzt. Aufgrund der durch die Sondervorrichtung gegebenen Restriktionen konnten nur kurze Verbunddrahtabschnitte im Bereich von wenigen mm bis ca. 1,5 cm eingebettet werden. Damit war zwar die prinzipielle Machbarkeit gezeigt, aber es konnten keine Aussagen über die Prozesssicherheit gemacht werden. Das Problem war die Umlenkung der Verbunddrähte, die sich als sehr biegesteif und gleichzeitig spröde erwiesen.

Systematische Untersuchungen zur Prozesssicherheit stützen sich zunächst auf Messungen zum Biegeradius von Verbunddrähten auf Basis von Verbunddrähten, die mit Aluminiumoxidfasern verstärkt waren [PIE08a]. Grund hierfür war die einfachere Verfügbarkeit dieser Verbunddrahtkonfiguration. So werden solche Verbunddrähte beispielsweise durch das Unternehmen 3M kommerziell vertrieben.

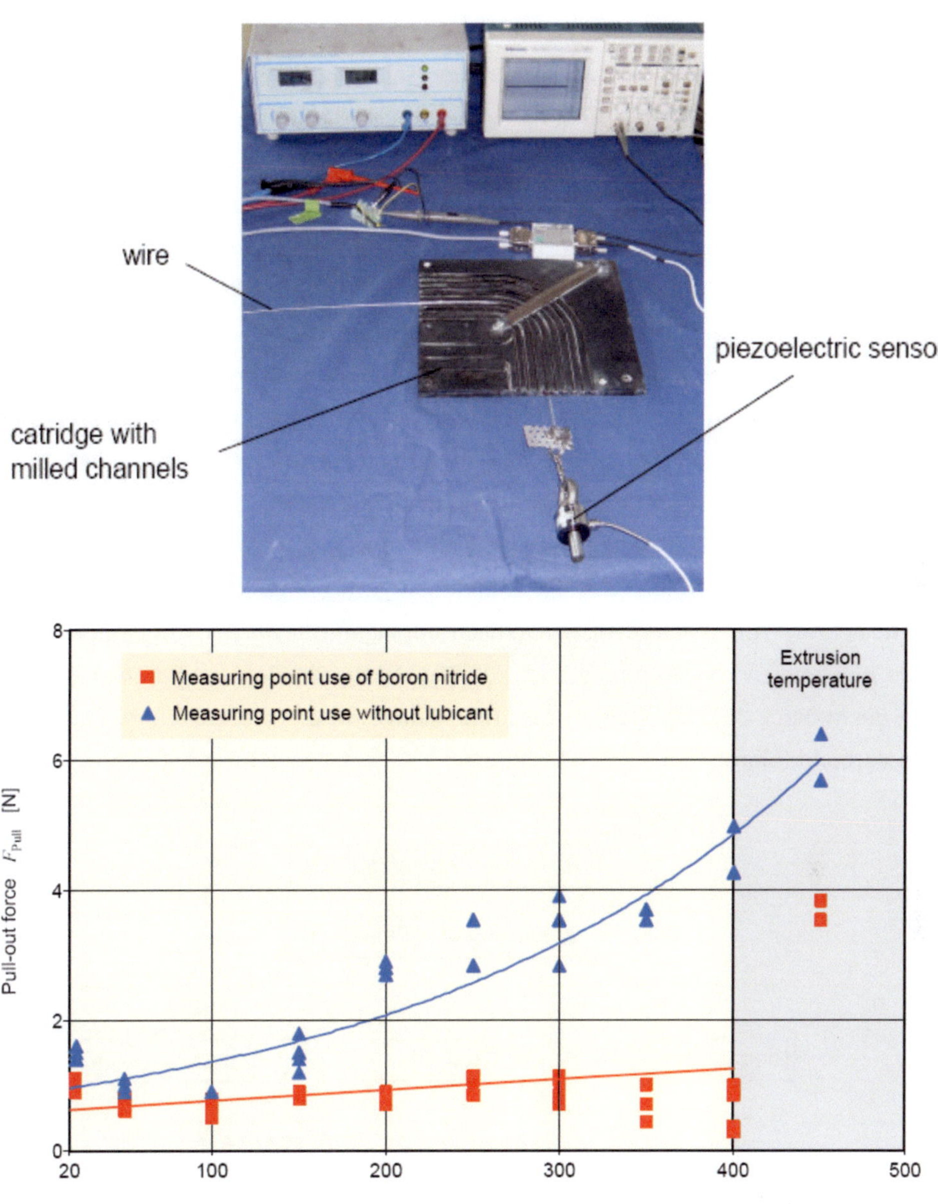

Bild 2.34:   Bestimmung des minimalen Zuführkanalradius (oben), Temperaturabhängigkeit der Zugkraft (unten)[PIE08a][PIE08b]

Die Messungen wurden über die Bestimmung der notwendigen Zugkraft für die Umlenkung der Verbunddrähte in gefrästen Kanälen unterschiedlicher Radien durchgeführt und ergaben für die untersuchte Verbunddrahtkonfiguration (Ø 1 mm, Nextel 440) einen minimal ertragbaren Zuführkanalradius von 40 mm [PIE08a]. Die Vermutung, dass eine Temperaturerhöhung den möglichen Zuführradius durch Erweichen der Matrix senken könnte, bestätigt sich nicht [PIE08a]. Es war im Gegenteil ein Anstieg der Zugkraft durch den Kanal mit steigender Temperatur zu beobachten, der jedoch durch den Einsatz von Bornitrid als Schmiermittel wieder gesenkt werden konnte [PIE08a]. Es ist daher davon auszugehen, dass die Temperaturerhöhung eine Erhöhung der Reibung zwischen Verstärkung und Zuführkanal – beispielsweise durch Erweichen der Drahtmatrix – zur Folge hat, die durch das Bornitrid wieder reduziert wird. Der Einsatz von Bornitrid ist jedoch, wie bereits erwähnt, werkstofftechnisch als kritisch zu bewerten, da die Verstärkungselementanbindung verschlechtert wird.

Untersuchungen an anderen Verbunddrahtkonfigurationen haben ergeben, dass mittlere maximale Zuführradien von 40 bis 80 mm zu erwarten sind [PIE09a]. Dies ist insofern problematisch, als dass die in Bild 2.12 gezeigte 10 MN-Presse, auf der die Versuche zur Prozesssicherheit maßgeblich durchgeführt wurden konstruktiv maximale Biegeradien von 70 mm zulässt [PIE09a]. Nach [PIE09a] und [PIE08a] ergeben sich die in Bild 2.35 dargestellten Zusammenhänge für die prozesssichere Zuführung von Verbunddrähten in die Schweißkammer.

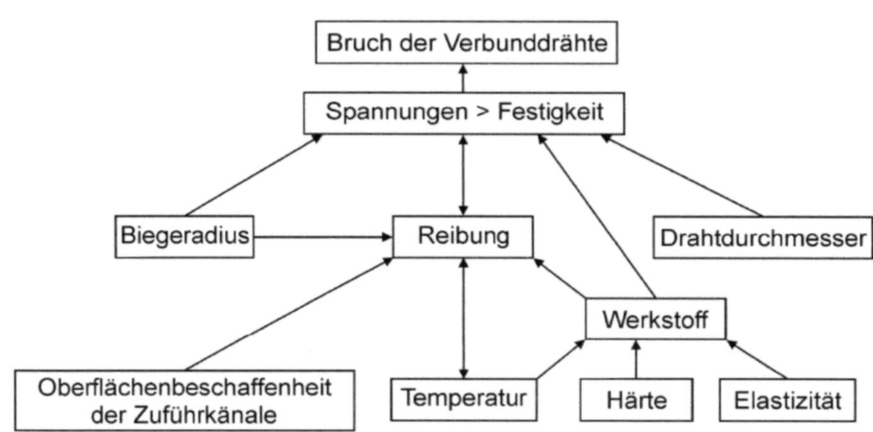

Bild 2.35: Zusammenhänge beim Verbundstrangpressen mit faserverstärkten Verbunddrähten [PIE09a][PIE11]

Parameter	Maßnahme/ Ergebnis
a) Flachprofil 40x10 mm; Pressverhältnis 1:42	Drähte werden zerdrückt, **Einbettung < 30 mm** 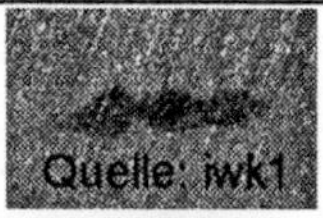
b) Flachprofil 40x10 mm; Pressverhältnis 1:42 mit Kammereinsatz	Hydrostatischer Druck durch Einsatz beim Anpressen; Drähte versagen durch Zerreißen; **Einbettung < 50 mm** 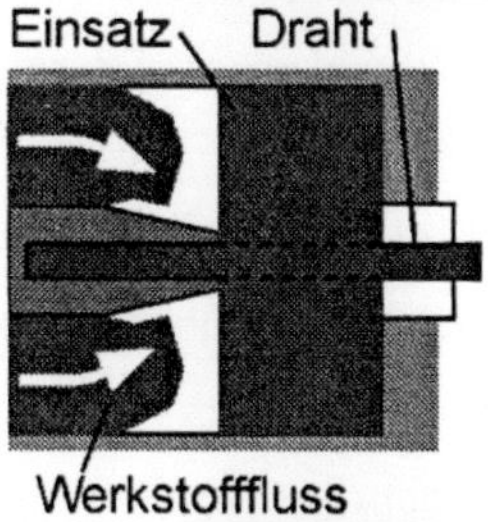
c) Z-Profil; Pressverhältnis 1:19 mit Kammereinsatz; v_{Press}=1 mm/s	Profil rattert beim Austritt -> ruckartiger Werkstofffluss; **Einbettung < 210 mm** 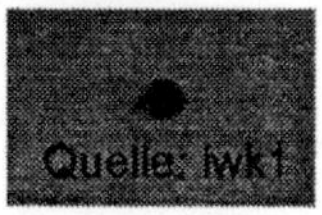
d) Z-Profil; Pressverhältnis 1:19 mit Kammereinsatz; v_{Press}=2 mm/s	optimale Pressgeschwindigkeit ermittelt und Schaffung von isothermen Bedingungen -> Profil tritt ohne Rattern aus; **Einbettung < 235 mm**
e) Z-Profil; Pressverhältnis 1:19 mit Kammereinsatz; v_{Press}=2 mm/s; Drähte werden mit Bornitrid beschichtet	Reduzierung der Zugspannung durch Bornitrid-beschichtung der Drähte; keine kontinuierliche Beschichtung möglich -> Drähte reißen; **Einbettung < 1530 mm** 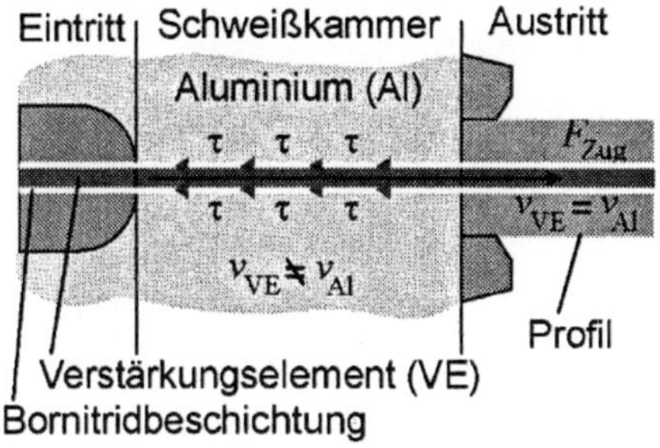 Längsschliff: Drahtquerschnitt nimmt ab 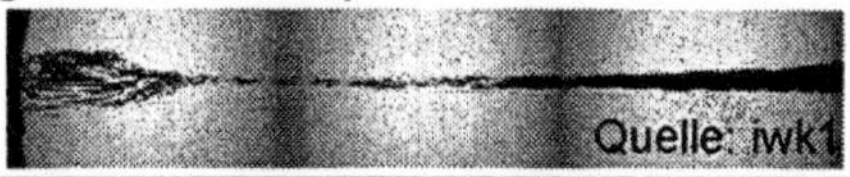

Bild 2.36: Prozessoptimierung zum Verpressen von Verbunddrähten [PIE09a][PIE11]

Pressversuche bei Verwendung eines einstufigen Presswerkzeuges mit einem Pressverhältnis von 42:1 führten unmittelbar nach dem Anpressen zu einem Abquetschen der Verbunddrähte. Um dies zu verhindern, wurde ein Schweißkammereinsatz gefertigt, der eventuelle Unterschiede im Matrixzufluss in die Schweißkammer, was die Verbunddrähte in der Regel sofort abknickt, ausgleichen sollte. Auch so konnten jedoch nur wenige Millimeter Draht eingebettet werden [PIE09a]. Daraufhin wurde statt des Rechteckprofils mit einem Pressverhältnis von 42:1 ein Z-Profil mit einem Pressverhältnis von 19:1 verwendet und zusätzlich die Temperaturführung verbessert, was die eingebettete Drahtlänge auf 235 mm steigerte [PIE09a]. Der Einsatz von Bornitrid erhöhte diesen Wert weiter auf ca. 1500 mm, erwies sich aber hinsichtlich der Grenzflächeneigenschaften als nicht zielführend [MER08a]. Die einzelnen Optimierungsschritte sind in Bild 2.36 zusammengefasst.

In Folge wurde in Anlehnung an die Überlegungen am Bild 2.15 die Länge der Verbundentstehungszone angepasst und eine spitzere Dornform gewählt. Hier konnte bei einer Schweißkammerlänge von 4 mm eine Profillänge von 1100 mm gefertigt werden. Eine weitere Kürzung der Kammerlänge auf 2 mm führte zur Bildung von Kavitäten und zu Schwankungen in der Profilwandstärke (Bild 2.37) [PIE11].

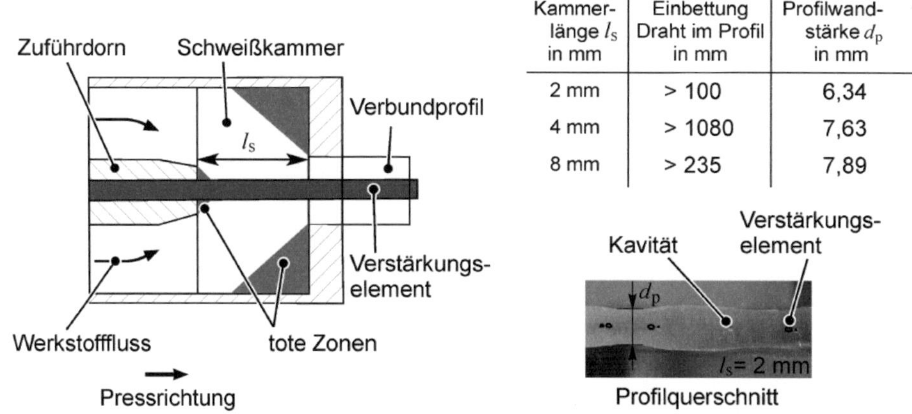

Kammer-länge l_s in mm	Einbettung Draht im Profil in mm	Profilwand-stärke d_p in mm
2 mm	> 100	6,34
4 mm	> 1080	7,63
8 mm	> 235	7,89

Bild 2.37: *Prozessoptimierung zum Verpressen von Verbunddrähten: Schweißkammerlänge [PIE11][PIE11]*

Schlussendlich wurden so alle auf der Basis der Untersuchungen an Metallen gemachten Möglichkeiten ausgereizt. Als weitere Alternative ist nun nur noch denkbar, den Zuführradius im Werkzeug durch eine Zuführung der Verstärkungen durch den Rezipienten zu steigern. Dieser Lösungsansatz wurde bereits angedacht [PIE11], bislang sind jedoch keine Ergebnisse publiziert. Erst wenn hierzu Ergebnisse vorliegen, kann die Frage nach der Höhe der Prozessstabilität beim Verbundstrangpressen keramischer Verstärkungen abschließend bewertet werden.

Selbst wenn eine hohe Prozessstabilität erreicht wird, bleibt abzuwarten, ob die theoretisch möglichen Festigkeits- und Steifigkeitswerte im Verbundprofil auch erreicht werden können. Wesentlich ist auch hier ein signifikanter Verstärkungsanteil, der aufgrund der deutlich schwierigeren Verhältnisse beim Verbundstrangpressen keramischer Verstärkungen bezüglich der prozesssicheren Verarbeitung, sicher nicht einfach zu erreichen ist.

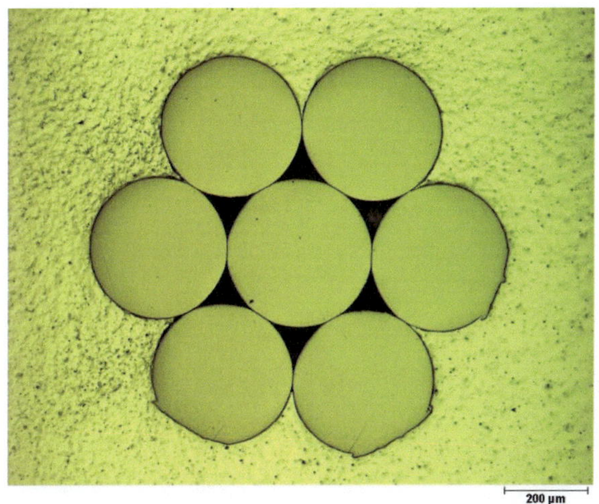

Bild 2.38:   1x7-Seilverstärkung im Querschliff mit Abriebspuren und Deformationen

Abschließend ist festzuhalten, dass bei der Auswahl von Verstärkungen die folgenden prozesstechnischen Vorgaben eingehalten werden müssen, um Prozesssicherheit zu gewährleisten (vgl. auch [SCH07c]):

- o Hinreichende Flexibilität, um die Zuführung zu ermöglichen
- o Keine Ablösung von Schichten oder Kumulation von Hilfsstoffen.
- o Ausreichende Zugfestigkeit bei einem günstigen Verhältnis von Mantelfläche zu Querschnittsfläche
- o Keine zu starke Reduktion der mechanischen Eigenschaften durch den Wärmeeintrag beim Zuführen
- o Keine ungewollte Querschnittsänderung der Verstärkung durch Entdrillen o.ä. bzw. durch Reibverschleiß zwischen Verstärkung und Zuführung, vgl. Bild 2.38

2.3.5 Beispiele verstärkter Profilgeometrien

Im Folgenden soll eine Übersicht über bislang realisierte Profilgeometrien gegeben werden, die in erster Linie als Demonstratoren zu sehen sind. Nach [OST98] unterscheidet man dabei in Voll-, Halbhohl- und Hohlprofile. Profile, die für einen konkreten Verwendungszweck vorgesehen oder eingesetzt sind, werden im Kapitel 5 vorgestellt.

2.3.5.1 Vollprofile

Tabelle 2.3 zeigt eine Übersicht der verpressten Profilgeometrien, wobei hier nur Vollprofile dargestellt sind.

Tabelle 2.3: Übersicht über verstärkte Vollprofilgeometrien

Profil	VE-Anzahl	Verwendeter Verstärkungstyp	Verwendet bei…
Rundprofil, 9 mm	1	Seil 1x5 (1.4310), Ø 1 mm Seil 1x7 (1.4401, 1.4310), Ø 1 mm	[SCH07c]
Rechteck, 20x5 mm²	2	Seil 1x5 (1.4310), Ø 1 mm Seil 1x7 (1.4401, 1.4310), Ø 1 mm Seil 7x7 (2.4851, 1.4401), Ø 1 mm	[SCH07c] [SCH07a] [KLE04b] [KLE04a] [KLA04a] [SCH07b]
Rechteck, 40x10 mm²	4	Seil 1x7 (1.4310), Ø 1 mm Draht (1.4310), Ø 1 mm Verbunddrähte, Ø 1 mm	[PIE11]
Rechteck, 56x5 mm²	6	Seil 1x7 (1.4310), Ø 1 mm Draht (1.4310, Haynes 25, Inconel 718), Ø 1 mm	[SCH07a] [SCH07c] [SCH07b] [KLE06a] [KLE06b]
Rechteck, 56x2 mm²	6	Draht (1.4310), Ø 1 mm	[SCH07c] [SCH07b] [KLE06a]
Rechteck, 56x5 mm²	3	Stahlbänder, ca. 4,1 x 0,7 mm²	[PIE09a]

Profil	VE-Anzahl	Verwendeter Verstärkungstyp	Verwendet bei…
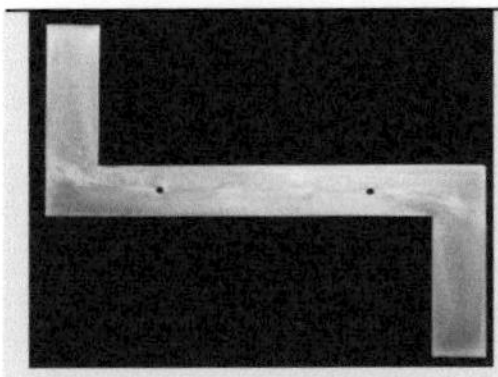 Z-Profil, Wandstärke 8 mm	2 (4)	Draht (1.4310, Nanoflex, Nivaflex), Ø 1 mm Verbunddrähte, Ø 1 mm	[SCH07d] [HAM09a]

Bei den von [KLA04a][KLE04b] publizierten Arbeiten handelt es sich um einfache Vollprofile mit einem Querschnitt von 20x5 mm² und zwei Verstärkungselemente, für die verschiedene Seilkonstruktionen verwendet wurden. Seilverstärkungen vom Typ 1x7 oder 1x5 wurden auch in einfachen Rundprofilen mit 9 mm Durchmesser und einem Verstärkungselement verwendet [SCH07c]. Insbesondere im Zusammenhang mit Untersuchungen an keramisch verstärkten Verbunddrähten wird über das Verpressen von Profilen mit 40x10 mm und zwei Verstärkungen sowie einem Z-Profil mit 8 mm Wandstärke berichtet [PIE11]. Weitere Arbeiten auf Basis von Vollprofilen des Durchmessers 56x5 wurden ebenfalls von [SCH07c] veröffentlicht.

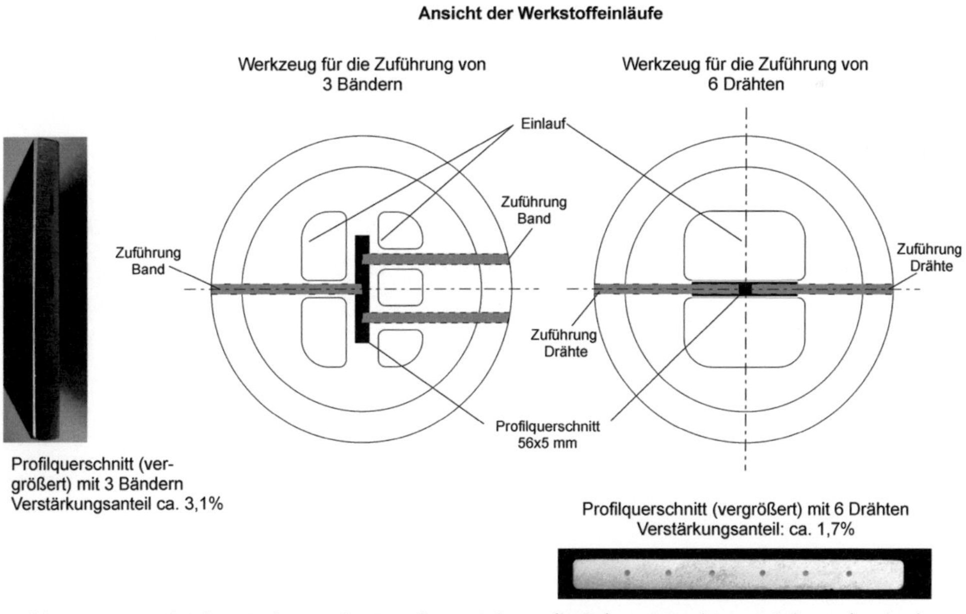

Bild 2.39: Vergleich: Werkzeug für Bandverstärkung (links) und Drahtverstärkung (rechts) [PIE09a]

Im Laufe der Forschungsarbeiten wurde dabei die Komplexität der Vollprofile stetig gesteigert. Dies bezieht sich zum einen auf die Art der Verstärkungen (Seile → Drähte), ihre Anzahl (1…2 → 6) und die Dünnwandigkeit der Profile (1 mm → 2 mm). Teilweise wurden auch Bänder zur Erhöhung des Verstärkungsgehaltes verpresst, wobei der Verstärkungsgehalt von 1,7 Vol.-% (6 Drähte, 1 mm) auf 3,1 Vol.-% fast verdoppelt werden konnte [PIE09a]. Bänder besitzen jedoch den Nachteil, dass ihre Biegesteifigkeit nur in einer Achse ausreichend gering ist, um eine einfache Zuführung mit geringem Zuführradius zu ermöglichen. Dazu wurden weitere Veränderungen in der Werkzeugkonstruktion durchgeführt (Bild 2.39).

Mit Hilfe der Sondervorrichtung nach [SCH01] wurden von [WEI05a] Verbunde mit einem Profildurchmesser von rund 6 mm hergestellt. Da der Prozess jedoch nicht zur Fertigung größerer Profillängen genutzt werden konnte, wurde dieses Profil nicht in obige Tabelle aufgenommen.

Im Falle des 56x2-Profils ist deutlich zu erkennen, dass der Werkstofffluss durch die Verstärkungen stark gestört wird. Es treten Wanddickenschwankungen und Wellen am Profilrand auf (vgl. Bild 2.9). Messungen ergaben, dass zwischen den Drähten das Profil nahezu Sollwandstärke erreicht [SCH07c]. In diesem Zusammenhang wurden Untersuchungen zur Verbesserung des Werkstoffflusses von [SCH07c] und [SCH07b] an einem Doppel-T-Profil gleicher Wandstärke angestellt. Durch die Verlängerung der Führungsflächenlängen von 8 auf 12 mm konnten dann 1 mm dicke Drähte ohne Störungen eingebettet werden [SCH07b].

2.3.5.2 *Doppel-T-Profile*

In diesem Abschnitt sollen die Untersuchungen zu den Doppel-T-Profilen vorgestellt werden. Auch wenn diese nach [OST98] formell noch zu den Vollprofilen zählen, weisen diese im Vergleich zu den bislang vorgestellten Profilen einen komplexeren Querschnitt auf, und werden daher separat betrachtet. Nach [SCH07c] steigt der Komplexitätsgrad vor allem auch aufgrund der steigenden Zahl der Verstärkungen.

Erste Versuche zur Herstellung von Doppel-T-Profilen wurden an einem Profil 22 x 17 mm mit 4 mm Wandstärke und je 4 Seilverstärkungen im Ober- und Untergurt vorgenommen. Jedoch waren diese Versuche aus zwei Gründen nicht erfolgreich: Zum einen versagten die Verstärkungen bereits kurz nach dem Anpressen; zum anderen war die Lage der Längspressnaht nicht optimal, weshalb die Verstärkungen aus den Gurten in das Profilzentrum abgedrängt wurden. Bild 2.40 zeigt beide Effekte deutlich.

Bild 2.40:   Versuche zur Herstellung eines Doppel-T-Profils mit 8 Verstärkungen: Werkzeug mit Sollgeometrie (links), Ergebnis (rechts)

In Folge wurden umfangreiche Verbesserungen am Werkzeug vorgenommen, die vor allem möglich waren, nachdem mit der 10MN-Presse die Werkzeugpaketgröße deutlich gestiegen war. Auf Basis des Werkzeugs für das 56x5-Profil entwickelte [SCH07c] ein Werkzeug mit zwei Zuführkassetten und drei Werkstoffeinläufen.

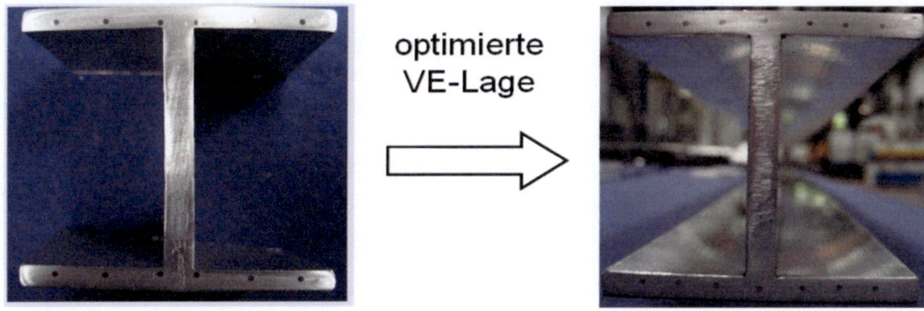

Bild 2.41:   Verbesserung der Längspressnaht- und somit Drahtlage am Beispiel eines Doppel-T-Profils (Quelle: SFB/TR10, [PIE09a])

Das Doppel-T-Profil besitzt eine Wandstärke von 4 mm und ist mit insgesamt 12 Verstärkungen im Ober- und Untergurt versehen, wobei anfangs die Längspressnahtlage nicht optimal war (vgl. Bild 2.41, links). Weitere Verbesserungen hinsichtlich der Nahtlage wurden durch [SCH06a] erzielt, die zu dem in Bild 2.41, rechts gezeigten Ergebnis führten. Die Zahl der Verstärkungen wurde dabei gleichzeitig um jeweils 1 im Ober- und Untergurt gesteigert.

Dasselbe Profil wurde auch mit einer Wandstärke von 2 mm verpresst, wobei gleichzeitig die Verstärkungen in den Mittelsteg verlegt wurden. Letzteres macht deutlich, dass bei dieser Neukonstruktion nicht der Anwendungsgedanke, sondern fürderhin die Prozessoptimierung im Vordergrund stand, da so die Verstärkung näher zur neutralen Faser des Profils verschoben wurde, was dessen Leistungsfähigkeit unter Biegung reduziert. Durch die bereits angesprochene Veränderung der Führungsflächenlänge konnte dieses Doppel-T-Profil nach anfänglichen Schwankungen der Wandstärke prozesssicher hergestellt werden [SCH07c][SCH07b]. Die Optimierungsmaßnahmen wurden hierbei mit Hilfe eines modularen Werkzeugkonzeptes ausgeführt, das die ohnehin vorgegebene Dreiteilung des Werkzeuges (vgl. Bild 2.7) weiter verfeinerte [SCH07c].

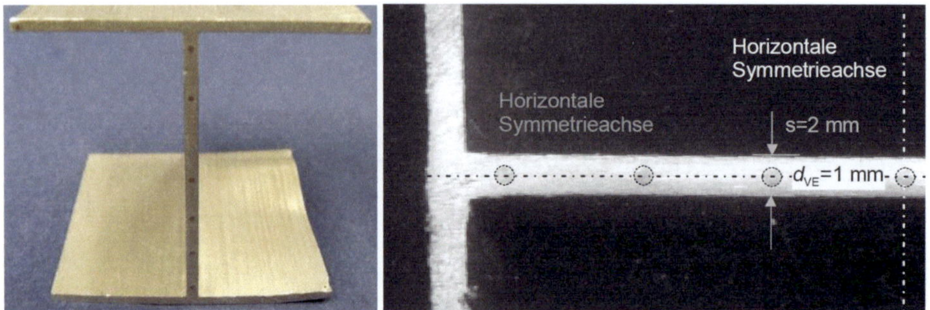

Bild 2.42: *Verstärktes Doppel-T-Profil mit 2 mm Wandstärke: Gesamtprofil (links), Detail zur Drahtlage (rechts, [SCH07c])*

2.3.5.3 Hohlprofile

Das Verbundstrangpressen mit modifizierten Kammerwerkzeugen erfordert per se den Einsatz mehrerer Werkstoffeinläufe bzw. eines Dorns zur Zuführung der Verstärkungen. Insofern ist die Gestaltung der Werkzeuge ohnehin an jener der Hohlprofilfertigung orientiert. Bild 2.43 zeigt ein Werkzeug für ein Rundprofil mit einem Außendurchmesser von 45 mm und 5 mm Wandstärke. Die Verstärkungen sind unter 90° zueinander orientiert. Gegenüber einem Doppel-T-Profil ist ein Hohlprofil fertigungstechnisch eine weitere Komplexitätssteigerung, da neben mehreren Einläufen Dornteile für die Zuführung der Verstärkung und zur Ausformung der Innenkontur benötigt werden [PIE09a]. Auf Basis dieses Werkzeuges wurden die in Kapitel 2.3.2 vorgestellten Untersuchungen zur Verbundentstehung angestrengt. Vier Verstärkungen mit einem Durchmesser von rund 1 mm in einem Profilquerschnitt von rund 300 mm² lassen auch keinen wesentlich verstärkenden Charakter erwarten.

Bild 2.43:   Werkzeug für ein verstärktes Rundprofil mit 5 mm Wandstärke: Werkzeug (links und rechts oben), Profilquerschnitt (rechts unten) [SCH07c]

Weiters wurden auch Werkzeuge zur Herstellung von Rechteckprofilen mit Verstärkung gefertigt [PIE09a][PIE11]. Bild 2.44 zeigt dieses Rechteckhohlprofil mit dem zugehörigen Presswerkzeug.

Bild 2.44:   Werkzeug für ein verstärktes Rechteckprofil mit 5 mm Wandstärke: Werkzeug (links), Profilquerschnitt (rechts) [PIE11] [PIE09a]

[PIE11] berichtet in diesem Zusammenhang von einem regelmäßigen Versagen eines der 14 Verstärkungsdrähte beim Strangpressen. Als Ursache wird die stärkere Ablenkung der äußeren Drähte und die daraus folgende hohe Zugspannung vermutet [PIE11]. Anfängliche Probleme hinsichtlich der spaltfreien Einbettung der Drähte konnten durch eine Verlängerung der Führungsflächen behoben werden [PIE11]. Weitere Arbeiten zu Hohlprofilen sind nicht bekannt. Zwar enthält der von [GIT89] vorgestellte Raupensteg (vgl. Kapitel 5.1.3) auch Hohlräume, die Verstärkung sitzt jedoch weitab derselben, so dass die fertigungstechnischen Herausforderungen sicherlich nicht vergleichbar sind.

2.3.6 Weiteres Entwicklungspotenzial

Die vorgestellten Entwicklungen der Fertigungstechnik des Verbundstrangpressens zeigen, dass in den vergangenen Jahren deutliche Entwicklungen hin zu einer zunehmenden Komplexität und Flexibilität des Verfahrens hinsichtlich Profilgeometrien, Werkstoffsysteme und Verstärkungsanteil statt gefunden haben.

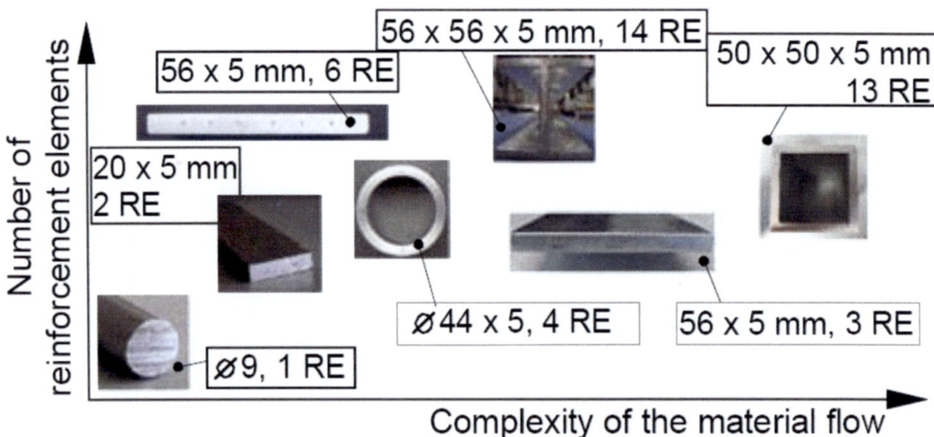

Bild 2.45: Komplexitätssteigerung beim Verbundstrangpressen nach [BRO09]

In diesem Kapitel werden Ansätze zu einer weiteren Entwicklung des Fertigungsverfahrens vorgestellt, die auf bereits veröffentlichten Technologien bzw. Untersuchungen beruhen.

2.3.6.1   Kombination mit anderen Fertigungsverfahren

Runden beim Verbundstrangpressen

Der Bau von leichten Tragwerken erfordert in der Regel keine langen geraden Profile, sondern eher geschwungene. Konventionell kommt hierbei das Fertigungsverfahren Biegen zum Einsatz, das jedoch für das Halbzeug enge Toleranzen vorgibt, die typischerweise von stranggepresstem Halbzeug nur mit erhöhtem fertigungstechnischen Aufwand erfüllt werden können [KHA09]. Alternativ schlägt [BEC03] dazu das dreidimensionale Runden beim Strangpressen vor. Der Prozess nutzt nach [KHA09] den plastifizierten Zustand des Werkstoffes in der Matrize aus: Eine kleine Auslenkung der Stranges führt zu Differenzen im Werkstofffluss und in Folge zu einer gewollten Krümmung des Profils. Eine zusammenfassende Darstellung des Verfahrens „Runden beim Strangpressen" wurde von [KLA02] veröffentlicht. Durch den warmumformenden Charakter des Verfahrens sind die Profile nach dem Runden im Vergleich zum Biegen tendenziell mit weniger Eigenspannungen behaftet. Dies reduziert z.B. die Problematik des Rückfederns, was einen weiteren Vorteil gegenüber dem Biegeprozess darstellt. Das Verfahrensprinzip zeigt Bild 2.46.

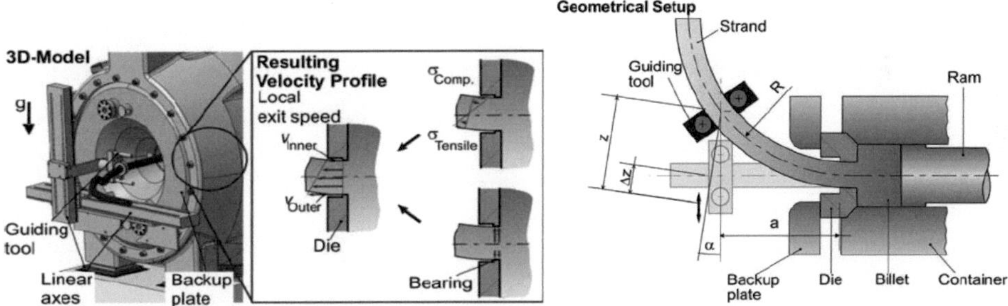

Bild 2.46:   *Verfahrensprinzip des Rundens beim Strangpressen [KLE09a]*

Dieser Prozess kann mit dem Verbundstrangpressen kombiniert werden [KHA09]. Es wurde ja bereits festgestellt, dass auch die Verstärkungen Einfluss auf den Werkstofffluss im Presswerkzeug haben. [PIE09a][PIE11] haben in diesem Zusammenhang Versuche mit nur halbseitig verstärkten Profilen angestellt und beobachtet, dass sich ein halbseitig verstärktes Profil zur verstärkten Seite hin krümmt. Beide Verfahren – das Runden und das Verbundstrangpressen selbst – besitzen also Einfluss auf den Werkstofffluss. Untersuchungen an einem verstärkten Profil des Typs 56x5 ergaben in diesem Zusammenhang einen messbaren Einfluss des Rundens auf die Lage der äußeren Drähte (Bild 2.47) [PIE09a] [KLE09a]. Ist der Draht höheren Werkstoffflussbeschleunigungen ausgesetzt, d.h. liegt er auf der Außenseite, ist die Abweichung von der Zuführungsposition größer.

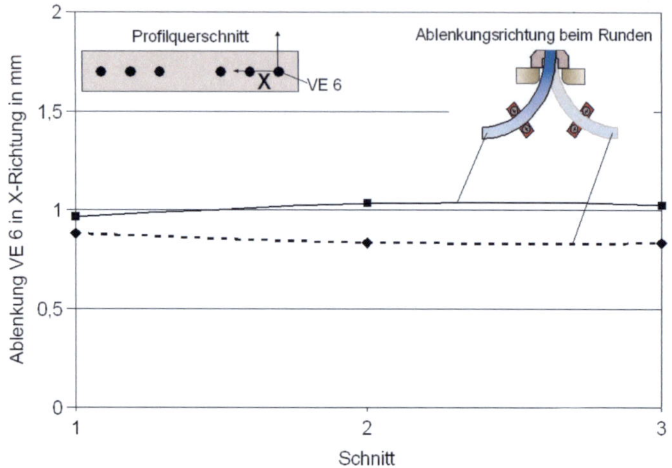

Bild 2.47: Lageabweichung der äußeren Verstärkung beim Runden in verschiedene Richtungen [PIE09a]

Insgesamt ist der Unterschied in der Abweichung zwischen Innen- und Außenseite jedoch nur ca. 0,1 – 0,2 mm groß. Der Einfluss des Rundens auf die Prozessstabilität des Verbundstrangpressens insgesamt also gering. Weitere Untersuchungen an Hohlprofilen ergaben keine signifikanten Einflüsse des Rundens auf die Lage der Verstärkungen [PIE11].

Die Verfahrenskombination Runden und Verbundstrangpressen hat sich als machbar erwiesen. Für Verbundprofile ist diese Verfahrenskombination nicht nur eine sinnvolle, sondern eine notwendige Kombination, da beim Biegen die Gefahr des Ablösens der Verstärkungen von der Matrix oder des Abreißens gegeben ist. Hinsichtlich einer späteren sinnvollen Anwendung des Verbundstrangpressens besitzt diese Verfahrenskombination ein hohes Anwendungspotenzial.

Tordieren beim Verbundstrangpressen

[KHA09] stellt das Tordieren beim Strangpressen als alternative Fertigungsmethode zur Herstellung von Schraubenladern vor. Das Verfahrensprinzip zeigt Bild 2.48. Das

Versuchswerkzeug ist mehrteilig und besitzt eine Vorkammer und daran anschlie-ßend eine Matrize mit einem verdrehten Kanal über den die Steigung des Schraubenprofils eingestellt werden kann.

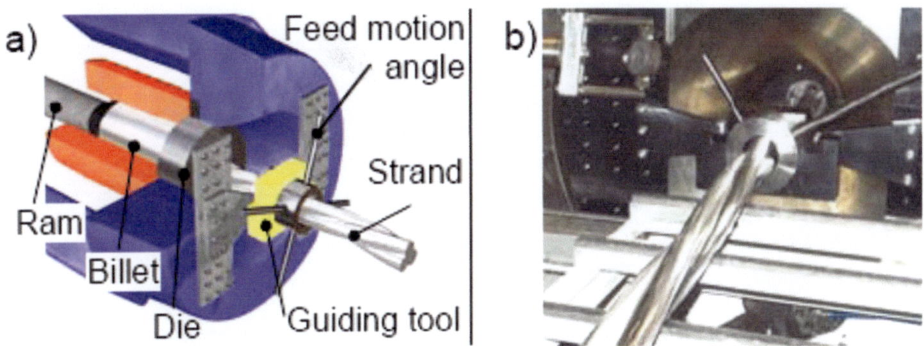

Bild 2.48:   Verfahrensprinzip des Tordierens beim Strangpressen [BRO09]

Auch dieses Verfahren könnte mit dem Verbundstrangpressen kombiniert werden – und zwar mit mehreren Verfahrensvarianten. Mittels Verbundstrangpressen mit modifizierten Kammerwerkzeugen könnten endlose Verstärkungen entlang der Schraubenachse eingebracht werden. Dabei stellt sich allerdings die Frage, ob sich die Rotation dann auf die Verstärkungen überträgt, was hinsichtlich der Prozesssicherheit nachteilig sein könnte. Sinnvoller ist die Kombination mit dem Strangpressen mehrkerniger Blöcke. So könnten in einem Fertigungsschritt ummantelte Schraubenprofile gefertigt werden, die dann z.B. eine höhere Widerstandsfähigkeit gegen Korrosion besitzen. Gerade die Anwendung als Schraubenlader (Turbolader) würde ein solches Eigenschaftsprofil erfordern.

Profile veränderlichen Querschnitts

[SEL11] stellt dazu ein Verfahren vor, mit dem mit Hilfe einer variablen Matrize direkt beim Strangpressen die äußere Form des Profils verändert werden kann. Ein Werkzeugkonzept und erste Studien an einem einfachen Doppel-T-Profil wurden hierzu veröffentlicht (Bild 2.49).

Bild 2.49: *Matrize (links) und erste Vorstudien (rechts) zum Verpressen von Profilen mit flexiblen Querschnitten [SEL11]*

Das Verfahren ist prinzipiell auch mit dem Verbundstrangpressen kombinierbar. Der Einsatz hochsteifer und –fester Verstärkungen in Kombination mit flexiblen, d.h. an die lokalen Belastungen angepassten Querschnitten hat dabei großes Potenzial hinsichtlich der Fertigung maßgeschneiderter Profile (Tailored Profiles) für den Einsatz im Leichtbau. Bislang ist jedoch dieses Verfahren selbst für unverstärkte Profile noch im frühen Stadium der Grundlagenforschung.

2.3.6.2 *Verbundstrangpressen hybrider Profile*

Hybride Profile im hier gemeinten Sinne sind Verbundprofile, bei welchen eine Komponente selbst ein Verbundwerkstoff ist. In diesem Sinne sind vor allem die bereits angesprochenen Profile mit einer Verstärkung aus Verbunddrähten, die selbst einen Verbundwerkstoff darstellen, hybride Profile. Umgekehrt ist aber auch vorstellbar, eine verstärkte Matrix einzusetzen und so das Verbundstrangpressen verstärkter Pressblöcke und jenes mit modifizierten Kammerwerkzeugen zu kombinieren. Die Verfahrensvarianten sind in Bild 2.50 dargestellt.

Untersuchungen zur ersten Variante wurden von [WEI05a] [WEI07a][PIE08a][PIE08b][PIE09a][PIE11] durchgeführt und im Wesentlichen bereits in den vorangegangenen Abschnitten vorgestellt. Untersuchungen zu den mechanischen Eigenschaften sind in Kapitel 4.4 zusammengefasst.

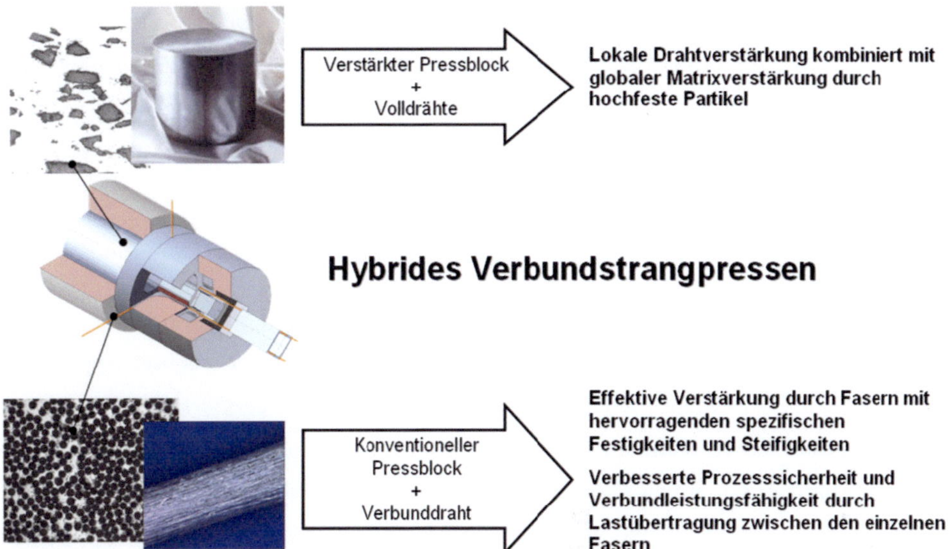

Bild 2.50:   Verfahrensvarianten des hybriden Verbundstrangpressens nach [WEI07a]

Voruntersuchungen zur zweiten Variante, d.h. mit verstärkter Matrix wurden von [WEI06a][WEI07a] [WEI08a] durchgeführt. Dabei standen vor allem Gefügeuntersuchungen im Fokus der Charakterisierung, da die auch hier verwendete Sondervorrichtung nach [SCH01] keine Fertigung längerer Profilabschnitte zuließ. Bild 2.51 zeigt den Vergleich der Mikrostruktur eines hybriden Profils mit Verbundmatrix und eines mit Verbundverstärkungsdraht.

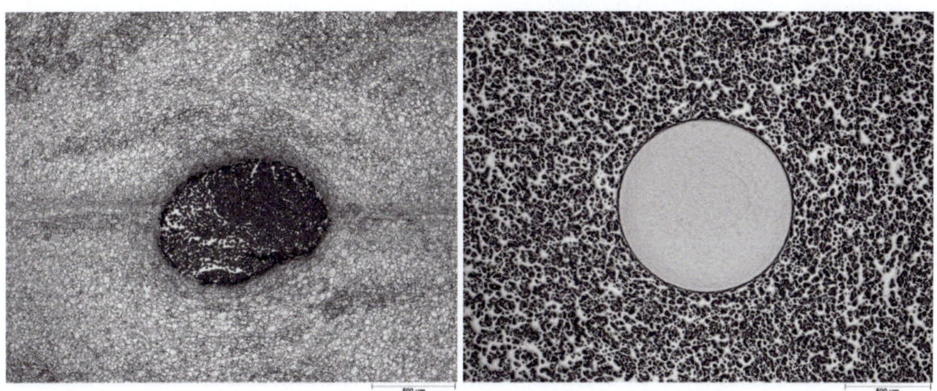

Bild 2.51:   Gefüge zweier Hybridverbunde: Verbundwerkstoff als Verstärkungselement (links), Verbundwerkstoff als Matrix (rechts) (vgl. [WEI07a])

Der links gezeigte Verbund besteht aus einer EN AW-6060-Matrix, die einen Verbunddraht mit Aluminiummatrix und Kohlenstofffasern (Thornel 25) enthält. Der Verbund rechts besteht aus einer aluminiumoxidpartikelverstärkten EN AW-6061-Matrix; das Verstärkungselement ist ein Volldraht aus 1.4310. Die metallographische Präparation solcher hybrider Verbunde ist aufgrund der deutlichen Unterschiede in der Härte der Verbundkomponenten aufwändig. Eine detaillierte Darstellung hierzu findet sich bei [WEI07a].

Der Vorteil der ersten Variante wurde bereits diskutiert und stützt sich auf die mechanischen Eigenschaften der Kohlenstofffasern. Der Vorteil der zweiten Variante ist sicherlich subtiler. In der Tat ist es so möglich, lokale Drahtverstärkung und globale Matrixverstärkung zu kombinieren. Es darf aber nicht vergessen werden, dass beide Fertigungsverfahren, die hier kombiniert werden, auch Nachteile besitzen. So z.B. der höhere Verschleiß und hohe Werkzeugkosten, wenn verstärkte Matrixmaterialien eingesetzt werden. Diese Probleme sind umso gravierender, wenn zusätzlich das Werkzeug viele Reibflächen enthält – und deren Fläche steigt, wenn der für das Verbundstrangpressen mit modifizierten Kammerwerkzeugen Zuführdorn eingebracht wird.

Definitiv Vorteile hat diese Verfahrensvariante, wenn statt der verstärkenden Wirkung des Drahtes andere, z.B. physikalische Eigenschaften genutzt werden könnten. Dann könnte die Matrix verstärken und der Draht als Stromleiter eine Funktionsintegration mit sich bringen. Dieser müsste selbstredend dann isoliert sein. Dies leitet über zu einer weiteren Entwicklungsperspektive für das Verbundstrangpressen: Dem Strangpressen funktionsintegrierter Profile.

2.3.6.3   *Verbundstrangpressen funktionsintegrierter Profile*

Einer der wesentlichen Nachteile des Verbundstrangpressens mit modifizierten Kammerwerkzeugen ist bislang die schnell steigende Komplexität des Werkzeugdesigns, wenn hohe Verstärkungsgehalte realisiert werden sollen. Wie bereits geschildert, ist davon auszugehen, dass Gehalte jenseits von ca. 10-20 Vol.-% mit sinnvollen Verstärkungen nicht zu erreichen sind. Der prinzipielle Grund für die Existenz dieser Grenze ist die Zunahme an Zuführelementen (Zuführkanäle und Dorne) bei der Steigerung des Verstärkungsgehaltes über die Elementzahl. Damit steigt die Zahl der inneren Reibflächen, was die benötigten Presskräfte erhöht. Gleichzeitig nehmen die tragenden Querschnitte innerhalb des Werkzeuges ab. Beide effekte führen zu stetig steigenden Spannungen innerhalb der einzelnen Segmente des Presswerkzeuges, die dann zu dessen Versagen führen. Der momentane Forschungsstand ist jedoch mit Gehalten von max. 3-4 Vol.-% ohnehin noch weit von dieser Grenze entfernt.

Das Verfahren bietet aber auch die Möglichkeit, andere endlose Elemente einzubringen, bzw. eine andere Funktion derselben abseits der Strukturmechanik zu nutzen. Diese Profile sind dann funktionsintegriert (Bild 2.52).

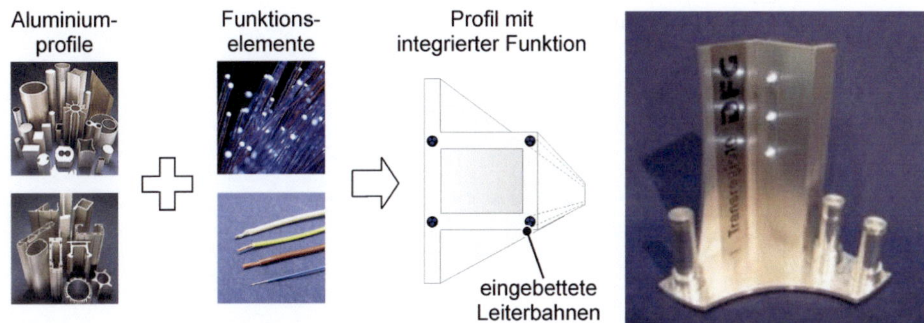

Bild 2.52:   Konzept zur Funktionsintegration von Verbundprofilen (links), Demonstrator (rechts), Quelle: SFB/TR10

Der hier dargestellte Demonstrator besitzt eine eingepresste Leiterlitze, die von einem keramischen Geflecht elektrisch isolierend umgeben ist. Diese Litze versorgt die drei installierten Leuchtdioden mit Strom, ohne dass dieser über das Profil abfließt. Ähnlich könnten auch Glasfaserleiterbahnen zur Informationsübermittlung eingebettet werden. Bei einer entsprechenden Anbindung des Funktionselementes wäre es ebenfalls möglich, Informationen über Belastungen auf das Profil auszulesen. Solche Health-Monitoring Konzepte sind im Bereich der Kunststoffverbunde bereits Stand der Technik. Für die Funktion ist hierbei die Zahl, bzw. der Volumenanteil der eingebrachten Elemente nicht entscheidend, was den intrinsischen Restriktionen des Verbundstrangpressens entgegenkommt. Die Technologie nutzt dabei aus, dass das Verbundstrangpressen als Festphasenverfahren nicht in der Lage ist, Kavitäten bzw. dünne Kapillare mit Matrixmaterial zu füllen, da die Viskosität zu groß ist. Dies verdeutlicht retrospektiv die in Bild 2.38 gezeigte Aufnahme eines Seilverbundes: Die innere Litze hat hier keine stoffschlüssige Anbindung zur Aluminiummatrix.

3 FEM-Simulation des Verbundstrangpressens mit modifizierten Kammerwerkzeugen

Die in Kapitel 2.3.5.2 vorgestellten Untersuchungen zur Lage der Verstärkungen in Längspressnähten zeigen die Wichtigkeit der Vorausentwicklung von Strangpresswerkzeugen mit Hilfe der FEM-Simulation. Erst durch die Optimierung des Werkzeuges hinsichtlich der Längspressnahtlage konnte der Werkstofffluss so eingestellt werden, dass die Verstärkungen wie gewünscht optimal in Ober- und Untergurt verteilt waren. Zwar ist es prinzipiell auch empirisch möglich, den Werkstofffluss oder die Längspressnaht durch Veränderungen am Werkzeug zu optimieren, dieser Prozess ist aber iterativ und damit aufwändig oder – für den Fall, dass die Auslegung des Strangpresswerkzeuges für das Verbundstrangpressen per se falsch war – nicht möglich. Dies ist sicherlich nicht selten der Fall, bedenkt man, dass die Kenntnis der Lage der Längspressnaht für das Verbundstrangpressen mit modifizierten Kammerwerkzeugen ein entscheidendes Kriterium für die Prozesssicherheit darstellt, während dies für andere Verbundstrangpressverfahren oder gar das konventionelle, unverstärkte Pressen weit weniger wichtig ist. Wie schon in Kapitel 2 gezeigt, sind es zwei Vorgänge, die im Wesentlichen verstanden sein und beschrieben werden müssen, um den Verbundstrangprozess prozesssicher führen zu können: Die Verbundentstehung in der Schweißkammer selbst (gute Einbettung der Verstärkungen) und global betrachtet der Gesamtprozess mit dem Werkstofffluss und der Längspressnahtlage (Lage der Verstärkung). Nur so entsteht ein Verbund der a) eine belastbare Grenzfläche besitzt und b) dessen Verstärkungen an der Stelle liegen, wo sie werkstoffmechanisch sinnvoll sind. Diesen Fragestellungen widmet sich auch die Beschreibung des Verbundstrangpressens mit der FEM-Simulation. Untersuchungen zur FEM-Simulation des Verbundstrangpressens sind noch ein neueres Gebiet der Strangpresssimulation und wurden vor allem durch [SCH06a] im Rahmen einer Dissertation erarbeitet und dargestellt. Mit Hilfe materieller Lagrange-Formulierung und der räumlichen Euler-Formulierung bietet sich die Möglichkeit, den Verbundstrangpressprozess zu untersuchen und Aussagen zu treffen, die durch experimentelle Untersuchungen nicht oder nur mit großem Aufwand erzielbar sind [SCH06a].

3.1 Ausgangspunkt: Modellierung und Analyse des unverstärkten Strangpressens

[SCH06a] näherte sich der Problemstellung der Simulation des Verbundstrangpressens ausgehend von der numerischen Abbildung des konventionellen, direkten Strangpressens ohne Verstärkung unter Verwendung der Euler- und Lagrange-Formulierungen. Bei [SCH06a] findet sich eine Übersicht über die bislang in der Literatur verwendeten thermomechanischen Werkstoffmodelle und Formulierungen, die zur Beschreibung des Strangpressens eingesetzt werden. Diese lassen sich grob nach [SCH06a] in zwei Beschreibungsmethoden unterscheiden: FE-Programme, die mit Lagrange-Formulierungen arbeiten, erlauben häufig eine Berücksichtigung der elastischen Verformung und bieten entsprechende Fließkurvenbeschreibungen, die auf (multi-)linearen oder Exponentialfunktionen beruhen. Euler-basierte Codes sind meist der Fluidsimulation entnommen. Sofern sie das sind, beschreiben sie in der Regel das Fließverhalten viskos und berücksichtigen dabei keine elastischen Dehnungsanteile, wobei dies auch bei Euler-Formulierungen grundsätzlich möglich wäre. Eine rein-viskose Betrachtung ist auch Ausgangsbasis für die Verifikation mit Hilfe einfacher visioplastischer Untersuchungen. Zwar liegt die Vermutung nahe, dass der elastische Anteil beim Strangpressen aufgrund der massiven Umformgrade zu vernachlässigen ist, dies ist jedoch spätestens dann falsch, wenn die Führungsflächen an der Matrize mit betrachtet werden [LOF00b][LOF00a]. So verwendete [LOF00a] zur Beschreibung der Fließkurve eine sinushyperbolische Funktion und ein viskoelastisch-plastisches Werkstoffmodell, dass er mit einem starr-viskoplastischen verglichen hat. Bild 3.1 zeigt den Vergleich zwischen elastisch-plastischer und starr-plastischer Materialbeschreibung. Ohne Berücksichtigung des Materialflusses an den Führungsflächen, d.h. ohne Berücksichtigung des elastischen Anteils sinken die prognostizierten Presskräfte um rund 15 % ab [SCH06a]. Zu vergleichbaren Ergebnissen kam [SCH05a] bei der Simulation des konventionellen Strangpressens an einem von [KAL02] vorgeschlagenen Modell mit den FE Codes MSC.Superform und Altair HyperXtrude. Auch hier zeigt der lagrangebasierte Code MSC Superform höhere Presskräfte voraus als der auf der Euler-Formulierung basierende Code HyperXtrude. Bei den Strangaustrittstemperaturen verhält es sich genau umgekehrt: Durch die starr plastische Umformung wird mehr Wärme erzeugt als durch eine Kombination elastischer und plastischer Umformung, da der elastische Verformungsbeitrag keine thermische Energie liefert.

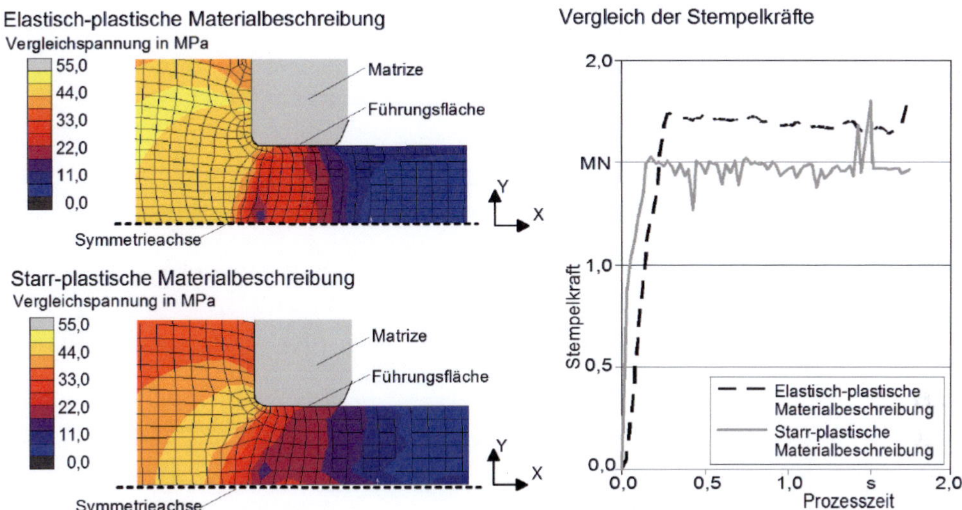

Bild 3.1:   Führungsflächeneinfluss auf die Stempelkraft: elastisch-plastisches Werkstoffverhalten (oben), starr-plastisches Werkstoffverhalten (unten)[SCH06a]

Abweichungen zu Messwerten aus real nachgefahrenen Pressversuchen erklärt [KLE04d] für das insgesamt niedrigere gemessene Temperaturniveau durch den nicht im Modell berücksichtigten Wärmeabfluss in den Rezipienten, bzw. Werkzeug- und Gegenhalter. Für Abweichungen in der Presskraft sind Anstauchvorgänge verantwortlich. Bild 3.2 zeigt jedoch auch hier, dass bei Vernachlässigung des Anstauchens, der Presskraftverlauf durch die lagrangebasierte Simulation (MSC.Superform) sehr gut abgebildet wird. Gleichzeitig haben die in Kapitel 2.3 gezeigten Untersuchungen gezeigt, dass die Verbundqualität mit durch die Länge der Führungsflächen und damit durch die Höhe der elastischen Deformation in diesem Bereich beeinflusst wird. Damit muss bei der FEM-Simulation des Verbundstrangpressens mit modifizierten Kammerwerkzeugen der elastische und plastische Anteil der Werkstoffdeformation gleichermaßen berücksichtigt werden, um sinnvolle Voraussagen zur Verbundentstehung treffen zu können.

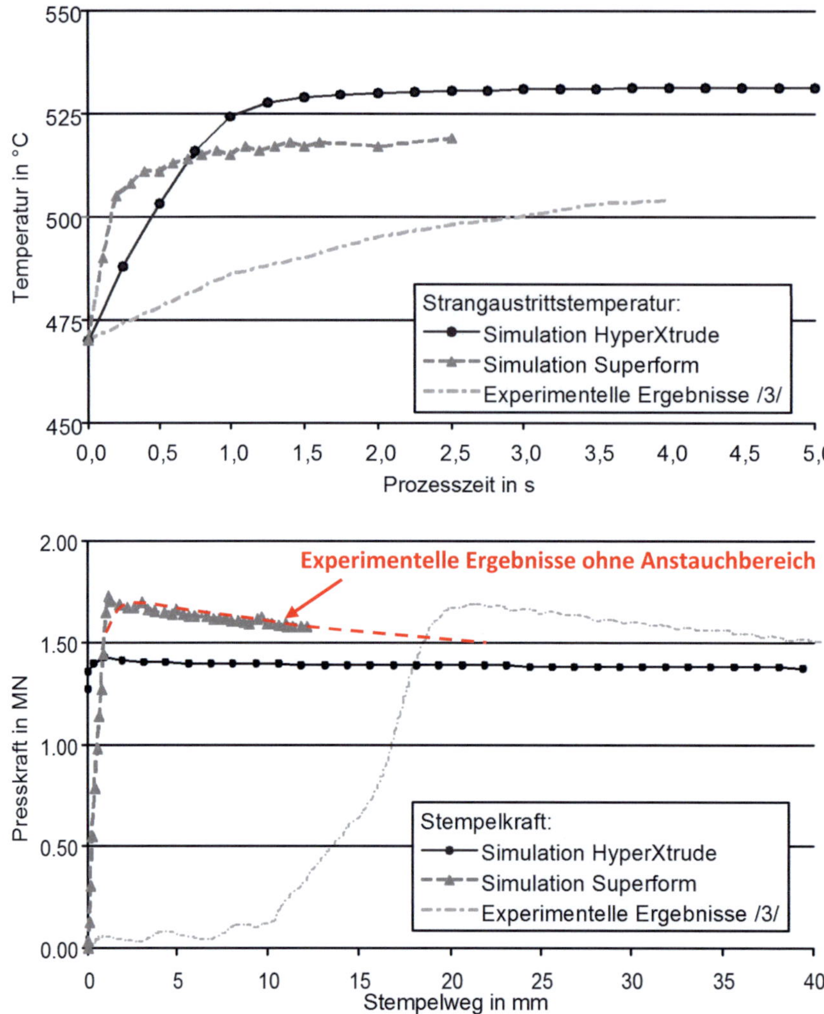

Bild 3.2: Vergleich der Strangaustrittstemperaturen und der Presskräfte für lagrangebasierte (Superform) und eulerbasierte (HyperXtrude) FE-Codes im Vergleich zu experimentell gemessenen Presskräften (nach [KLE04d], vgl. auch [SCH05a])

3.2 Verbundentstehung in der Schweißkammer

3.2.1 Modellierung der Materialflussparameter

Die Modellierung der Vorgänge in der Schweißkammer erfolgten bei [SCH06a] [KLE06c] [KLE04e] [SCH07e] auf Basis der vorangehend vorgestellten Voruntersuchungen unter Verwendung einer Lagrange-Formulierung im FE Code MSC.Superform. Der Lagrange-Code erfordert hierbei eine kontinuierliche Neuvernetzung, um hohe Verzerrungen der finiten Elemente zu vermeiden [KLE04e] [KLE06c]. Als Matrixwerkstoff wurde hier EN AW-6060 verwendet. Die geometrischen Verhältnisse des abgebildeten Prozesses zeigt Bild 3.3.

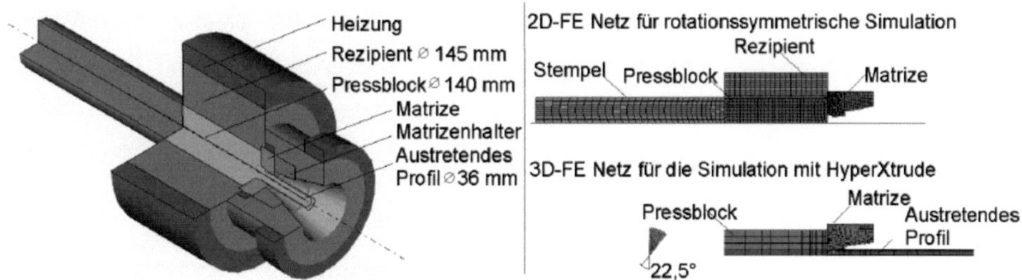

Bild 3.3:   Aufbau der Simulationsumgebung für die Untersuchungen zum Materialverhalten [SCH07g].

3.2.1.1 Beschreibung des Materialverhaltens der beteiligten Komponenten

Zur Modellierung des viskoplastischen Fließverhaltens des Matrixmaterials wurde ein sinushyperbolisches Gesetz basierend auf dem Zener-Holomon-Ansatz nach Seller-Tegart (vgl. auch [LOF00a]) gewählt [SCH07e]. Die Fließspannung wird dabei durch die Gleichung

$$k_f = B_0 \cdot \sinh^{-1}\left[\left(\frac{\dot{\varepsilon}}{A}\right)^{1/n}\left(e^{\frac{Q}{RTn}}\right)\right] \tag{3.1}$$

berechnet [KLE06c][SCH07e], Eingangsgrößen für die Parameter sind in [KLE06c] bzw. für eine leicht modifizierte Form der Gleichung in [SCH06c] gegeben. [SCH06a] gibt eine Erweiterung der Fließgleichung an, über die im Lagrange-Ansatz dann die elastischen Effekte berücksichtigt werden können. In der Schreibweise analog zu Gleichung (3.1) entspricht dies der Form

$$k_f = B_0 \cdot \sinh^{-1}\left[\left(\frac{\dot{\varepsilon}+\Delta k(T)}{A}\right)^{1/n}\left(e^{\frac{Q}{RTn}}\right)\right], \tag{3.2}$$

die für Werte von 0,001 < Δk(T) < 0,01 eine Abbildung des elastischen Bereiches ermöglicht. Dabei ist es möglich, die Dehngeschwindigkeit durch die Umformgeschwindigkeit zu ersetzen (vgl. [SCH06a]), wobei nur der Dehnratenfaktor angepasst werden muss. Damit ist eine Abhängigkeit zwischen der Fließgrenze des Materials und den Prozessgrößen Umformgeschwindigkeit und Presstemperatur gegeben, die es ermöglicht, das Strangpressen modellmäßig zu erfassen.

Trägt man die analog zu Gleichung (3.1) nach [SCH06a] berechnete Fließspannung über Temperatur und Umformgrad auf, so erhält man das in Bild 3.4 gezeigte Diagramm. Es ist sofort ersichtlich, dass der Geschwindigkeitseinfluss auf die Fließspannung geringer ist als der Einfluss der Temperatur in den betrachteten Grenzen für Umformgeschwindigkeit und Temperatur.

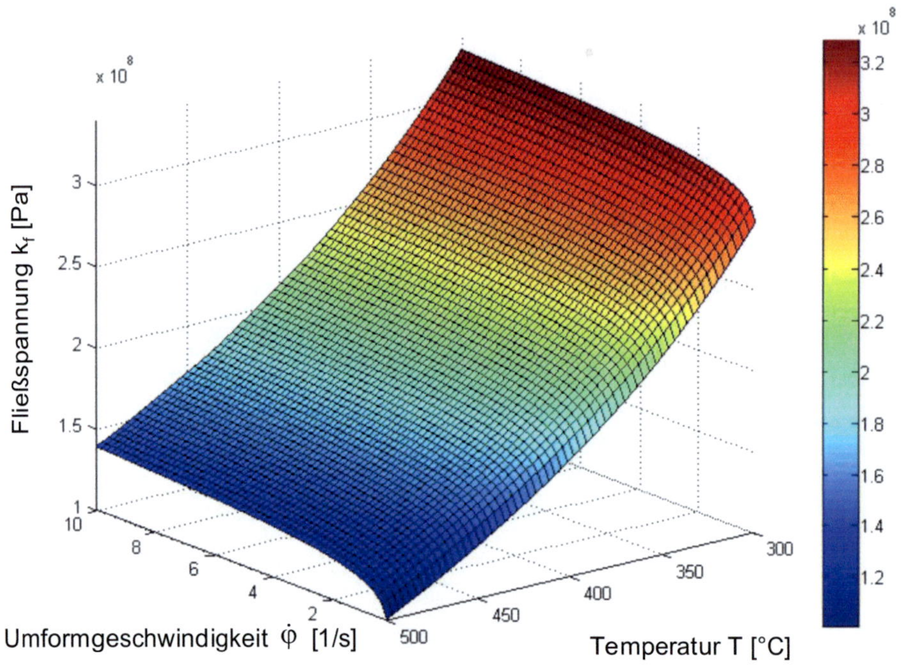

Bild 3.4:   Abhängigkeit der Fließspannung k_f von Umformgeschwindigkeit $\dot{\varphi}$ und Temperatur T, Werte für die Konstanten nach [SCH06a]

Die Verstärkung wurde bei [KLE06c][SCH07e][SCH06c][SCH06a] als ideal elastisch-plastisch angenommen. Die Elastizitätsmoduln und die Streckgrenzen wurden je nach verwendeter Verstärkung angepasst. Im Falle des in Kapitel 2 bereits erwähnten Stahldrahtes aus 1.4310 wurden beispielsweise bei [KLE06c] Werte von 170 GPa für den Elastizitätsmodul und von 1000 MPa für die Streckgrenze gewählt. Letztgenannter Kennwert weicht dabei erheblich von den tatsächlichen Materialdaten ab. Für den gewählten Verstärkungswerkstoff wurden bei [WEI06a] rund 2000 MPa als Streckgrenze bestimmt. Sowohl das Presswerkzeug als auch der Pressstempel wurden als starre Körper angenommen.

3.2.1.2   *Beschreibung der Reibverhältnisse*

Die Reibungsverhältnisse wurden mit Hilfe von Pressversuchen untersucht [SCH07f]. Die Einflussgrößen Temperatur, Stempelkraft und Materialfluss wurden dabei miteinander verglichen [SCH07f][SCH07g][SCH06a]. Die Analysen des realen Materialflusses erfolgten visioplastisch. Dazu wurde senkrecht zu seiner Längsachse mehrfach durchbohrt und eine dem Matrixwerkstoff EN AW-6060 im Fließverhalten ähnliche Legierung in Form von Stäben eingesetzt. Es handelt sich dabei um die Legierung EN AW-4043 [SCH07f][SCH07g]. Diese hebt sich optisch deutlich vom Restmaterial ab. Bild 3.5 zeigt schematisch die Präparation des Pressblockes.

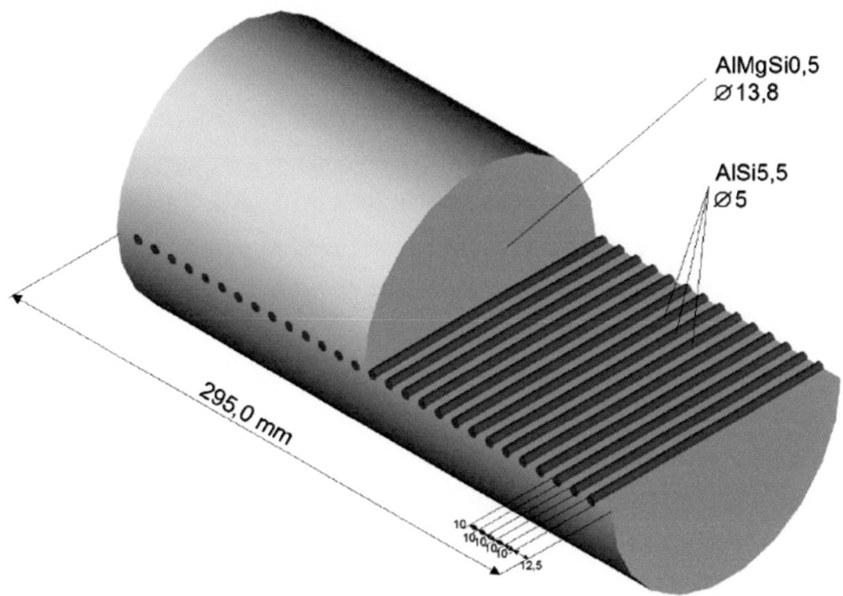

Bild 3.5:   Schema der Präparation eines Pressblocks aus EN AW-6060 (AlMgSi0,5) mit Markerstiften aus EN AW-4043 (AlSi5,5) [SCH06a]

Der Vergleich der simulierten und experimentell verifizierten Werkstoffflüsse in Abhängigkeit der Reibbedingungen zeigt Bild 3.6. Dabei wurde ohne Reibung oder mit

Hilfe der Reibmodelle nach Tresca und Coulomb gerechnet. Das Coulomb'sche Reibmodell wird bekanntlich beschrieben durch Gleichung (3.3) mit

$$\left|\tau_R\right| = \mu \cdot \left|\sigma_n\right| \quad \text{[COU85],}$$
(3.3)

wobei μ der Reibkoeffizient ist. Aufgrund der hohen Flächenpressungen findet in der
Massivumformung auch das Scherreibmodell nach Tresca Anwendung [SCH06a]. Dies
lautet:

$$\left|\tau_R\right| = m \cdot k_y$$
(3.4)

Die Reibschubspannung hängt hier also über den Reibfaktor m von der Schubfließ-
spannung k_y ab. Diese ist wiederum über die bekannten Fließbedingungen nach Tresca oder van Mises mit der Fließspannung k_f (vgl. Gleichung (3.1)) verknüpft.

Zur modellhaften Beschreibung kann also in Abhängigkeit des verwendeten Modells
der Faktor μ oder m als Anpassparameter variiert werden.

Im Ergebnis zeigt sich für m = 0,95 bzw. für μ = 0,1 die beste Übereinstimmung auf
Basis der visio-plastischen Untersuchungen [SCH07g][SCH07e][SCH06c]. Der Vergleich
zwischen den berechneten und gemessenen Stempelkräften ergab für m dasselbe
und für μ mit 0,05 als Optimum ein nur unwesentlich abweichendes Ergebnis
[SCH07g][SCH06c]. [SCH06c] zeigte, dass das Ergebnis erwartungsgemäß stark von
der Art der verwendeten Codes abhängt. Während die hier vorgestellten Werte für
MSC.Superform gelten, zeigten Simulationen mit DEFORM und HyperXtrude erhebli-
che Abweichungen der optimalen Parameter m und μ bezüglich der optimalen Beschreibung des Werkstoffflusses und der Stempelkräfte [SCH06c]. Das viskoplastische
Fließmodell war dabei identisch mit jenem der FEM-Simulationen mit Hilfe von
MSC.Superform (vgl. Gleichung (3.1)). Entscheidend für die Unterschiede bzw. für die
korrekte Wiedergabe der realen Verhältnisse mit Hilfe der FEM-Simulation ist nach
[SCH06c] vor allem die Rückwirkung der Reibung auf die Prozesstemperatur und umgekehrt.

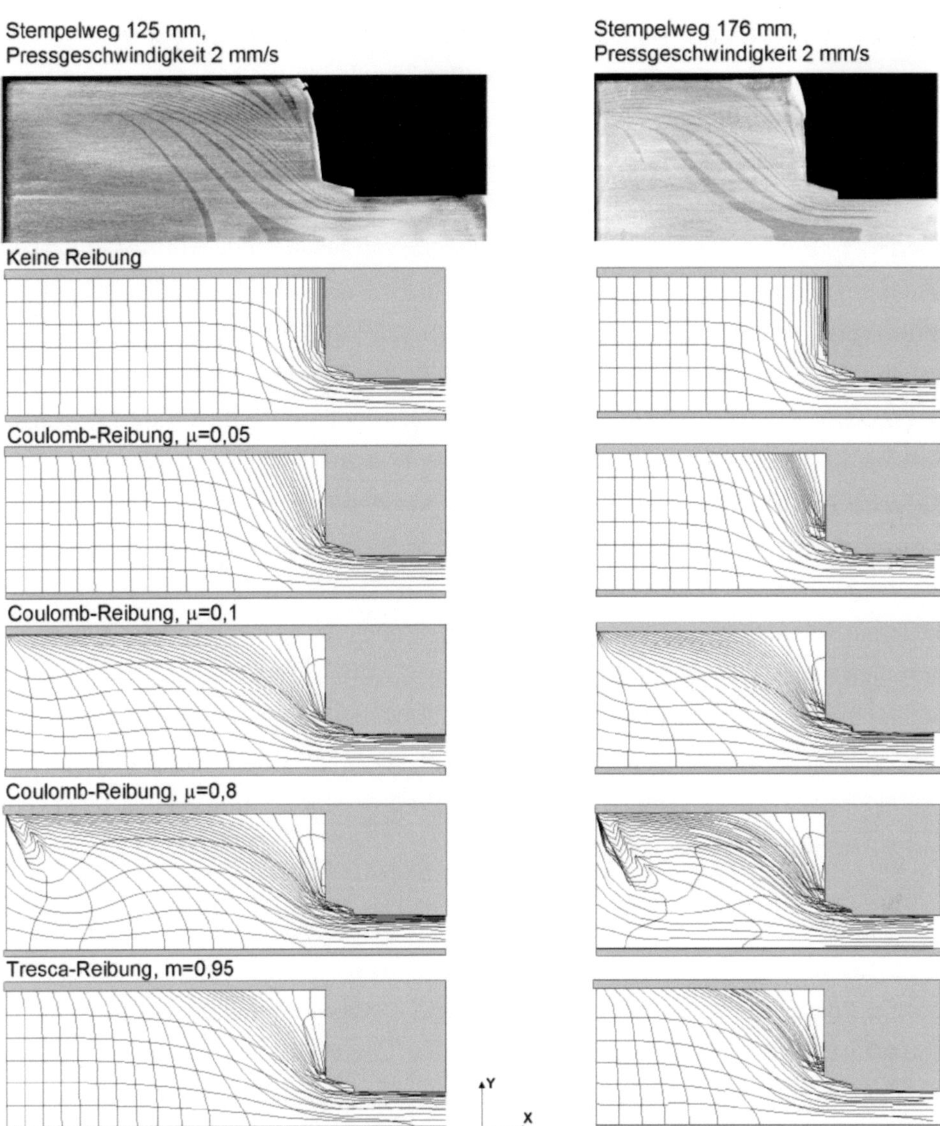

Bild 3.6:   *Vergleich der für unterschiedliche Reibbedingungen simulierten Werkstoffflüssen mit visioplastischen Ergebnissen [SCH07g] (vgl. auch [SCH06c])*

3.2.1.3   *Beschreibung des thermischen Werkstoffverhaltens*

Neben der Reibung und dem zeit- und temperaturabhängigen Verformungsverhalten ist die Beschreibung der rein thermischen Größen für die Umformsimulation wesentlich. Dazu gehört nach [SCH06a] die spezifische Wärmekapazität, die Wärmeleitfähigkeit, die thermische Ausdehnung und die Wärmeübergangskoeffizienten zwischen

Matrixmaterial und Werkzeug sowie zwischen dem Profil und der Umgebungsluft nach Verlassen des Presswerkzeuges am Pressmaul. Diese Größen sind prinzipiell temperaturabhängig, bzw. im Falle der Wärmeübergangskoeffizienten vor allem eine Funktion von der Temperaturdifferenz zwischen den Übertragungspartnern, der Art der Zwischenschichten, der Größe der Berührfläche und des Anpressdrucks [SCH06a]. Für die thermodynamischen Größen spezifische Wärmekapazität, Wärmeleitfähigkeit und thermische Ausdehnung ist die Temperaturabhängigkeit im relativ engen Temperaturfenster, in dem das Strangpressen abläuft ($\Delta T \approx 200\,°C$), nur schwach und kann daher nach [SCH06a] vernachlässigt werden. Bei der Simulation werden die genannten Größen also als konstant für den jeweils verwendeten Werkstoff angenommen. Für den Wärmeübergangskoeffizient zwischen Matrixwerkstoff und Werkzeug wird für beispielsweise EN AW-6060 bei [SCH06a] ein Wert von 11 W/(mm²K) angenommen, was dem in der Literatur veröffentlichten Wert entspricht [GAS00]. Der Wärmeübergang zwischen Profil und Luft wurde von [SCH06a] durch iterativen Abgleich zwischen Simulation und experimentell gemessenen Profilabkühlkurven mit einem Wert von 0,015 W/(mm²K) bestimmt.

Bei der Strangpresssimulation darf nicht vernachlässigt werden, dass in großem Umfang Wärme durch die Umformarbeit erzeugt wird. Setzt man Umformarbeit und Wärmeenergie gleich, kann mit Gleichung (3.5) die Temperaturerhöhung beim Umformen berechnet werden (vgl. [STE90]).

$$\Delta T = D \frac{k_{fm}\varphi}{c_p \rho} \qquad (3.5)$$

Da nicht die gesamte Gestaltänderungsenergie in Wärme umgesetzt wird, sondern Energieanteile für die innere Reibung und die Versetzungsbewegung aufgebracht werden, wird der Dissipationskoeffizient D eingeführt, der den Anteil der Umformarbeit, der in Wärme umgesetzt wird, beschreibt. Die Temperaturzunahme ist abhängig von der mittleren Fließspannung k_{fm}, dem Umformgrad φ sowie der Dichte ρ und der spezifischen Wärmekapazität c_p des Umformgutes.

D wurde von [SCH06a] als 0,95 angenommen, nachdem Literaturwerte (vgl. [TAY34]) einen Wert von 0,9 bis 1 vorgeben.

3.2.2   Einflussparameter auf die Verbundentstehung

Nach [SCH06a] lassen sich die Einflussparameter auf die Verbundentstehung bzw. auf den Verbundstrangpressprozess selbst in folgender Grafik zusammenfassen:

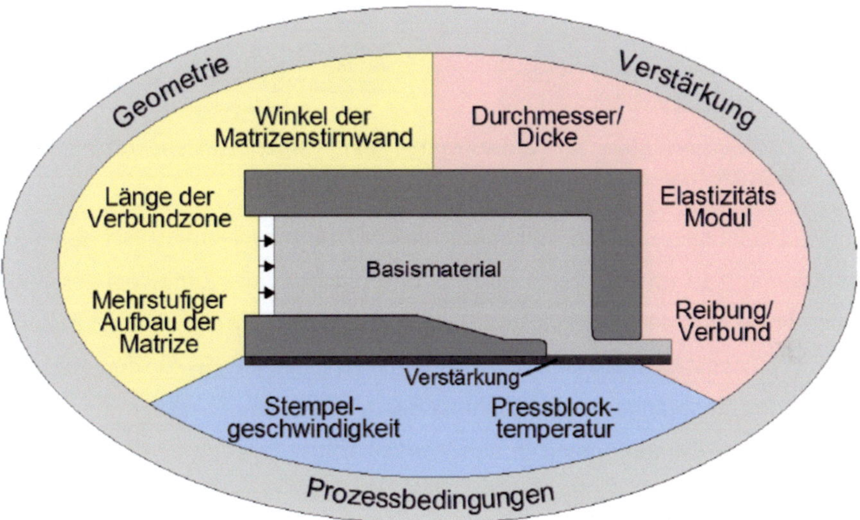

Bild 3.7:   Prozessrelevante Einflussparameter auf die Verbundentstehung [SCH06a]

Die geometrischen Randbedingungen sind durch die Matrize gegeben und verändern sich mit ihrer Form. Bei der Verstärkung kommen neben der Geometrie noch Werkstoffkennwerte zum Tragen, weitere Randbedingungen sind die Prozessparameter. Nicht dargestellt in der Grafik sind die Rolle des Matrixmaterials bzw. die Parameter für die Abbildung des Werkstoffflusses (Fließverhalten und Reibbedingungen). Diese sind hier nicht mehr aufgeführt, da sie mittels den in Kapitel 3.2.1 abgeleiteten Materialgesetzen beschrieben werden. Die Darstellung impliziert damit die Vorstellung, dass die beim Strangpressen des unverstärkten Matrixmaterials abgeleiteten Gesetze auch beim Verbundstrangpressen Gültigkeit besitzen.

Die Abbildung des Verbundstrangprozesses zur Untersuchung der Einflussparameter auf die Verbundentstehung wurde durch [SCH06a] anhand eines Werkzeuges für ein 20x5-Profil (vgl. Kapitel 2.3.5.1) vorgenommen. Bild 3.8 ist [SCH07g] entnommen und zeigt den Presskern und einen Querschnitt durch eine Verbundprobe sowie die Kammergeometrie, die als Ausgang für die Untersuchungen gewählt wurde [KLE04a][KLE04c].

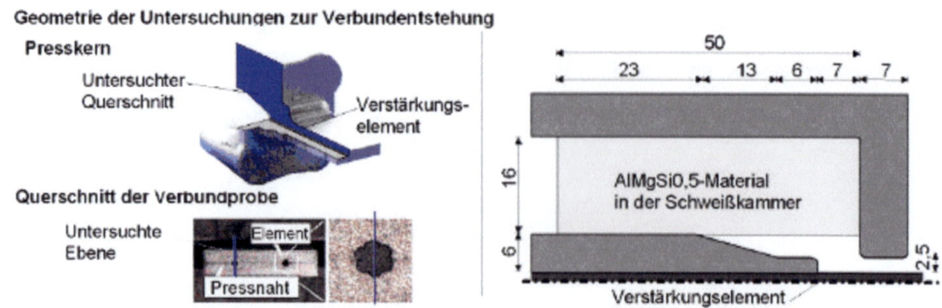

Bild 3.8:   Kammergeometrie zur Untersuchung der Verbundentstehungseinflussgrößen [SCH07g] (vgl. auch [KLE06c] [SCH04a][SCH06a])

Das FE-Modell ist symmetrisch aufgebaut, das Verstärkungselement hat dabei einen Durchmesser von 1 mm. Parallel wurde zur Untersuchung des Einflusses des Verstärkungselementes auf den Werkstofffluss auch das Strangpressen ohne Verstärkung simuliert. Die nachstehenden Betrachtungen gelten dabei jeweils für den stationären Zustand des Pressvorganges nach Abschluss des Anpressens

Die Einleitung der Verstärkungen in den Werkstofffluss führt zu einer Beeinflussung desselben, da das Verstärkungselement sich mit einer konstanten Geschwindigkeit bewegt, während der Matrixmaterialfluss zur Matrizenöffnung hin beschleunigt wird. Dies führt zu einer longitudinalen Zugspannung auf die Verstärkungselemente, deren Existenz experimentell bereits vorhergesagt und verifiziert wurde (vgl. Kapitel 2.3.2) [KLE04d][SCH07c][SCH07g]. Zusätzlich ist diese Spannung durch eine radiale Druckspannung überlagert, die aus dem hydrostatischen Druck im Presswerkzeug resultiert [SCH05a]. Diese Druckspannung ist für die ausreichende Einbettung der Verstärkungen mitverantwortlich. Die Kombination aus longitudinalem Zug und radialem Druck ist jedoch werkstoffmechanisch gesehen ungünstig, da das Versagen des Verstärkungselementes dadurch begünstigt wird [SCH07g] [SCH05a]. Genau dieses Versagen durch Abreißen konnte experimentell belegt werden und beeinflusst die Prozessstabilität maßgeblich (vgl. 2.3.4). Die Spannungs- und Geschwindigkeitsverteilung ist in Bild 3.9 dargestellt. Vergleicht man die in [SCH07g] [SCH07e] dargestellte Geschwindigkeits- und Spannungsverteilung mit den Ergebnissen aus [KLE06c][SCH07e] für das Verbundstrangpressen kommt man zu folgenden Schlüssen:

- o Die tote Zone an der Spitze des Zuführdornes tritt beim Verbundstrangpressen nicht auf. Ursächlich ist die Beschleunigung des Matrixmaterials durch die Verstärkung (vgl. auch [SCH06a]).

o   Die maximale Zugspannung auf die Verstärkung herrscht deutlich nach Austritt derselben aus dem Zuführdorn im Bereich der Umformung an der Matrize.

o   Das Niveau der berechneten Vergleichsspannungen nach von Mises ist mit 380 MPa für die Verstärkungen unkritisch. Jedoch ist der Spannungszustand aus longitudinalem Zug und radialem Druck ungünstig. Die longitudinale Zugspannung ist mit 290 MPa höher als die radiale Druckspannung mit 90 MPa, was nach [SCH06a] ein Versagen durch Abreißen plausibel erscheinen lässt. Dies stimmt mit den experimentellen Beobachtungen überein und motiviert Maßnahmen zur Reduktion des Vergleichsspannungsniveaus im Verstärkungselement zur Vermeidung dessen Versagens beim Prozess.

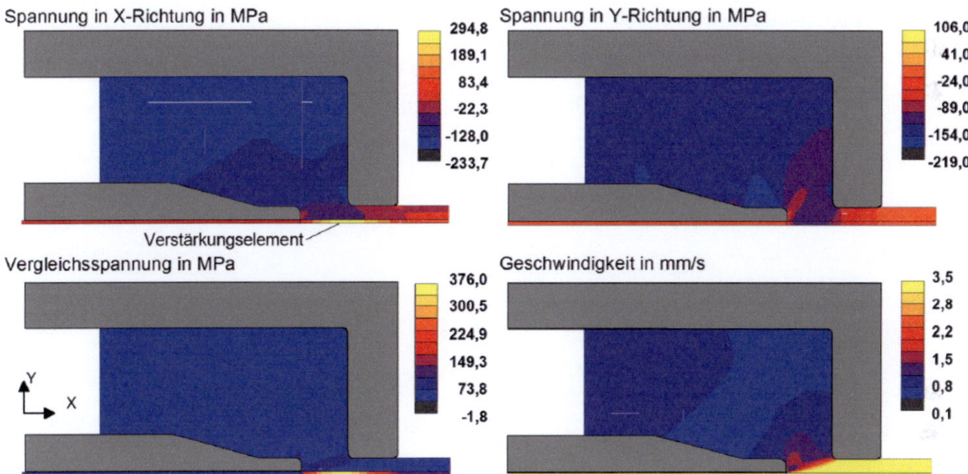

Bild 3.9:   Geschwindigkeits- und Spannungsverteilung beim Verbundstrangpressen [SCH06a] (vgl. auch [KLE06c] [SCH04a])

Ausgehend von diesem Grundzustand der Verhältnisse in der Schweißkammer beim Verbundstrangpressen sollen im Folgenden die nach [SCH06a] wesentlichen Einflussparameter auf die Verbundentstehung kurz vorgestellt und diskutiert werden. Es sind dies die Länge der Verbundentstehungszone, der Winkel der Matrizenstirnfläche, der Durchmesser und der Elastizitätsmodul der Verstärkungselemente, Reibung zwischen Matrix und Verstärkung, die Pressparameter Temperatur und Geschwindigkeit und die Werkzeuggeometrie.

3.2.2.1 Länge der Verbundentstehungszone

Die Länge der Verbundentstehungszone hat direkten Einfluss auf die Einbettung der Verstärkungen (vgl. Bild 2.15), was mit der Einleitungslänge der Schubspannungen und der Höhe der herrschenden Radialspannungen zu tun hat.

Nach [SCH07e] besitzt die Länge der Verbundentstehungszone wesentlichen Einfluss auf die Höhe der longitudinalen und radialen Spannungskomponenten. Beide nehmen mit der Länge der Verbundentstehungszone linear zu, jedoch in unterschiedlichem Ausmaß, wie Bild 3.10 zeigt. Dieser Sachverhalt ist einleuchtend, da mit steigender Länge dieser Zone auch die Kontaktlänge, über die Schubspannungen eingebracht werden können, steigt. Gleichzeitig erhöht sich der Widerstand gegenüber dem langsamer fließenden Matrixmaterial, der über eine längere Strecke aufrecht erhalten wird. Mit zunehmendem Einfluss des Verstärkungselementes wird auch die Radialspannung erhöht. Das Matrixmaterial wird schneller durch die Matrize gepresst als die Bewegungsgeschwindigkeit der Verstärkung vorliegt. Es kommt zu einem Aufstauen des Matrixmaterials und zu einem Aufdicken in y-Richtung was den Druck steigert [SCH06a].

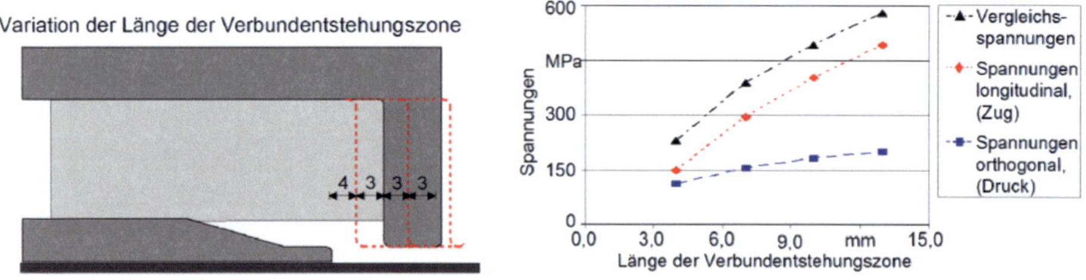

Bild 3.10: Einfluss der Länge der Verbundenstehungszone auf die Spannungsverteilung beim Verbundstrangpressen [SCH06a] (vgl. auch [SCH07g][KLE06c])

3.2.2.2 Winkel der Matrizenstirnfläche

Der Winkel der Matrizenstirnfläche sollte nach [SCH06a] wesentlichen Einfluss auf den Matrixmaterialfluss im Kammerwerkzeug und damit auch auf die Verbundentstehung haben. Während ersteres der Fall ist, lässt sich jedoch zweiteres nicht durch FEM-Berechnungen belegen [SCH07g][SCH06a][SCH07e][KLE06c] – alle Spannungskomponenten bleiben nahezu unverändert. Zwischen den untersuchten Extrema 0° und 55° steigt die Vergleichsspannung, um lediglich 10 % an.

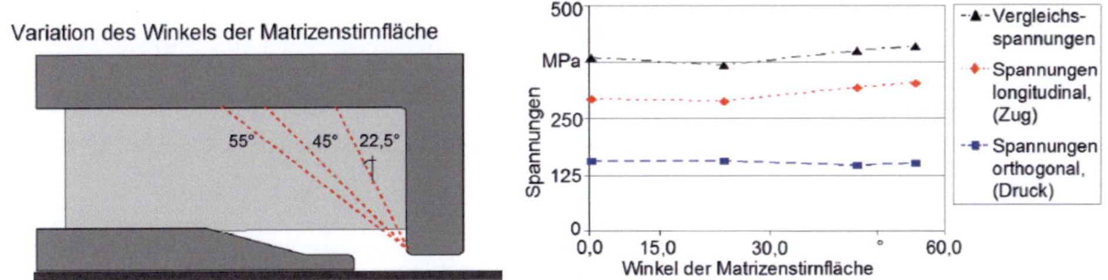

Bild 3.11:   Einfluss des Winkels der Matrizenstirnfläche auf die Spannungsverteilung beim Verbundstrangpressen [SCH06a] (vgl. auch [SCH07g][KLE06c])

3.2.2.3   Durchmesser und Elastizitätsmodul der Verstärkungselemente

Der Durchmesser der Verstärkungen hat auf die radiale Spannungskomponente keinen, auf die longitudinale Spannungskomponente jedoch deutlichen Einfluss [SCH07e]. Ersteres ist dem geringen Einfluss der Verstärkung auf den Werkstofffluss geschuldet, der sich bei Erhöhung des Durchmessers nur unwesentlich verändert [SCH06a]. Das Verhältnis der spannungstragenden Querschnittsfläche nimmt mit steigendem Durchmesser jedoch quadratisch mit dem Durchmesser zu, während die Mantelfläche, an der die Lasteinleitung stattfindet, nur linear mit dem Durchmesser steigt. Die Zugspannungen in longitudinaler Richtung und damit auch die Vergleichsspannungen nehmen somit ab [SCH07g][SCH06a]. Diese Abnahme sollte für die Zugspannungen umgekehrt proportional zum Durchmesser sein, was von [SCH06a] nachgewiesen wurde.

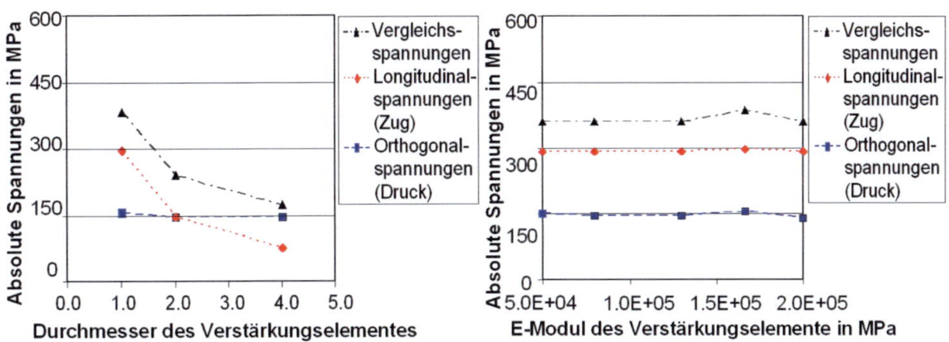

Bild 3.12:   Einfluss des Durchmessers und des Elastizitätsmoduls der Verstärkung auf die Spannungsverteilung beim Verbundstrangpressen [SCH07g] (vgl. auch [SCH06a])

Der Einsatz von Seilen als Verstärkungen, die aufgrund ihrer nichtlinearen Ausrichtung der Litzen in Zugrichtung und ihres Füllgrades < 100% eine geringere Steifigkeit von Vollmaterial desselben umschreibenden Kreises besitzen (vgl. Kapitel 4.4.2.1), motivierten Untersuchungen zum Einfluss des Elastizitätsmoduls der Verstärkungen auf die Spannungsentwicklung. Für beide betrachteten Spannungskomponenten ergibt sich jedoch kein Unterschied in Abhängigkeit vom Elastizitätsmodul der Verstärkung [SCH06a][SCH07e][SCH07g][KLE06c].

3.2.2.4 Reibung zwischen Verstärkung und Matrix

Da die Krafteinleitung in die Verstärkung über die Mantelfläche stattfindet, spielt die Reibung zwischen Matrix und Verstärkung eine wesentliche Rolle für diese und die daraus folgende Spannung im Verstärkungselement. Dies ist auch der Grund, weshalb der Einsatz von Bornitrid beim Strangpressen durch Reduktion der Reibung die Prozesssicherheit grundsätzlich verbessert, wie in [SCH07b][KLE04a] und in Kapitel 2.3.4 erläutert wird. In der Simulation wird zur Abbildung von [SCH06a] ein Reibmodell auf Basis des Tresca-Modells (vgl. Gleichung (3.4)) verwendet, wobei ein eventuelles Abscheren oberhalb der Schubfließgrenze im weicheren Verbundpartner stattfindet. Eine Variation der Reibbeiwerte von $0,05 \leq m \leq 1,0$ ergibt tendenziell ein Abfall der Spannungsniveaus in der Verstärkung mit sinkendem Reibbeiwert, vor allem im Vergleich zur fixen Kopplung zwischen Verstärkung und Matrix [SCH07g][SCH06a]. Auf die eventuell resultierenden negativen Eigenschaften der Grenzschicht für die mechanische Belastbarkeit des Verbundes bei einer vorsätzlichen Reduktion der Haftung zwischen den Verbundkomponenten sei hier in Übereinstimmung mit [SCH06a][SCH07c] nochmals ausdrücklich hingewiesen.

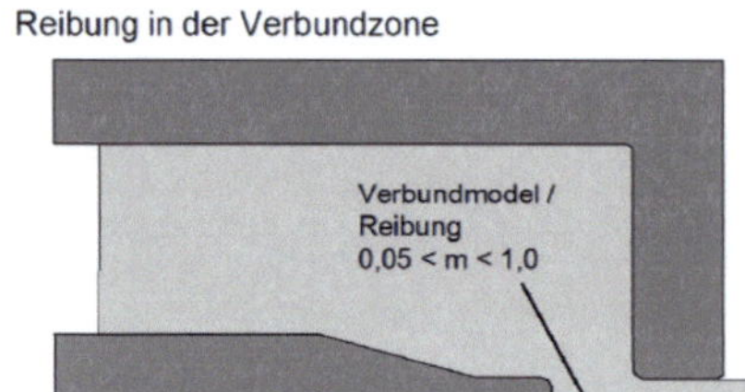

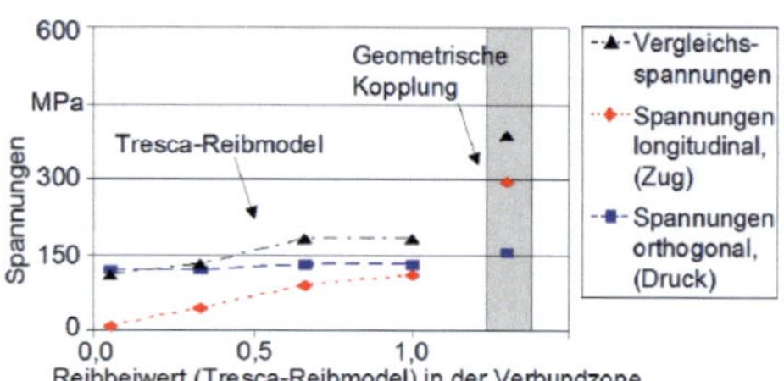

Bild 3.13: *Einfluss der Reibverhältnisse auf die Spannungsverteilung beim Verbundstrangpressen[SCH06a] (vgl. auch [SCH07g])*

3.2.2.5 Pressparameter

Zwei Pressparameter werden in der industriellen Praxis des Strangpressens im wesentlichen variiert: Die Stempelgeschwindigkeit und damit über das Pressverhältnis die Strangaustrittsgeschwindigkeit sowie die Temperaturführung, die jedoch auf verschiedenen einstellbaren und sich einstellenden Bedingungen beruht, so die Blocktemperatur, die Rezipiententemperatur und die Werkzeugtemperatur unter Berücksichtigung der Wärmeflüsse zwischen diesen Komponenten und nach außen.

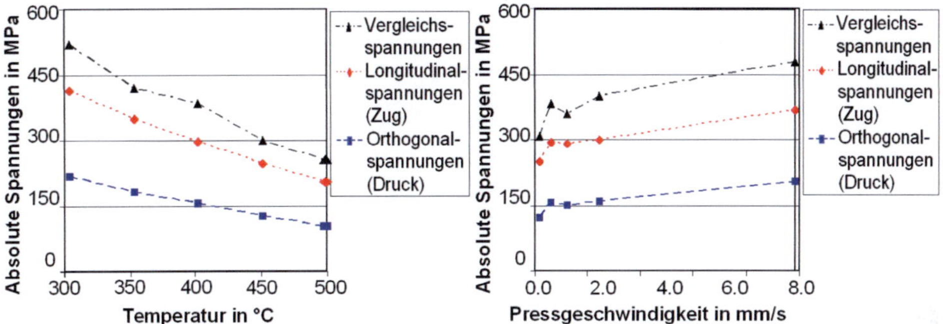

Bild 3.14:   Einfluss der Pressblocktemperatur und der Pressgeschwindigkeit auf die Spannungsverteilung beim Verbundstrangpressen [SCH07g] (vgl. auch [SCH06a])

Mit steigender Temperatur fällt im Allgemeinen die Fließspannung der Werkstoffe, dies gilt beim Verbundstrangpressen insbesondere für das Matrixmaterial und weniger für den Draht, der bei Raumtemperatur zugeführt wird und nur wenig Zeit hat sich zu erwärmen. Gleichzeitig wurde bei der Auswahl des als Standard für die Simulation verwendeten Drahtwerkstoffs 1.4310 darauf geachtet, dass eine kurze Warmauslagerung die Streckgrenze nicht wesentlich reduziert. In der Tat steigt sie leicht an [WEI06a]. Wie prognostiziert (vgl. [SCH06a][SCH07e]) senkt eine Erhöhung der Pressblocktemperatur von 300 °C auf 500 °C die auftretenden Spannungen deutlich, wie Bild 3.14 illustriert. Der nahezu lineare Zusammenhang ist dabei in erster Linie der in diesem Bereich annähernd linearen Abhängigkeit der Fließgrenze von der Temperatur geschuldet [SCH06a][SCH07g], wie Bild 3.15 beweist. Die Pressgeschwindigkeit sollte aus wirtschaftlicher Sicht möglichst hoch sein, um eine hohe Produktivität zu gewährleisten, gleichzeitig sind homogenere Temperaturführung und reduzierte Presskraft Vorteile einer geringeren Pressgeschwindigkeit [SCH06a]. Hintergrund für den beobachteten Anstieg des Spannungsniveaus mit steigender Pressgeschwindigkeit ist hierbei der Geschwindigkeitseinfluss auf die Fließspannung. Im Vergleich zum Temperatureinfluss ist dieser jedoch vergleichsweise gering, was somit auch für den Einfluss der Pressgeschwindigkeit auf das Spannungsniveau in der Verstärkung gilt [SCH06a][SCH07g]. Die Reduktion der Vergleichsspannung beträgt im betrachteten

Temperaturbereich rund 1,4 MPa/K, während der Vergleichsspannungsgradient für die Pressgeschwindigkeit bei Annahme eines linearen Verlaufs im Bereich 0 bis 8 mm/s ca. 20 MPa/[mm/s] beträgt.

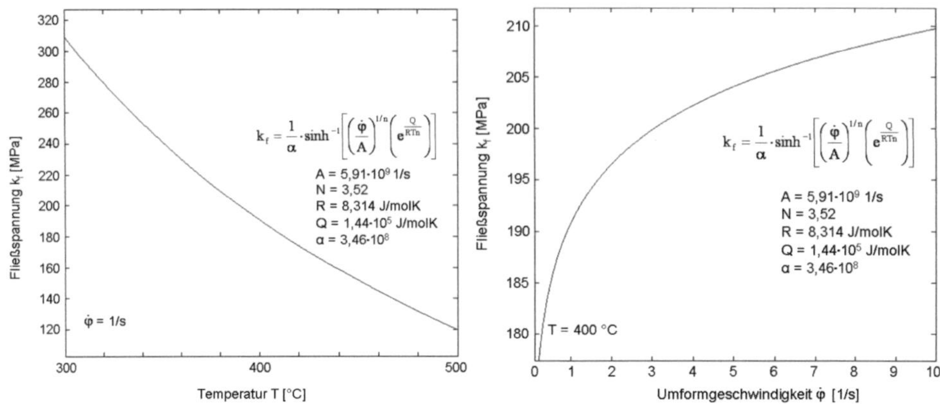

Bild 3.15: *Abhängigkeit der Fließspannung k_f von der Temperatur (links) bei $\dot{\varphi}$ = 1 s^{-1} und von der Umformgeschwindigkeit $\dot{\varphi}$ (rechts) bei T = 400 °C, Werte für die Konstanten nach [SCH06a]*

Damit muss die Temperatur um nur 60 K gesteigert werden, um einen ähnlichen Effekt zu erreichen, der einer Halbierung der Pressgeschwindigkeit von 8 auf 4 mm/s entspricht. Bezogen auf die in Bild 3.15 dargestellten Diagramme sind die Verhältnisse ähnlich.

3.2.2.6 Werkzeuggeometrie und Pressverhältnis

Bereits in Kapitel 2 wurde an mehreren Stellen gezeigt, dass der Einsatz mehrstufiger Kammerwerkzeuge die Prozesssicherheit beim Verbundstrangpressen deutlich erhöht. Beim mehrstufigen Kammerwerkzeug wird im Falle des Verbundstrangpressens die Umformung der Matrix im Wesentlichen vor der Zuführung der Verstärkung vorgenommen, das Pressverhältnis nach der Zuführung der Verstärkungen ist vergleichsweise gering (vgl. auch Bild 2.7). Im hier dargestellten Modellwerkzeug beträgt das gesamte Pressverhältnis ca. 6:1, wie aus Bild 3.8 leicht ersehen werden kann. Dazu ist anzumerken, dass es sich hierbei um eine zweidimensionale Betrachtung handelt. Das Pressverhältnis ergibt sich üblicherweise aus dem Verhältnis der Rezipientenquerschnittsfläche in Relation zur Strangaustrittsfläche und betrug beim zur experimentellen Verifikation eingesetzten Werkzeug 10:1 vor und 3:1 nach Einbringung der Verstärkungen [KLE04b] (vgl. Bild 2.17).

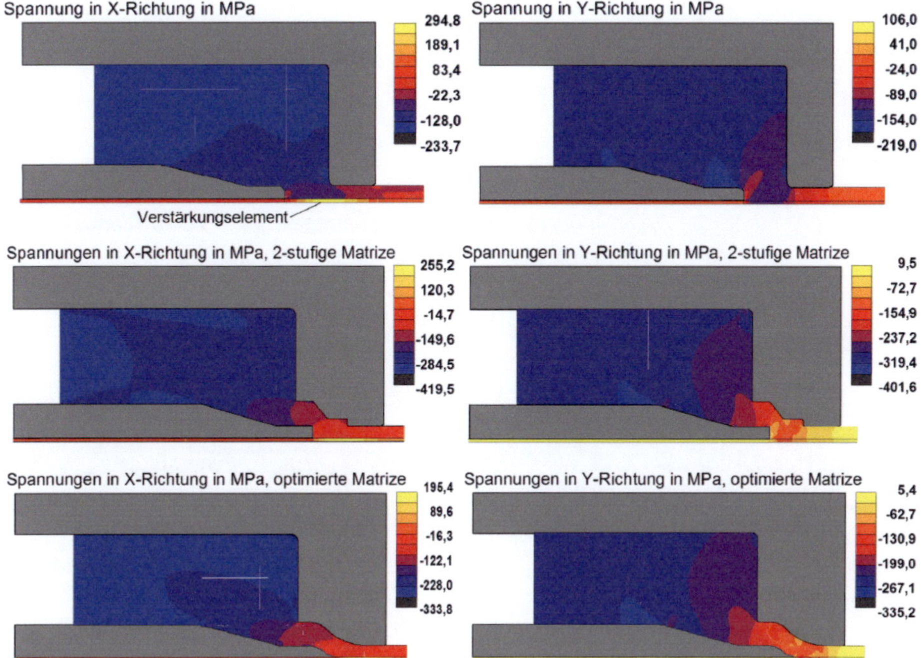

Bild 3.16: *Einfluss der Werkzeuggeometrie auf die Spannungsverteilung beim Verbund-strangpressen: einstufiges Werkzeug (oben), zweistufiges Werkzeug (Mitte), optimiertes zweistufiges Werkzeug (unten) [SCH06a] (vgl. auch [KLE04d] [SCH04a])*

Im zweistufigen Werkzeug wurde dabei das Pressverhältnis in zwei Stufen zu 4:1 und 1,5:1 geteilt [KLE04d][SCH06a]. Durch den komplexeren Werkstofffluss erhöht sich jedoch der Druck in der ursprünglichen Schweißkammer (jetzt Vorkammer) um 50 % [SCH06a], was auch die Presskraft deutlich erhöht. Insgesamt nimmt das Spannungsniveau der radialen und longitudinalen Spannungen in der Verstärkung jedoch etwas ab. Nach [SCH06a] [KLE04d] [SCH05a] herrscht im Bereich der Verbundentstehung eine um rund 50 % reduzierte Vergleichsspannung auf die Verstärkung. Die experimentellen Untersuchungen ergaben, dass die mehrstufige Umformung ursprünglich vorhandene Rattermarken eliminierte [KLE04a]. Da experimentelle Untersuchungen trotzdem ein Abreißen der Verstärkungen ergaben, wurde die Kammergeometrie weiter verändert, insbesondere um tote Zonen zu reduzieren [KLE04d] [SCH04a]. Damit wurde auch das Spannungsniveau im Verstärkungselement weiter gesenkt.

Quantitativ sind jedoch die durch [KLE04d] und [SCH06a] veröffentlichten Daten nicht völlig konsistent – die Tendenzen werden jedoch in beiden Fällen gleich vorhergesagt. [KLE04e] untersuchte numerisch ebenfalls den Einfluss der Werkszeuggeometrie mit Hilfe des vorgestellten Modells, verwendete jedoch als Aluminiummatrix die Legierung EN AW-1050 (Al99,5) und für die Verstärkung 2.4851 (NiCr23Fe).

Basierend auf den hier gemachten Ausführungen lassen sich die Auswirkungen der verschiedenen Einflussparameter wie folgt zusammenfassend darstellen.

Tabelle 3.1:   *Wesentliche Einflussparameter auf die Spannungen in der Verstärkung, respektive der Verbundentstehung, beim Verbundstrangpressen [SCH07g][SCH07e]*

Einflussparameter	Radialspannungen		Zugspannungen	
	Einfluss	**Tendenz**	**Einfluss**	**Tendenz**
Länge der Verbundentstehungszone	groß	Zunahme mit steigender Länge	groß	Zunahme mit steigender Länge
Winkel der Matrizenstirnfläche	nicht feststellbar	-	gering	Zunahme mit zunehmendem Winkel
Durchmesser der Verstärkungselemente	nicht feststellbar	-	groß	Zunahme mit kleinerem Durchmesser
Elastizitätsmodul der Verstärkungselemente	nicht feststellbar	-	nicht feststellbar	-
Reibung in der Verbundentstehungszone	groß	Abnahme bei Reibungsreduktion	groß	Abnahme bei Reibungsreduktion
Temperatur	groß	Abnahme bei steigender Temperatur	groß	Abnahme bei steigender Temperatur
Pressgeschwindigkeit	mittel	Zunahme bei steigender Geschwindigkeit	mittel	Zunahme bei steigender Geschwindigkeit
Mehrstufige Matrize	mittel	Abnahme	mittel	Abnahme
Stromlinienförmige Matrize	mittel	Abnahme	mittel	Abnahme

Nach [KLE04d] [SCH05a] [KLE04e] lassen sich daraus folgende Entwurfsrichtlinien für Verbundstrangpresswerkzeuge bzw. die Prozessführung ableiten:

o Die Einleitung der Verstärkung sollte in einem Bereich mit niedrigem hydrostatischem Spannungsniveau erfolgen, was durch mehrstufige Werkzeuge gewährleistet wird.

o Die Verstärkungselemente sollten in einem Bereich mit möglichst konstanter longitudinaler Matrixgeschwindigkeit zugeführt werden; diese sollte sich im weiteren Verlauf nur noch wenig ändern, d.h. bereits bei der Einleitung möglichst der Strangaustrittsgeschwindigkeit entsprechen.

o Die Zugspannungen auf die Verstärkung können durch Einsatz eines Gleitmittels zur Reibungsreduktion reduziert werden, was allerdings die Anbindung und die spätere Festigkeit des Verbunds beeinträchtigt.

3.2.3 Modelle für die Verbundentstehung

3.2.3.1 *Verschweißungskriterien*

Das in Kapitel 2.3.2 beschriebene Kriterium für eine ausreichende Qualität der Längspressnaht nach [MÜL95][SAU01] beruht auf empirischen Erfahrungen und wurde in den vergangenen Jahren deutlich weiterentwickelt bzw. durch andere Kriterien ersetzt oder ergänzt. Diese sollen in diesem Abschnitt kurz vorgestellt werden. Nach [MÜL95][SAU01] gilt als Kriterium für eine ausreichende Längspressnahtqualität (Verschweißungskriterium), dass der Schweißkammerquerschnitt A_S bei einer Profilwandstärke s so gewählt werden sollte, dass gilt

$$f = \frac{\sqrt{A_S}}{s} \geq 6...10 \, ,\qquad(3.6)$$

Wobei f ein dimensionsloser Parameter ist (vgl. Gleichung (2.2)). [AKE92] führte ein Kriterium ein, dass eine bestimmte Mindestdruckspannung in der Längspressnaht als Verschweißungskriterium vorsieht. Gemäß

$$k = \frac{p_{weld}}{k_f} \geq 3\qquad(3.7)$$

sollte die Druckspannung in der Längspressnaht mindestens 300 % der Fließspannung k_f des Strangpressmaterials betragen. Dieses Modell wurde von [PIW00] noch konkretisiert, indem der zeitliche Verlauf des Kontaktdrucks in der Verbindungszone mit berücksichtigt wurde.

$$\int_t \frac{p_{weld}}{k_f}\, dt \geq C_{krit} \qquad (3.8)$$

Entscheidend ist dann nicht mehr nur ein gewisser Mindestdruck, sondern auch dessen Wirkdauer. Das Modell überschätzt jedoch die Längspressnahtqualität in Bereichen langsamer Fließgeschwindigkeiten, weshalb es von [DON04] um den Einfluss der Geschwindigkeitsabhängigkeit ergänzt wurde (vgl. Gleichung (3.9)).

$$\int_t \frac{p_{weld}}{k_f}\, dt \cdot v = \int_L \frac{p_{weld}}{k_f}\, dL \geq K_{krit} \qquad (3.9)$$

Es existieren somit aus der Technologie des herkömmlichen Strangpressens mehrere Kriterien zur Beurteilung einer ausreichenden Qualität der Längspressnaht. Ob sich daraus jedoch auch automatisch optimale Verbundqualitäten ergeben, bleibt zu hinterfragen. Dieser Fragestellung näherten sich [SCH06a] und [KLO11] mit experimentellen Untersuchungen an Ersatzmodellen bzw. –versuchen für die Verbundentstehung. Diese Untersuchungen sind im Folgenden zusammengefasst.

3.2.3.2 *Experimentelle Untersuchungen*

Die experimentelle Verifikation der Einflussgrößen auf die Verbundentstehung beim direkten Strangpressversuch gestaltet sich schwierig, da zwar Stempelkraft, Temperatur und andere Prozessgrößen erfasst werden können, eine Aussage über die tatsächlichen Eigenschaften des Verbundes jedoch nicht getroffen werden können. Ein Absenken der auf die Verstärkungen wirkenden Spannungen kann dabei die Verbundgüte beeinträchtigen, wenngleich dies für die Belastungen auf die Verstärkung positiv wäre. Aussagen über die Verbundgüte liefert beispielsweise der in Kapitel 4.3.2 vorgestellte Push-out-Versuch, doch auch hier ist der Verbundentstehungsprozess nur indirekt über die Pressparameter zu beeinflussen. [SCH06a] schlägt daher ein Ersatzmodell auf Basis von Pressversuchen vor, dass auch die Entstehung des Verbundes mit berücksichtigt. Damit werden auch weitere Parameter, die phänomenologisch nicht abzubilden sind (Oberflächenrauhigkeit, Bindungskräfte) mit erfasst. Der Pressschweißversuch kennt als Prozessparameter den Druck, die Temperatur und den Umformgrad und die Haltezeit – was im Wesentlichen den Einflussparametern auf die Verbundentstehung entspricht [SCH06a]. Nachteilig ist jedoch, dass keine starke Relativbewegung zwischen den Verbundpartnern stattfindet und der Druck nicht hydrostatisch sondern uniaxial ist. Die Versuchsanordnung ist in Bild 3.17 gezeigt.

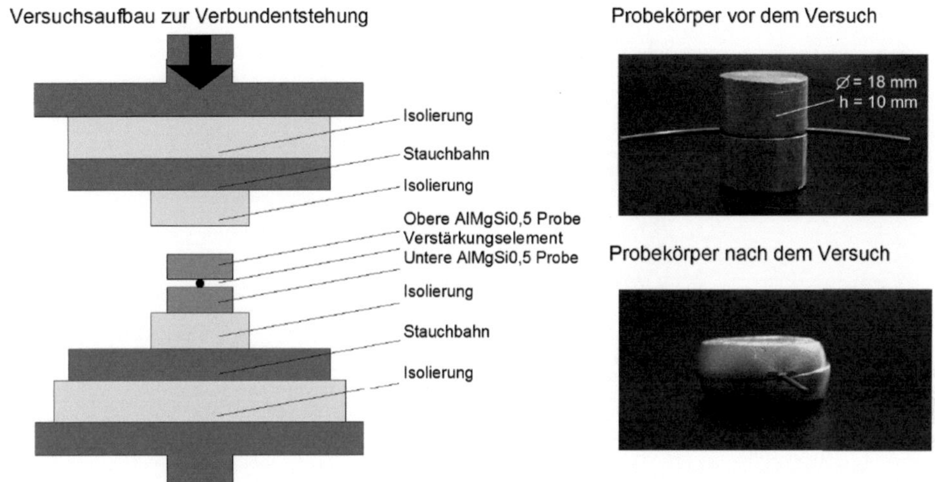

Bild 3.17:   Pressschweißversuch zur Untersuchung der Verbundentstehung im Modellmaßstab [SCH06a]

[SCH06a] variierte vor allem Temperatur und Haltezeit beim Pressschweißen und bestimmte anschließend die Auszugskraft des Drahtes aus dem Verbund und untersuchte die Grenzfläche metallographisch. Dabei wurden die Verbunde in Abhängigkeit der Auszugskraft klassifiziert. War diese größer als die Zugfestigkeit der Verstärkung, wurde der Verbund als gut eingestuft, bei 20-90 % der Zugfestigkeit mäßig und bei weniger als 20 % der Zugfestigkeit schlecht [SCH06a]. Typische Kraft-Weg-Verläufe für diese drei Fälle zeigt Bild 3.18. Metallographisch konnte dabei festgestellt werden, ob die Schweißnaht geschlossen und damit der Formschluss um die Verstärkung komplett ausgebildet war (Zustand 2) oder nicht (Zustand 1). Unterscheidet man zusätzlich beim Kraftschluss zwischen den guten (Zustand b) und den mäßigen bzw. schlechten Verbunden (Zustand a), kann man das Parameterfeld in vier Bereiche (1a, 2a, 1b, 2b) einteilen. Bild 3.19 zeigt diese von [SCH06a] vorgenommene Einteilung der Pressschweißversuchsresultate. Der optimale Verbund (Zustand 2b) wird bei einem Umformgrad kleiner als ca. -0,8 und Spannungen von rund 20-40 MPa erreicht.

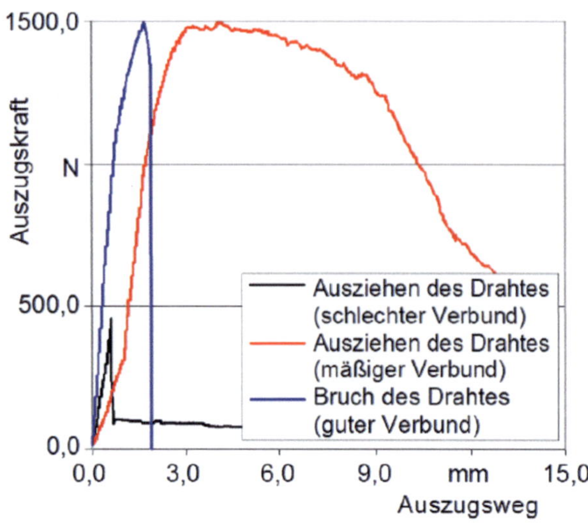

Bild 3.18:   Kraft-Weg-Verläufe beim Auszugsversuch zur Bestimmung der Verbundgüte [SCH06a]

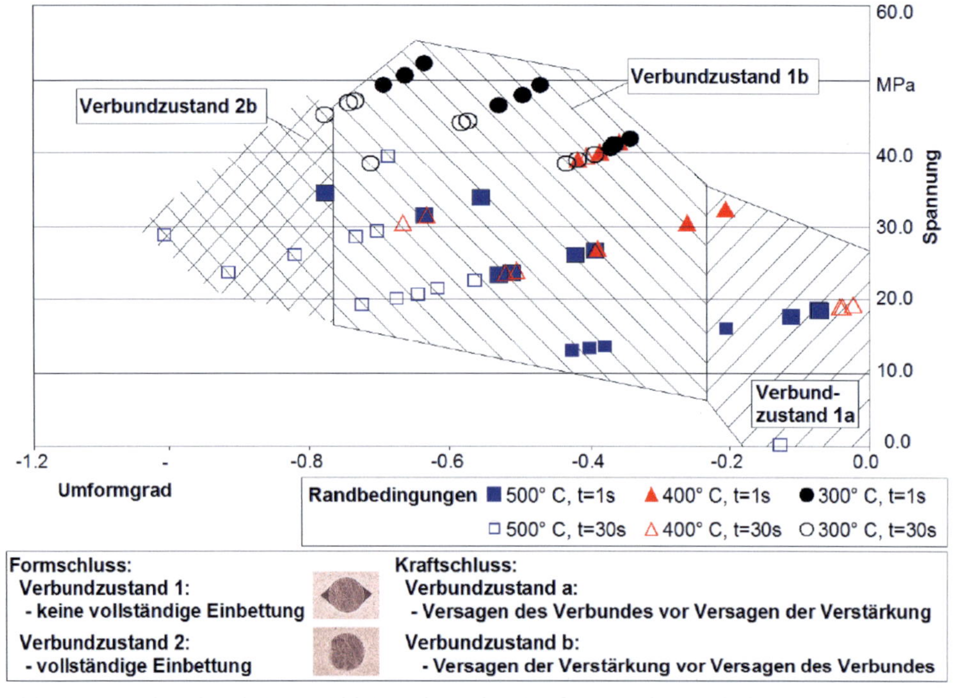

Bild 3.19:   Verbundqualität in Abhängigkeit des Umformgrades und der Druckspannung [SCH06a][SCH07g]

Diese Werte sind weit geringer als jene, die in den Simulationsrechnungen ermittelt wurden. Daraus lässt sich [SCH06a] folgend schließen, dass die in der Schweißkammer im realen Versuch auf der Strangpresse herrschenden Bedingungen weit ausreichend sein sollten, um gute Verbundqualitäten zu erzeugen. Umgekehrt wäre es möglich, das Druckspannungsniveau im Presswerkzeug konstruktiv weiter abzusenken, bis das kritische Niveau für die Verbundentstehung einerseits noch überschritten wird und andererseits die Prozesssicherheit hinsichtlich der Einbringung trotzdem noch gewährleistet ist.

Die Untersuchungen zur Verbundentstehung leiten somit ein Prozessparameterfenster ab, es erlaubt, intakte Verbunde mit Hilfe des Verbundstrangpressens zu fertigen. Nach [SCH06a] muss dabei basierend auf den in Bild 3.19 dargestellten Ergebnissen und auf dem Modell von [AKE92] zur Pressnahtentstehung (vgl. Kapitel 3.2.3.1), der Umformgrad mindestens -0,8 und die Spannung mindestens 200 % der Fließspannung betragen. Letzterer Wert ist jedoch kritisch zu beurteilen, da das Modell von [AKE92] eine um mindestens 3fach höhere Spannung vorsieht, um eine ausreichende Längspressnahtqualität zu erreichen. Zum selben Befund kommt nach [KLO09a] auch [JO03].

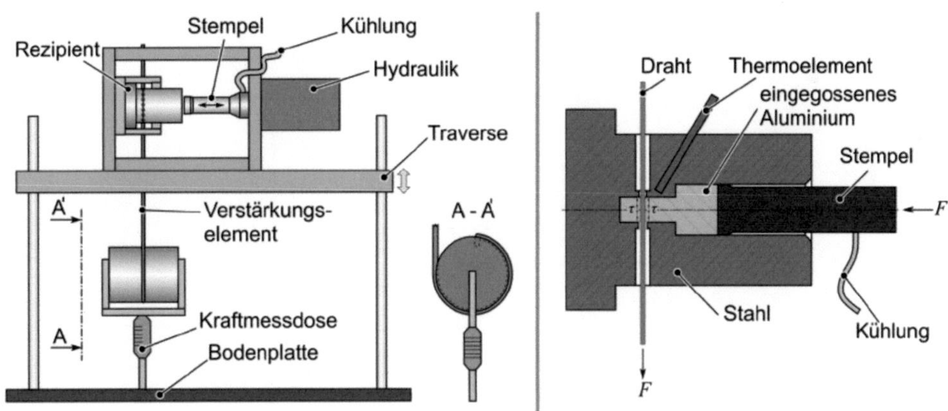

Bild 3.20:   Modellversuch zur Erfassung der prozessbestimmenden Parameter beim Verbundstrangpressen nach [KLO11]

Nachteilig bei der Erfassung der verbundqualitätsbestimmenden Parameter mit Hilfe des Pressschweißverfahrens ist jedoch, dass die Zustände (insbesondere die Druckverhältnisse in der Schweißkammer) nur ungenau abgebildet werden können, da der Verfahrensablauf die tatsächlichen Verhältnisse nur nachstellt, wenngleich eine einfache Variation der Einflussgrößen möglich ist. Alternativ wird von [KLO11] ein Modellversuch (vgl. Bild 3.20) vorgeschlagen, bei dem ein Rezipient eingesetzt wird, der direkt die Einstellung eines hydrostatischen Druckes auf die Verstärkung ermöglicht, dem eine Zugbeanspruchung überlagert werden kann. Damit wird gleichzeitig die Schubspannung in der Verbundentstehungszone realitätsnah abgebildet [KLO11].

In Ergänzung zu den von [SCH06a] durchgeführten Versuchen mit Hilfe des Pressschweißens, konnte [KLO11] nachweisen, dass ein steigender hydrostatischer Druck die notwendige Auszugskraft deutlich steigert. Dasselbe gilt für eine steigende Schweißkammerlänge.

Entscheidend jedoch ist, dass [KLO11] in seinen Versuchen zum Einfluss der Schweißkammerlänge nachweisen konnte, dass die kritische Schweißkammerlänge für einen Federstahldraht 1.4310 mit 1 mm Durchmesser bei einem Druck von 300 bar zwischen 8 und 10 mm liegen muss. Damit ist eine klare Obergrenze für die Konstruktion der Schweißkammer gegeben, was die Aussagen von [SCH06a] hinsichtlich der prozesstechnischen Rahmenbedingungen für ein erfolgreiches Verbundstrangpressen ergänzt.

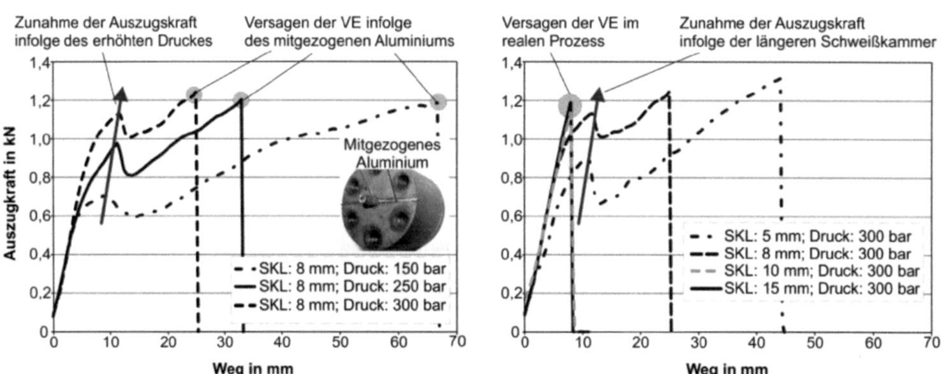

Bild 3.21:   Zunahme der Zugbelastungen auf die Verstärkung mit steigender Schweißkammerlänge und steigendem Druck im Modellversuch nach [KLO11]

3.3 Simulation des Verbundstrangpressprozesses

Die Entstehung eines optimalen Verbundes ist zwar eine notwendige, jedoch nicht hinreichende Bedingung für die prozesssichere Beherrschung der Herstellung leichtbauoptimierter Profile. Wie bereits in Kapitel 2.3.3 gezeigt, ist die korrekte – und vor allem hinsichtlich der Belastung optimale – Lage der Verstärkungselemente ausschlaggebend für die Leistungsfähigkeit der Profile unter bauteilnaher Beanspruchung. Zur vollständigen Simulation des Verbundstrangpressprozesses ist daher die Analyse der Verbundentstehung nur ein erster Schritt; der zweite ist die Analyse des Werkstoffflusses und folgerichtig die Vorhersage der Lage der Längspressnaht.

Um den Verbundstrangpressprozess insgesamt und insbesondere die Lage der Längspressnaht sinnvoll abzubilden, muss eine dreidimensionale Simulation stattfinden, die den vollständigen Werkstofffluss und mit ihm den Pressblock und die Einläufe mit abbildet. Dies erhöht gegenüber den bisherigen Darstellungen den Rechenaufwand bei Verwendung einer Lagrange-Formulierung aufgrund der ständig stattfindenden Neuvernetzung erheblich. Um diesem entgegenzuwirken, ist es nach [SCH06a] sinnvoll, für die 3D-Simulation auf eine Euler- oder ALE-Formulierung überzugehen. Die in Kapitel 3.1 dargestellten Unschärfen durch die rein viskoplastische Simulation bei der Verwendung von Euler- oder ALE-Formulierung müssen dann jedoch akzeptiert werden. [SCH05b] hat in diesem Zusammenhang jedoch gezeigt, dass mit dem Code HyperXtrude trotz dieser Nachteile gute Ergebnisse erzielt werden können.

3.3.1 Analyse des Werkstoffflusses

Zur Analyse des Werkstoffflusses wurde von [SCH08b][SCH06a] das Modell eines rotatorisch symmetrischen Verbundprofils mit einem Durchmesser von 9 mm und einem zentral liegenden Verstärkungselement mit einem Durchmesser von 1 mm vorgestellt.

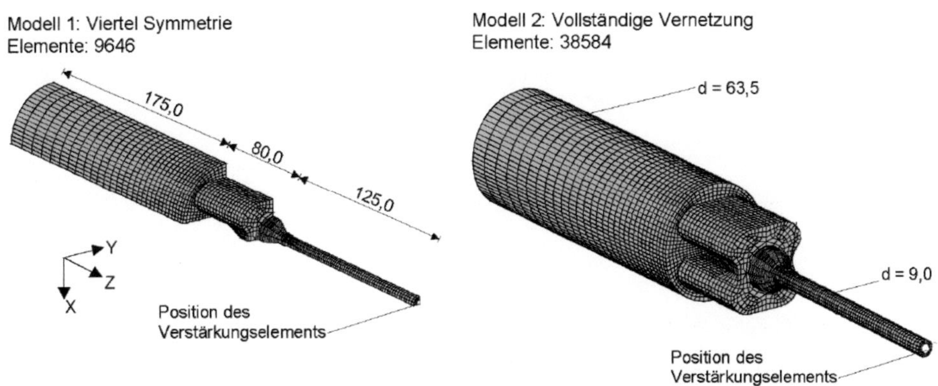

Bild 3.22:   FE-Netz für die Simulation des Verbundstrangpressens einer Rundstange [SCH06a] (vgl. auch [SCH08b])

Für dieses Profil wurden zur Verifikation auch Pressexperimente durchgeführt (vgl. Tabelle 2.1). Die Längspressnaht liegt dabei in der YZ-Ebene des in Bild 3.22 dargestellten Koordinatensystems. Das Modell umfasst zusätzlich zu den 80 mm langen Einläufen und der Schweißkammer einen 175 mm langen Pressblock und 125 mm des austretenden Profils [SCH06a].

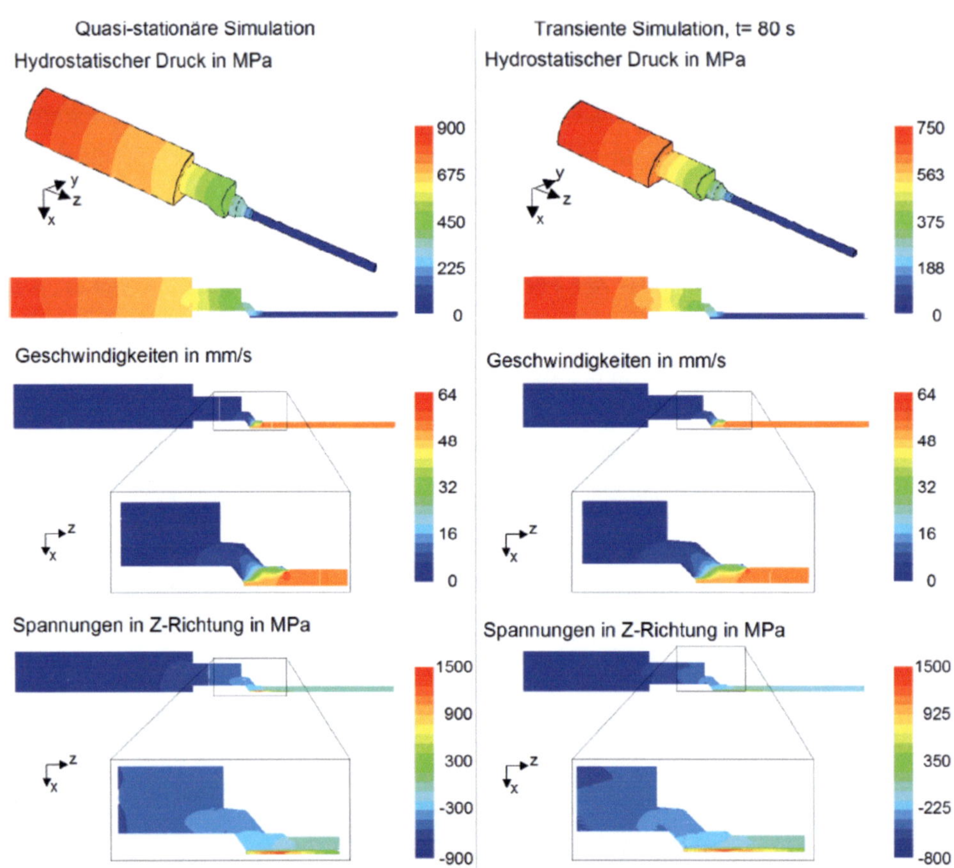

Bild 3.23:   *Spannungen und Geschwindigkeiten in der Verbundentstehungszone bei der 3D-Simulation [SCH06a]*

Analog zu den mit Hilfe der Langrange-Formulierung durchgeführten Simulationen des Werkstoffflusses in 2,5D (vgl. Kapitel 3.2), zeigt sich auch bei den Berechnungen mit HyperXtrude auf Basis der Euler- bzw. ALE-Formulierung eine Wechselwirkung zwischen der Verstärkung und dem sie umgebenden Materialfluss. Bild 3.23 zeigt den Vergleich der sich entwickelnden Zugspannungen, hydrostatischen Drücke und Materialflussgeschwindigkeiten für die Euler-Formulierung (quasi-stationäre Simulation) und der ALE-Formulierung (transiente Simulation). Dabei berücksichtigt die transiente Simulation die Abnahme der Blocklänge, wohingegen die quasi-stationäre Simulation die Blocklänge konstant lässt [SCH06d].

In beiden Fällen wird eine Zugspannung im Verstärkungselement von rund 1500 MPa vorhergesagt. Nach [SCH06a] liegt dies in der Annahme eines viskosen Verhaltens für das Verstärkungselement. Für dieses wurde eine Fließgrenze von rund 1500 MPa auch tatsächlich angenommen. Eine Abschätzung der sich real einstellenden Zugspannung kann aus dem Gleichgewicht der Schubspannungen in negativer und positiver z-Richtung ermittelt werden. Die Zugspannung in der Verstärkung ergibt sich dann aus dem Durchmesser des Verstärkungselements, der Länge der Verbundentstehungszone und der maximalen, resultierenden Schubspannung nach [SCH06a] zu

$$\sigma_{VE} = \left(\frac{2}{r_{VE}}\right) \cdot l_{Verbundzone} \cdot \tau_{max}. \tag{3.10}$$

Diese analytische Berechnung liefert dann einen Wert von knapp 950 MPa, was von den direkt aus der Simulation sich ergebenden 1500 MPa deutlich abweicht. Insofern ist erwartungsgemäß die Euler-Formulierung mangels Berücksichtigung elastischer Dehnungsanteile nicht für die Berechnung der Spannungen im Verstärkungselement geeignet. Eine analytische Abschätzung ist aus den Simulationsdaten analytisch jedoch möglich. Gravierend ist allerdings auch die Abweichung zwischen den hier analytisch berechneten Spannungen in der Verstärkung und den auf Basis der 2,5D-FEM-Simulation mit Hilfe des Lagrange-basierten Codes, wobei aufgrund des im realen Experiment beobachteten Versagens davon auszugehen ist, dass die aus der 3D-Simulation abgeleiteten Zugspannungen eher der Realität entsprechen, da sie weit näher an der Fließspannung der Verstärkungselemente liegen. Zur Analyse der Längspressnahtlage spielen die hier dargestellten Unzulänglichkeiten bezüglich der realen Spannungsverhältnisse allerdings keine Rolle. Bei der Wahl der Simulationscodes muss daher klar unterschieden werden, welchem Zweck die FEM-Simulation des Verbundstrangpressens im jeweiligen Fall dienen soll: Der Analyse der Belastung der Verstärkung oder der Lage der Längspressnaht. Um technisch leistungsfähige Verbunde zu erzeugen, müssen beide Aspekte untersucht werden.

3.3.2　Lage der Längspressnaht

Wie schon an mehreren Stellen erwähnt und gezeigt, bestimmt die Lage der Längspressnaht die Lage der Verstärkungselemente und damit die Leistungsfähigkeit der erzeugten Verbundprofile. Damit ist ein Hauptziel der Verbundstrangpresssimulation die korrekte Vorhersage der Lage der Längspressnaht und in Folge die Rückwirkung auf die Werkzeugentwicklung, um die reale Längspressnahtlage und damit die Positionierung der Verstärkungselemente im Profil gezielt einzustellen. Ohne die Beherrschung der Längspressnahtlage ist eine sinnvolle Simulation des Verbundstrangpressens nicht möglich. Ein Abgleich von Werkzeugkonstruktion und realer Längspressnahtlage wäre natürlich auch experimentell zu leisten, jedoch sind Modifikationen an Presswerkzeugen zeit- und kostenintensiv [SCH08b]. Grundsätzlich sind nach [SCH06a][SCH08b][SCH07e][SCH07g][KLO08b][KLO10a] zwei Möglichkeiten zur korrekten Vorhersage, bzw. Identifikation der Längspressnahtlage im virtuell gefertigten Profil gegeben: Entweder man verfolgt die Partikelströme durch die unterschiedlichen Zuführkanäle und sucht die Ebene, wo diese zusammenlaufen, oder man analysiert die Vergleichsdehnungen im Profil. Diese sind im Bereich der Längspressnaht sehr hoch. Diese Variante ist im Vergleich zur ersteren jedoch nur eine indirekte Nachweismethode. Vor allem das erstere Verfahren hat den Nachteil, dass die Verfolgung aller Partikelströme äußerst aufwändig ist und in der Visualisierung der Partikelströme schnell unübersichtlich wird, wenn keine Vorabselektion der Partikelströme erfolgt. Dazu hat [KLO09a] festgestellt, dass es ausreichend ist, nur die Partikelbahnen jener Elemente zu verfolgen, die in den Einläufen wandnah positioniert sind. Erschwerend kommt sicherlich hinzu, dass laut [SCH07g] in der Literatur zum Strangpressen die Abbildung der Pressnaht bislang kaum Beachtung findet und entsprechende Algorithmen nicht Stand der Technik sind. In Bild 3.24 sind beide Methoden (Partikelverfolgung und Vergleichsdehnungen) zur Längspressnahtvorhersage einander gegenübergestellt.

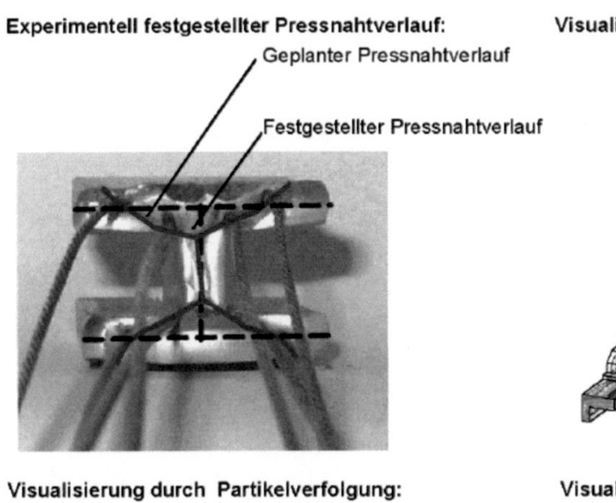

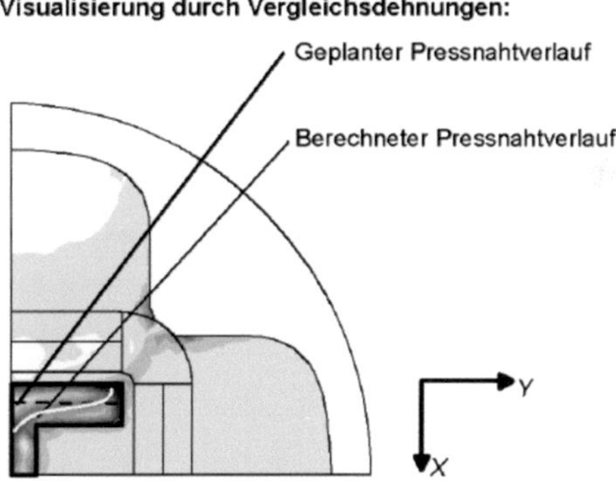

Bild 3.24:   Methoden zur Bestimmung der Längspressnahtlage [SCH07g] (vgl. auch [SCH06d])

Als Profil wurde dabei nicht das oben gezeigte Rundprofil sondern ein Doppel-T-Profil verwendet, das per se einen komplexeren Längspressnahtverlauf besitzt. Gleichzeitig wurde nur ein Viertel des untersuchten Profils nachgebildet. Da es sich um das in Bild 2.40 gezeigte Profil handelt, ist dort sofort offensichtlich, dass zu Beginn der Untersuchungen die gewünschte und tatsächliche Lage der Längspressnaht nicht übereinstimmten. Den Unterschied verdeutlicht nochmals Bild 3.25. Als Rahmenbedingungen für die Simulation wurden auch hier EN AW-6060 als Matrixmaterial und der Federstahl 1.4310 als Material für die Verstärkung gewählt (vgl. [SCH06d]). Die Starttemperaturen für Werkzeug und Pressblock lagen bei 750 K, für den Stempel bei 723 K. Die Stempelgeschwindigkeit lag bei 0,2 mm/s.

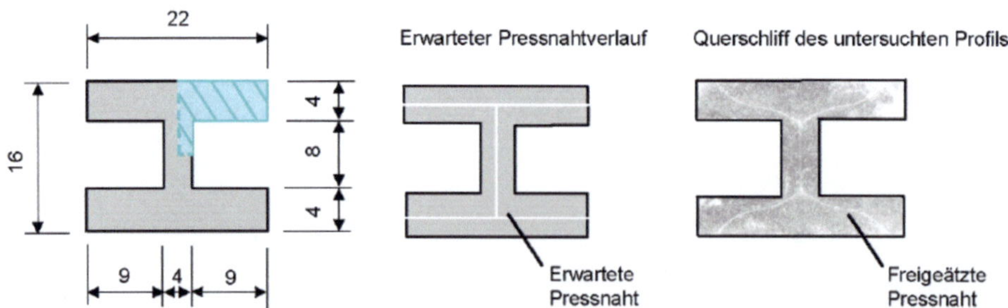

Bild 3.25:   Vergleich der realen Pressnaht (rechts) mit dem erwarteten Pressnahtverlauf (Mitte) eines Doppel-T-Profils [SCH07g]

Analog zu den vorgestellten Untersuchungen für die Verbundentstehung (vgl. Kapitel 3.2.2) sind auch für die Längspressnähte Analysen veröffentlicht. In [SCH06d] wird dazu ein reduziertes Modell auf Basis der in Bild 3.25 dargestellten Doppel-T-Profil-Geometrie verwendet, das die Zahl der finiten Elemente von 40140 auf 25460 verringert. Dazu blieben insbesondere Rezipient und Pressblock unberücksichtigt. Ziel war es, die Längspressnahtentwicklung in Abhängigkeit des Materialflusses durch die verschiedenen Zuführkanäle zu untersuchen. Aus den technologischen Untersuchungen ging ja bereits hervor, dass die vertikale Lage der Verstärkungen (d.h. die Lage der Längspressnaht) im Wesentlichen von den Werkstoffflüssen in den Einlaufkanälen beeinflusst wird, die wiederum von Temperatur- oder geometrischen Differenzen bestimmt werden (vgl.

Tabelle 2.2). [SCH06d] hat folgende Fälle untersucht:

- o Konstanter Materialzufluss von 5 mm/s für beide Zuführkanäle, was dem Referenzzustand für die Untersuchungen und einer Stempelgeschwindigkeit von 0,2 mm/min entspricht (Modell 1) und mit Untersuchungen am nicht-reduzierten Modell abgeglichen werden kann.
- o Zufluss von 8 mm/s in den Kanälen in der horizontalen Ebene bei 2 mm/s Zufluss durch die Kanäle in der vertikalen Ebene (Modell 2)
- o Der zum letzten Punkt symmetrische Fall (Modell 3)

In allen Fällen entspricht der gesamte Volumenstrom durch das Werkzeug rund 2080 mm³/s. Daraus ergeben sich die folgenden Prognosen für die Längspressnahtlage [SCH06d][SCH07g].

Es wurde für die alle untersuchten Szenarien eine Prognose auf Basis der Vergleichsdehnung und der Partikelströme gemacht, die eine gute Koinzidenz zeigen. Es ist jedoch festzustellen, dass alle Modelle vorhersagen, dass die berechnete Längspressnaht von der Planung abweicht. Dies erklärt die bereits vorgestellten experimentellen Befunde. Es ist auch zu erkennen, dass die Längspressnaht im zweiten Modell nach unten und im dritten Modell nach oben von der Lage in Modell 1 abweicht. Das lassen die eingestellten Materialflüsse so auch erwarten. Folgen die Verstärkungen der Längspressnaht, besteht für Modell 2 das Risiko, dass Verstärkungen am Übergang zum Mittelsteg aus dem Profil austreten. Für Modell 3 ist das für die Oberseite des Ober- oder Untergurts ebenfalls zu erwarten [SCH06d].

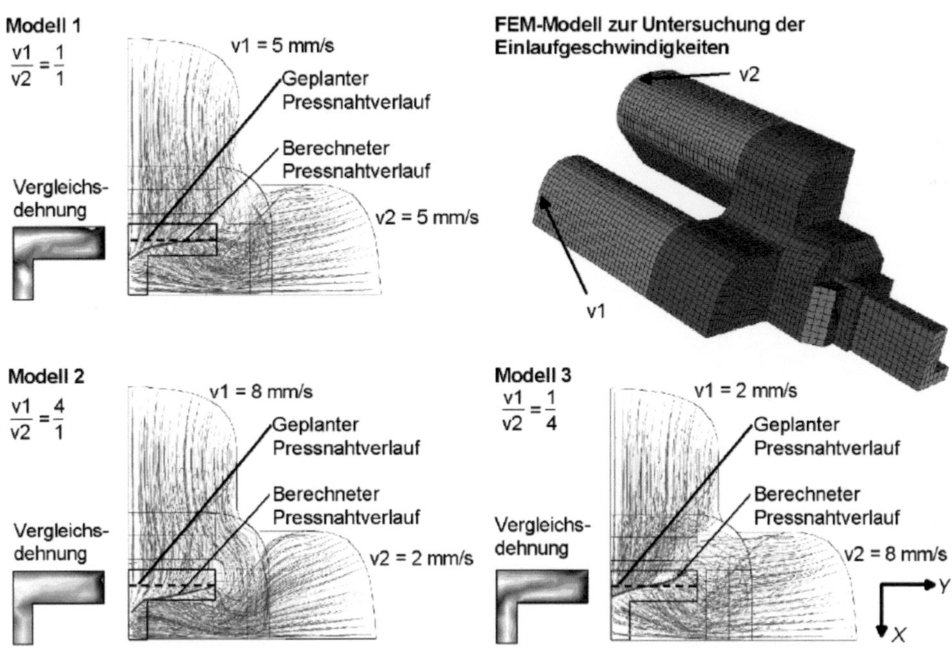

Bild 3.26:   *Vergleich der prognostizierten Längspressnahtlagen in Abhängigkeit der Materialzuflussgeschwindigkeiten in den Zuführkanälen [SCH07g] (vgl. auch [SCH06d])*

Untersuchungen zum Einfluss der Temperatur und der Gestaltung der Werkstoffzuläufe auf die Lage der Längspressnähte – respektive der Lage der Verstärkungen – wurden von [KLO08b] durchgeführt. Im Gegensatz zu den in Bild 3.26 gezeigten Ergebnissen, wurde hierbei nicht ersatzweise die Durchflussmenge durch die Zuläufe variiert, sondern direkt der Temperatureinfluss – insbesondere ein inhomogenes Temperaturfeld im Werkzeug – in der Simulation berücksichtigt. Die Werkzeuggeometrie wurde hinsichtlich der Geometrie der Zuläufe verändert. Die Anzahl und Anordnung der Zuläufe blieb hingegen gleich. Bild 3.27 zeigt, dass sich in beiden Fällen auch hier die v-förmige Ausprägung der Längspressnaht nur schwach verändert. Letztlich müssen also Optimierungsmaßnahmen gefunden werden, die stärkeren Einfluss auf die Längspressnahtlage besitzen.

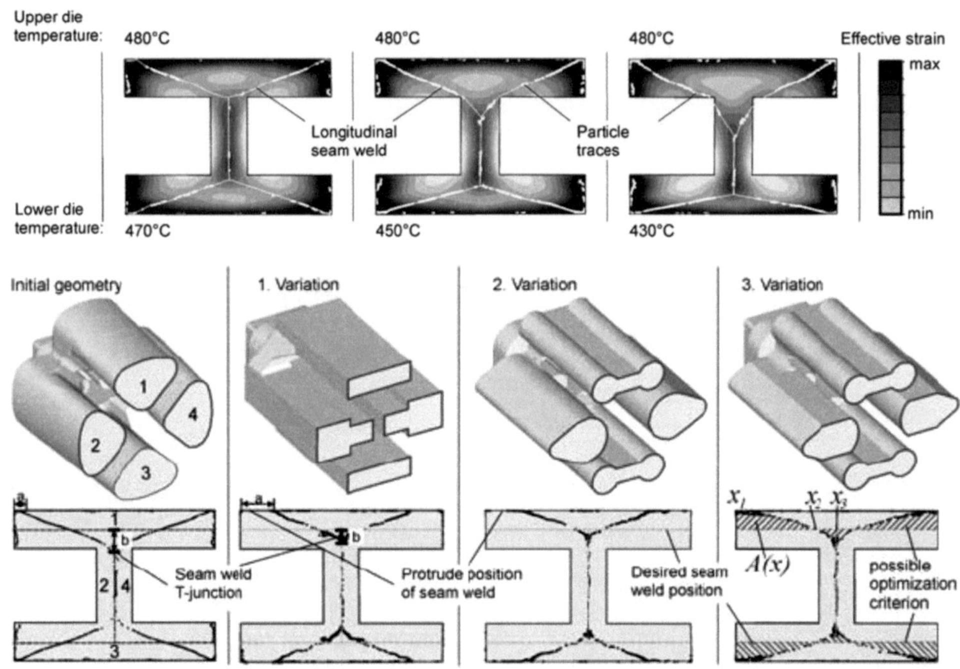

Bild 3.27:   *Veränderung der Längspressnahtlage bei inhomogener Temperaturverteilung im Presswerkzeug oder Veränderung der Querschnittsgeometrien der Zuführkanäle [KLO08b]*

Die von [KLO09a][KLO10a][KLO08b] vorgeschlagene Methode zur Reduktion der Datenmenge bei der Partikelverfolgungsmethode stellt einen wesentlichen Fortschritt in der Längspressnahtvorhersage dar. Ausgehend von denselben Rahmenbedingungen werden hier nur Partikel in Wandnähe verfolgt. Da keine Verwirbelungen des Materials in der Schweißkammer auftreten, liegen diese Partikel im fertigen Profil entweder an der Oberfläche oder in der Längspressnaht, was die wichtigste Erkenntnis zur Anwendung dieses Verfahrens darstellt. Durch anschließende Segmentierung und Merkmalsextraktion lassen sich die Längspressnähte durch kubische Spline-Funktionen mathematisch beschreiben. Bild 3.28 zeigt die Werkstoffpartikel im Einlauf und am Ende des Prozesses im Profilquerschnitt. Um diese Lage sinnvoll mathematisch zu beschreiben, werden zunächst die an der Außenkontur des Profils liegenden Markerpartikel entfernt. Dann verbleiben nur noch jene Partikel, die zur Beschreibung der Längspressnaht benötigt werden.

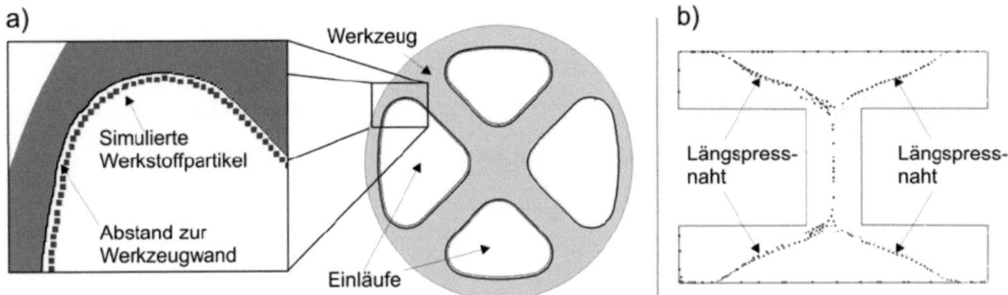

Bild 3.28:   a) Markerpartikel in der Nähe der Werkzeugwand im Zuführkanal, b) Lage der Partikel in der simulierten Längspressnaht [KLO09a] (vgl. auch [KLO11][KLO10a])

Durch die Segmentierung werden nicht nur überflüssige Partikel entfernt, sondern die verbleibenden auf Basis ihres „Ursprungszuführkanals" einer der entstandenen Längspressnähte zugeordnet. Bild 3.29 zeigt das Ergebnis einer solchen Segmentierung am diskutierten Profil [KLO09a][KLO10a][KLO11].

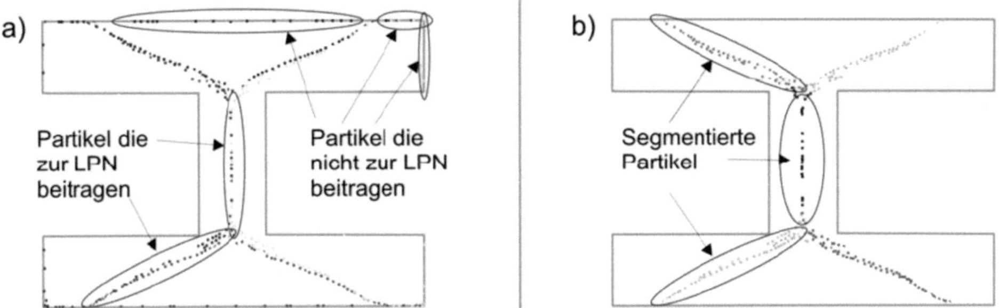

Bild 3.29:   Segmentierung: a) Sortierung der Markerpartikel nach Relevanz für die Beschreibung der Längspressnaht, b) Zuordnung der Partikel zu verschiedenen Längspressnähten [KLO09a] (vgl. auch [KLO11][KLO10a])

Aus den segmentierten Partikeln werden nun zusammenhängende Längspressnahtverläufe generiert.

Nach [KLO09a][KLO10a] wird dazu der flexible Kurvenverlauf mittels einer kubischen Spline-Funktion abgeleitet, die aus abschnittsweise definierten kubischen Polynomen zusammengesetzt ist. Das Endergebnis der Beschreibung der Längspressnahtlage kann dann mit experimentellen Ergebnissen, z.B. aus metallographischen Untersuchungen verglichen werden. Gleichzeitig kann im Sinne einer Optimierung der berechnete Längspressnahtverlauf mit dem gewollten Verlauf (Sollposition) abgeglichen werden. [KLO09a][KLO11] nutzen dazu die zwischen der Soll- und Istposition eingeschlossene Fläche als Vergleichsmetrik. Dieses Maß ist nicht nur einfach berechenbar, sondern auch intuitiv nachzuvollziehen. Das Optimum ergibt sich mathematisch als Minimum der Flächenfunktion. Die mathematischen Grundlagen des gesamten Verfahrens sind in [KLO10a] ausführlich erläutert.

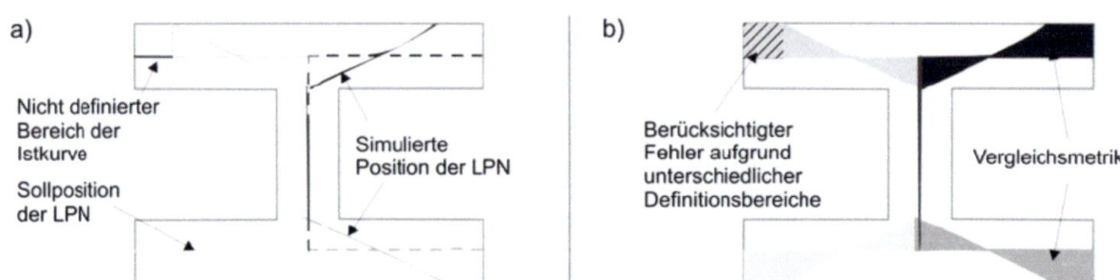

Bild 3.30:   a) Simulierte Istposition der Längspressnaht im Vergleich zur Sollposition, b) Vergleichsmetrik [KLO09a] (vgl. auch [KLO11])

Im Falle des hier vorgestellten Doppel-T-Profils belegten die Untersuchungen und Optimierungsversuche jedoch, dass auf Basis der vorhandenen vier Zuführkanälen die Verlagerung der Längspressnaht primär in x-Richtung verläuft, ohne an Verkippung der tatsächlichen Pressnaht im Vergleich zur geplanten Lage etwas zu verändern.

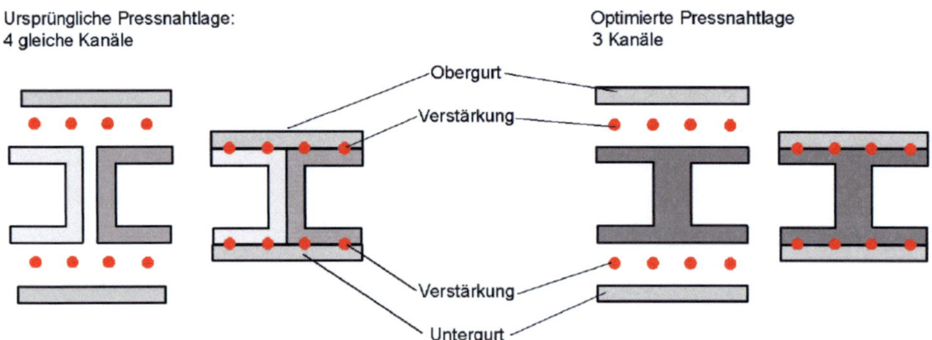

Bild 3.31:   Optimierung der Pressnahtlage durch Änderung der Zuführkanäle nach [SCH06a] (vgl. auch [SCH06d][SCH07g])

[SCH06d] und [SCH07g] schlugen daher vor, die Zahl und Anordnung der Zuführkanäle zu verändern, um sich der geplanten Längspressnaht anzunähern (vgl. Bild 3.31). Dabei wird zunächst der Doppel-T-förmige Mittelsteg ausgeformt, bevor die Verstärkungen mit Hilfe der oberen und unteren Materialstränge eingebracht werden. Daraus ergibt sich eine neue Matrizengeometrie, die in Bild 3.32 dargestellt ist.

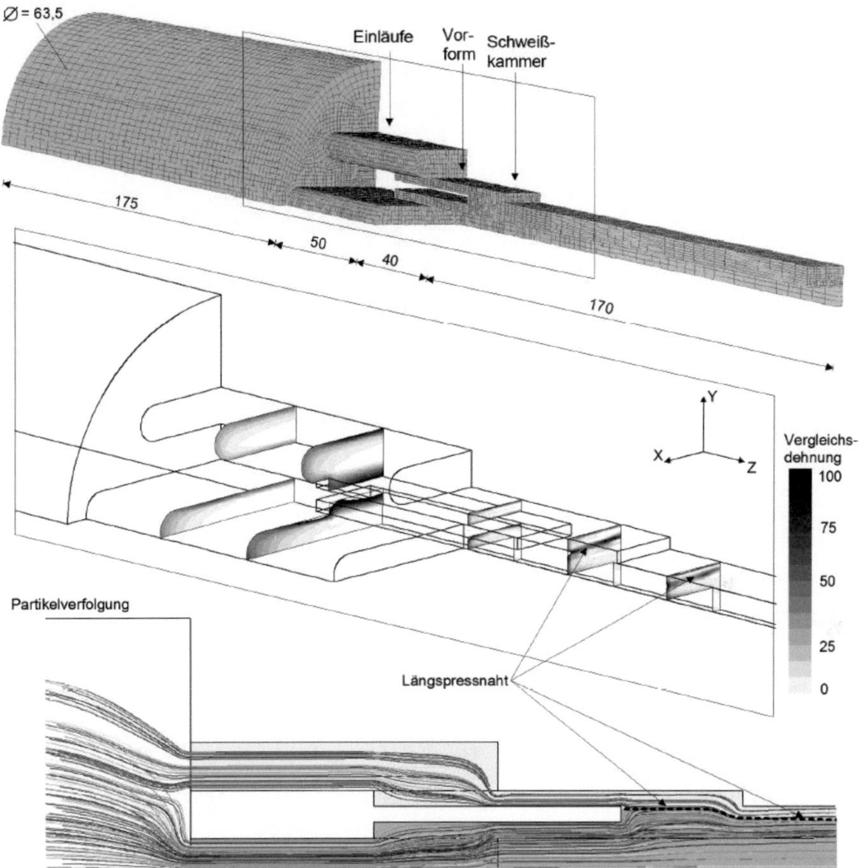

Bild 3.32:   Modifizierung der Matrizengeometrie eines Doppel-T-Profils zur Optimierung der Längspressnahtlage [SCH07g][SCH06a]

Glaubt man der FEM-Simulation, liegt die Pressnaht dann linear im Ober- bzw. Untergurt des Strangpressprofils und mit ihm die Verstärkungen. [SCH06a][SCH07g] haben dazu noch die Vergleichsspannungen im Verstärkungselement untersucht. [SCH06a] kommt dabei zu dem Schluss, dass eine Fertigung dieses Profils prozesssicher möglich sein müsste. Über die experimentelle Verifikation am gezeigten Doppel-T-Profil ist jedoch nichts veröffentlicht, die Erfahrungen aus der FEM-Simulation scheinen jedoch in die Konstruktion des Werkzeugs für das in Bild 2.41 gezeigte 56x4-Doppel-T-Profil eingegangen zu sein. Das zugehörige Werkzeug ist in Bild 3.33 gezeigt und besitzt neben drei Werkstoffeinläufen eine Vorformkammer – Merkmale, die sich auch in der Matrizengeometrie in Bild 3.32 wiederfinden, und in Pressversuchen für dieses Profil zu erfolgreichen Ergebnissen geführt haben (vgl. Bild 2.41).

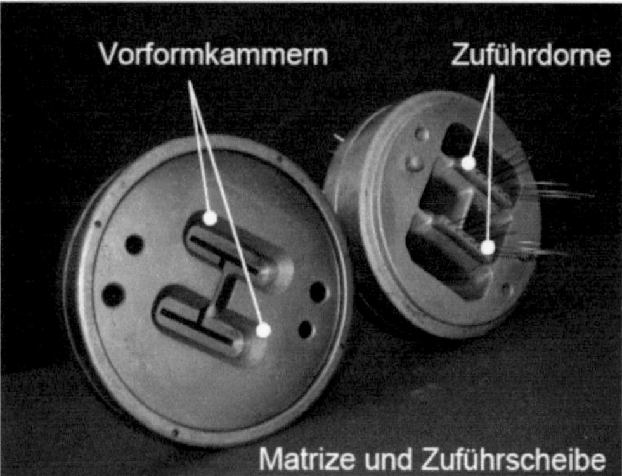

Bild 3.33: *Mehrkammerwerkzeug für ein Doppel-T-Profil mit drei Werkstoffzuläufen und Vorformkammer zur Erzielung horizontaler Längspressnähte in den Profilgurten [SCH07c]*

Zusammenfassend kann in Übereinstimmung mit [KLO11], der mehrere Optimierungsrechnungen zur Verbesserung der Längspressnahtlage und zum Verbundstrangpressen durchgeführt hat, folgendes festgestellt werden:

o Die Änderung der Einlaufquerschnitte hat nur wenig Einfluss auf die Längspressnahtlage. Große Lageänderungen bringen nur eine völlige Umgestaltung der Einläufe.

o Eine inhomogene Temperaturverteilung hat einen Einfluss auf die Längspressnahtlage.

o Eine Veränderung der Zuführdornlänge und damit der Schweißkammerlänge hat einen wesentlichen Einfluss auf die Längspressnahtabweichung, die Nahtqualität, die Presskraft und die Zugspannungen. Die einzelnen Faktoren entwickeln sich jedoch teilweise konträr: eine Verringerung der Längspressnahtabweichung geht mit einer Reduktion der Pressnahtqualität bei steigender Presskraft und sinkenden Zugspannungen einher (Bild 3.34). Es handelt sich also um einen veritablen Optimierungsprozess

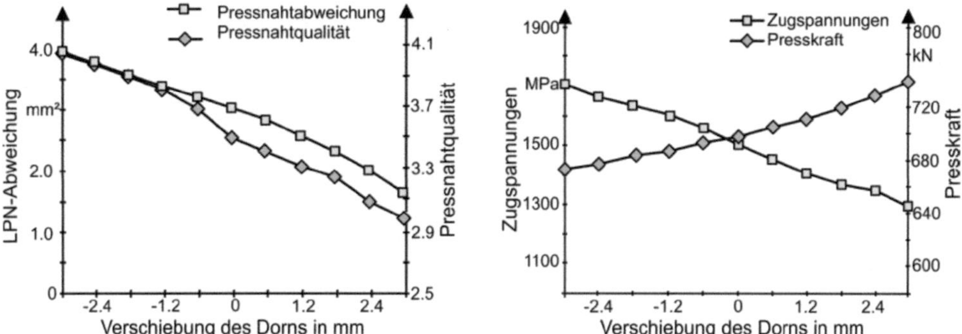

Bild 3.34:   Einfluss der Schweißkammerlänge (Zuführdornposition) auf verschiedene Faktoren des Verbundstrangpressprozesses [KLO11]

3.4 Rückwirkung auf die Werkzeugentwicklung

3.4.1 Parametrisierung der Werkzeugmodelle

Mit Hilfe der Quantifizierung der Längspressnahtlage besteht die Möglichkeit, diese Lage über die Änderung der Werkzeuggeometrie zu optimieren – Voraussetzung hierfür ist jedoch ein parametrisiertes Werkzeugmodell, damit die Optimierung auch eine Veränderung der Werkzeuggeometrie mit ins Kalkül ziehen kann.

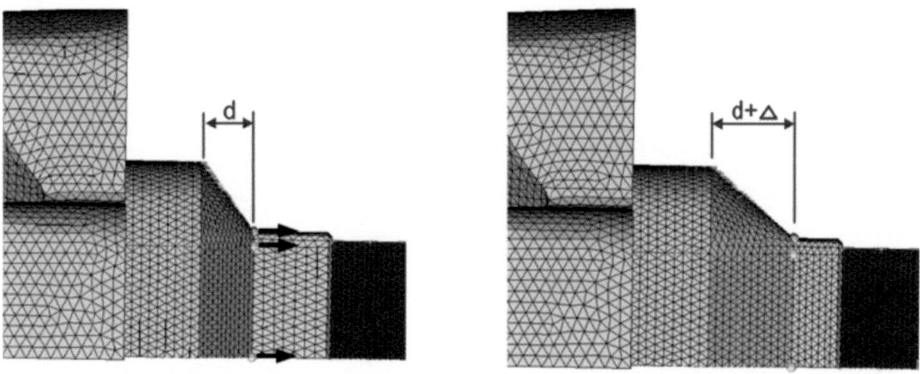

Bild 3.35:   Parametrisierung eines Verbundstrangpressmodells mittels Morphing [KLO09a]

[KLO11][KLO09a] verwenden dazu das Morphing. Dabei ist die Netzbeschreibung parametrisiert, so dass Geometrieänderungen am FE-Modell keine Neuvernetzung erfordern; die finiten Elemente werden lediglich verzerrt. Bild 3.35 illustriert diesen Vorgang am Beispiel der Schweißkammerlänge.

3.4.2 Optimierung des Verbundstrangpressprozesses

3.4.2.1 *Lage der Längspressnaht*

Bei Optimierung der Längspressnahtlage müssen einige Randbedingungen bei der Optimierung mittels Morphing mit betrachtet werden [KLO09a][KLO11]:

Die Schweißnahtqualität muss ausreichend sein, um die Verstärkung mit dem Matrixmaterial möglichst stoffschlüssig zu verbinden und um so eine gute Lastübertragung zwischen Matrix und Verstärkung im Sinne optimaler mechanischer Eigenschaften des Verbundes zu gewährleisten. Entsprechende Kriterien hierfür wurden bereits in Kapitel 3.2.2 diskutiert.

Die aus dem Geschwindigkeitsunterschied zwischen Matrix und Verstärkung resultierende Zugbeanspruchung auf die Verstärkung darf nicht zu hoch werden. Im Rahmen der Optimierung der Längspressnaht kann nach [KLO09a] der Verlauf der Verstärkung als Partikelbahn simuliert werden. Ist dieser Verlauf bekannt, kann wiederum die Zugspannung abgeschätzt werden. Diese Abschätzung beruht nach [KLO09a] auf folgenden Annahmen:

- o Die berechneten Druckspannungen in der Matrix wirken ebenfalls auf die Verstärkung.
- o Innerhalb der Verstärkung wirken keine Schubspannungen in axialer Richtung.
- o In der gesamten Schweißkammer herrscht ein stoffschlüssiger Verbund zwischen Matrix und Verstärkung.

Dann kann nach Gleichung (3.10) aus der maximal herrschenden Schubspannung die Zugspannung berechnet werden.

Die Presskraft ist ebenfalls eine Randbedingung, da die maximale Kapazität der Presse im Pressprozess nicht überschritten werden kann.

Die Modellqualität darf sich durch das Morphing nicht verschlechtern. Ist die Verzerrung des Netzes beispielsweise durch eine Überlagerung mehrerer Morphingparameter zu hoch, ist keine numerische Berechnung mehr möglich. Ein Qualitätskriterium ist hierbei das Verhältnis der längsten und kürzesten Kante der finiten Elemente. Ist dieses größer als 5, ist das Qualitätskriterium verletzt. Dies ist für maximal 1 % der Elemente akzeptabel.

Auf eine Darstellung des verwendeten EGO (Efficient Global Optimization) Optimierungsalgorithmus wird an dieser Stelle verzichtet, dieser ist in [KLO09a][KLO11] ausführlich dargestellt. Stattdessen wird nachfolgend am Beispiel der Optimierung der Längspressnahtlage für das in Bild 3.25 gezeigte Doppel-T-Profil das Vorgehen illustriert. Das zugehörige Modell mit den Simulationsparametern und –restriktionen ist in Bild 3.36 gegeben. Zur Reduktion der Rechenzeit verwendete [KLO09a] eine Viertelsymmetrie des Gesamtmodells. Als Code wurde HyperXtrude verwendet, das die Euler-Formulierung für die Geschwindigkeitsvektoren verwendet. Der Strangpressprozess wird dabei als quasistationär betrachtet. Die Reibung wurde vernachlässigt.

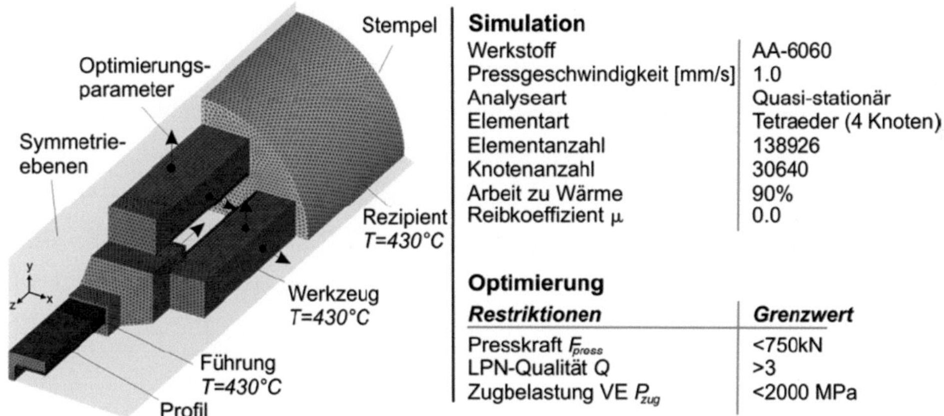

Simulation

Werkstoff	AA-6060
Pressgeschwindigkeit [mm/s]	1.0
Analyseart	Quasi-stationär
Elementart	Tetraeder (4 Knoten)
Elementanzahl	138926
Knotenanzahl	30640
Arbeit zu Wärme	90%
Reibkoeffizient μ	0.0

Optimierung

Restriktionen	*Grenzwert*
Presskraft F_{press}	<750kN
LPN-Qualität Q	>3
Zugbelastung VE P_{zug}	<2000 MPa

Bild 3.36:   Simulationsmodell mit Parametern für den Optimierungsprozess [KLO09a] (vgl. auch [KLO11])

Laut [KLO09a] wurde nach der dritten Optimierungsiteration bereits ein Optimum gefunden, das weniger als 10 % vom besten gefunden Punkt nach insgesamt 10 Optimierungsläufen gefunden wurde.

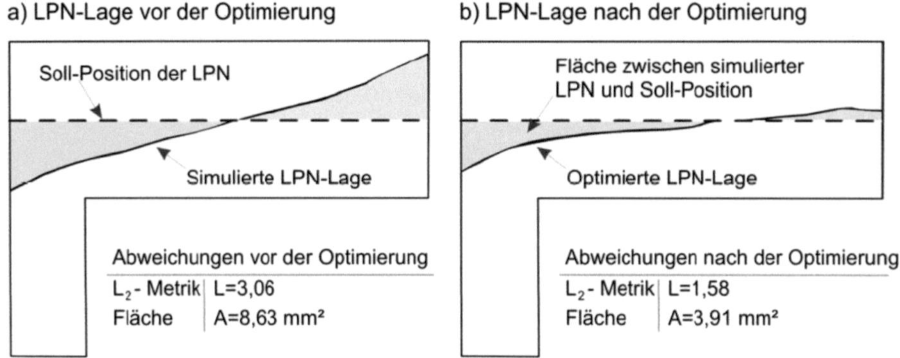

Bild 3.37: Optimierung der Längepressnahtlage [KLO09a] [KLO11]

Als Optimierungskriterium wurde – wie bereits erwähnt – die Flächendifferenz zwischen der Längspressnahtsoll- und -istlage verwendet. Das Ergebnis zeigt Bild 3.37. Die Differenzfläche konnte um rund 50 % reduziert werden. Die Optimierung bringt somit im Vergleich zum Ausgangszustand eine deutliche Verbesserung. Jedoch ist auch ersichtlich, dass das Morphing gewissen Randbedingungen zu folgen hat und daher trotzdem das Ergebnis vor allem in der Profilmitte noch erheblich vom Optimum abweicht. Das Morphing ist nicht in der Lage, das Presswerkzeug komplett neu zu konstruieren und bleibt daher auf Geometrieoptimierungen nahe der Ausgangsgeometrie begrenzt.

3.4.2.2 Führungsflächenlänge

Die bei [SCH07c][SCH07b] veröffentlichten Untersuchungen zur Reduktion der Wandstärke haben gezeigt, dass hier Dickenschwankungen in der Wandstärke auftreten können, da die Verstärkungen den Werkstofffluss stören (vgl. Bild 3.38).

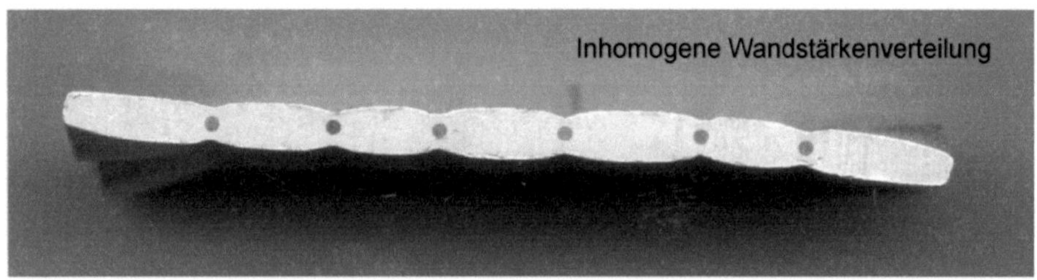

Bild 3.38: Inhomogene Wandstärkenverteilung in einem 56x2-Profil [SCH07c]

Abhilfe schaffte hier eine Verlängerung der Führungsflächenlänge, die damit offensichtlich wesentlichen Einfluss auf die Maßhaltigkeit der Verbundprofile, bzw. auf den Werkstofffluss hat. Aus diesem Grund untersuchten [SCH08b][KLO07][KLO11]den Einfluss der Führungsflächenlänge mit Hilfe parametrisierter Verbundstrangpressmodelle. Die Veränderung der Führungsflächenlänge ändert die Reibfläche am austretenden Profil und hat somit Einfluss auf den Werkstofffluss aus der Matrize [KLO11]. Das Modell ist in Bild 3.39 gezeigt.

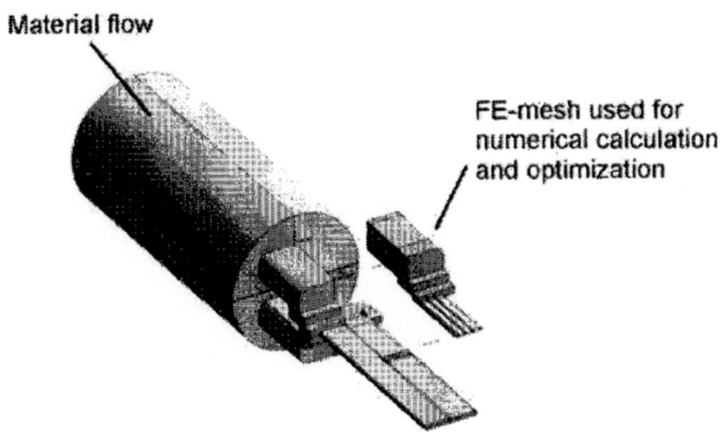

Bild 3.39:   Modell zur Untersuchung des Einflusses der Führungsflächenlänge [SCH08b]

Das Ergebnis der Optimierung zeigt Bild 3.40.

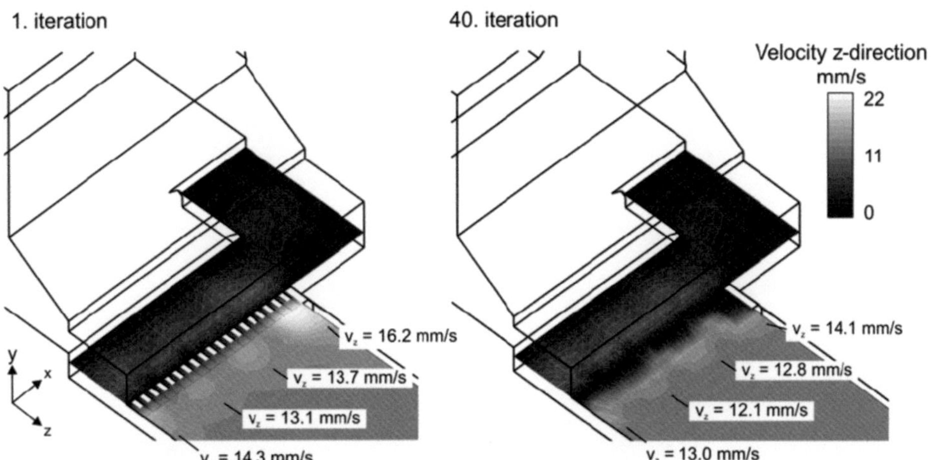

Bild 3.40:   Verbesserung der Homogenität des Geschwindigkeitsprofils am Profilaustritt durch optimierte Führungsflächenlänge [KLO07]

Im Vergleich zur ersten Iteration konnten die Inhomogenitäten im Werkstoffgeschwindigkeitsprofil am Austritt aus der Matrize geglättet werden, insbesondere die Geschwindigkeit am Rand des Profils, die dort zur Wellenbildung geführt hat, wurde reduziert. Damit reduziert die Erhöhung der Führungsflächenlänge eindeutig die Gefahr des Auftretens von inhomogenen Wandstärken durch eine Nivellierung des Werkstoffflusses.

Abschließend ist festzustellen, dass eine erfolgreiche Verbundstrangpresssimulation auf der korrekten Vorhersage der Spannungsverhältnisse bei der Fertigung, der korrekten Lage der Längspressnaht, d.h. der Lage der Verstärkungen im Profil und der Rückwirkung dieser Faktoren auf die Werkzeugentwicklung beruht. In allen Bereichen konnten in den letzten Jahren ausgehend vom Forschungsstand der konventionellen Strangpresssimulation wesentliche Fortschritte erzielt werden. Bild 2.41 zeigt eindrücklich, wie mit Hilfe der Längspressnahtsimulation und entsprechenden Werkzeuggeometriekorrekturen die Lage der Verstärkungen im Profil optimiert werden konnte.

4 Werkstofftechnische Aspekte des Verbundstrangpressens mit modifizierten Kammerwerkzeugen

Nachdem die werkstofflichen Randbedingungen der Verbundstrangpresstechnologie und für die Simulationsmodelle in den vorangegangenen Kapiteln bereits mit beleuchtet wurden, sollen in diesem Kapitel wesentliche Erkenntnisse zu den resultierenden Prozess-Gefüge-Eigenschafts-Beziehungen für mittels Verbundstrangpressen hergestellte Werkstoffe und Bauteile dargestellt werden. Obwohl es sich um das Hauptforschungsgebiet des Autors handelt, wurde der Übersichtscharakter der Arbeit nicht aufgehoben und wo immer sinnvoll, für Detailfragen auf veröffentlichte Arbeiten verwiesen.

4.1 Potenzielle Werkstoffsysteme

Aus den bereits vorgestellten Untersuchungen zur Technologie des Verbundstrangpressens und auf Basis der Ergebnisse der Strangpresssimulation lassen sich Randbedingungen ableiten, die hinsichtlich des Zieles, Profile mit hohem werkstofflichen Leichtbaupotenzial zu fertigen, eine systematische Werkstoffauswahl zulassen. [WEI05b][WEI06a][WEI07b] haben den Werkstoffauswahlprozess für das Verbundstrangpressen erarbeitet, dessen wesentliche Aspekte im Folgenden kurz ausgeführt werden sollen.

4.1.1 Auswahlindizes und Anforderungsprofil

Die leichtbaurelevanten Anforderungen äußern sich im Wunsch nach einem hohen spezifischen Elastizitätsmodul und einer hohen spezifischen Steifigkeit. Zur systematischen Werkstoffauswahl sind darüber hinaus Kenntnisse der anwendungsrelevanten Lastfälle zur Bestimmung der Werkstoffauswahlindizes von Nöten. Die von [WEI05b][WEI06a][WEI07b] gemachten vereinfachten Betrachtungen stützen sich auf die Lastfälle für einfache Zug-/Druckbeanspruchung ohne Berücksichtigung des Knickens – dafür lauten die Werkstoffindizes E/ρ und R_m/ρ bzw. R_{es}/ρ.

Diese Indizes gelten natürlich unabhängig vom Herstellprozess. Wie bereits geschildert, setzen dessen Prozessparameter jedoch Randbedingungen für die Werkstoffauswahl. Das Matrixmaterial sollte durch Strangpressen verarbeitbar sein, wobei eine

Wiederverschweißbarkeit des Matrixmaterials in der Schweißkammer gegeben sein muss. Die Strangpresstemperatur sollte dabei in einem Bereich liegen, der durch Warmarbeitsstähle noch abgedeckt werden kann. Typischerweise reduziert dies die Strangpresstemperaturen soweit, dass im Wesentlichen Aluminium- oder Magnesiumlegierungen zum Einsatz kommen können. Die Strangpressbarkeit der Legierung sollte gut sein, um die erforderlichen Pressdrücke per se klein zu halten, da diese beim Verbundstrangpressen durch den komplexen, mehrsträngigen Werkstofffluss und die auftretenden Reibkräfte ohnehin schnell ansteigen.

Da die Verstärkung umgelenkt werden muss, sollte die maximal erträgliche Biegespannung hoch sein, dies fordert nach [WEI06a] einen möglichst niedrigen Elastizitätsmodul und eine möglichst hohe Streckgrenze, was dem Leichtbauziel teilweise widerspricht. Gleichzeitig reduziert eine gewisse plastische Verformbarkeit die Gefahr des spontanen Versagens in der Schweißkammer, da auftretende hohe Kräfte durch plastische Deformation abgefangen werden können. Die zur Umlenkung notwendige Biegespannung ist auch mit dem Durchmesser korreliert: Hier erschwert ein hoher Durchmesser die Umlenkung des Drahtes bei gegebener Werkzeugpaketgröße, d.h. gegebenem Umlenkradius. Ein großer Durchmesser ist aber eigentlich erwünscht, da er das Niveau der über die Schubspannung in der Schweißkammer eingebrachten Kräfte reduziert und gleichzeitig den Verstärkungsgehalt im Profil erhöht, was dessen Leichtbaupotenzial wiederum steigert. Diesem Dilemma ist in letzter Konsequenz nur konstruktiv zu begegnen, indem der Biegeradius möglichst groß gewählt wird. Dieser Ansatz führte bei [PIE11] zur Entwicklung des in Bild 2.14 gezeigten Rezipienten mit Zuführbohrungen, was die Zuführradien steigern hilft und die Biegespannungen senkt.

Neben den leichtbaurelevanten Anforderungen, ergibt sich werkstoffkundlich gesehen noch das Problem der Eigenspannungen aus den unterschiedlichen thermischen Ausdehungskoeffizienten von Matrix und Verstärkung [WEI06a]. Durch den Zusammenhang zwischen Elastizitätsmodul und thermischer Ausdehnung kommt es bei einer mechanischen Versteifung durch Verstärkungen mit hohem Elastizitätsmodul zu einem „thermischen Mismatch" zwischen den Verbundkomponenten, der bei thermischen Belastungen im Betrieb oder bei der Herstellung, z.B. beim Abkühlen von der Umformtemperatur, zwangsweise zur Entwicklung thermischer Eigenspannungen führt. Dieses Problem hat [THE76] für die in Kapitel 5.1.1 vorgestellten Verbundstromschienen bereits abgeschätzt und kommt zum Schluss, dass diese sich auf einem unkritischen Niveau befinden. Geht man von mittels Verbundstrangpressen realisierbaren Verstärkungsgehalten aus, ist diese Behauptung global betrachtet sicherlich nicht falsch, es sind jedoch in der Nähe des Verstärkungselementes lokal hohe Eigenspannungen zu erwarten [WEI06a][SCH06a], die in der Größenordung der Streckgrenze der Matrix liegen. Insbesondere durch zyklische mechanische oder thermische Belastung (Wärmebehandlungen) ist dabei eine Umlagerung oder der Abbau von Eigenspannungen zu erwarten.

4.1.2   Ergebnis des Werkstoffauswahlprozesses

4.1.2.1   Matrixmaterialien für das Verbundstrangpressen

Für das Matrixmaterial sind gut extrudierbare Aluminium- und Magnesiumlegierungen prädestiniert. Idealerweise sollten sie wärmebehandelbar sein, um das Leichtbaupotenzial der Verbundprofile auch über die Festigkeit der Matrix einstellen zu können. Wo das nicht möglich ist, soll durch Kaltaushärten ein hinreichendes Festigkeitsniveau erreicht werden, wozu ggf. eine geringe Abschreckempfindlichkeit notwendig ist. Diese Überlegungen führten bei [WEI05b][WEI06a][WEI07b] zur Auswahl von Aluminium-Legierungen der 6XXX-Gruppe – im Speziellen zu den Legierungen EN AW-6060, EN AW-6063 und EN AW-6005A. Darüber hinaus wurden bei [HAM08a] [HAM09a] auch die Legierungen EN AW-6056 und EN AW-2099 untersucht. Diese erwiesen sich jedoch als deutlich schlechter verarbeitbar, was in diesem Fall die endkonturnahe Herstellung von Luftfahrtstringerprofilen mit den vorhandenen Versuchspressen vereitelte (vgl. Kapitel 5.2.2). Generell sind alle 6XXX-Legierungen gut geeignet, dazu gehört auch die Legierung EN AW-6082 (vgl. u.a. [HAM09b][MER09a][MER11b]). Nichtaushärtbare Legierungen, wie z.B. die 5XXX-Gruppe sind leichter zu fügen, da ohne Zusatzdraht schmelzschweißbar, was bei der Weiterverarbeitung eine Rolle spielen kann, das Leichtbaupotenzial ist jedoch mangels Wärmebehandelbarkeit geringer. Zudem ist das Schmelzschweißen im Falle von Verbundprofilen grundsätzlich nur einfach machbar, wenn die kombinierten Werkstoffe dies zulassen. Im Falle von Stahl und Aluminium ist dies heute nicht Stand der Technik.

Die Vielfalt an Magnesiumlegierungen für das Verbundstrangpressen ist aufgrund der schlechteren Umformbarkeit ohnehin schon eingeschränkt. [WEI06a] hat in Anlehnung an [SCH00] vor allem die Magnesium-Aluminium-Zink-Legierungen AZ 31, AZ61 und AZ80 als Kandidaten identifiziert. Auch ZK-Legierungen sind mögliche Kandidaten, jedoch für Hohlprofile schlecht geeignet [SCH00]. Die AZ-Legierungen werden nicht mehr weiter wärmebehandelt; unter den genannten bietet die Legierung AZ 31 die größte Profilgestaltungsfreiheit und ist daher zum Verbundstrangpressen am besten geeignet.

4.1.2.2 Verstärkungsmaterialien für das Verbundstrangpressen

Um überhaupt eine verstärkende bzw. versteifende Wirkung durch den Einsatz von Verstärkungselementen zu erreichen, sind der Elastizitätsmodul der Matrix und deren Streckgrenze Untergrenzen für die Kennwerte der Verstärkung. Hinsichtlich des Leichtbaus wurden die Materialindizes E/ρ und R_m/ρ bzw. R_{es}/ρ bereits identifiziert. Diese sollten auch für die Verstärkungselemente Gültigkeit besitzen. Hinzu kommt nach [WEI05b][WEI06a][LÖH04] aus den bereits dargestellten Überlegungen zur Umlenkung der Verstärkung der zu maximierende Index R_{es}/E. Wie Bild 4.1 zeigt, schränken diese Überlegungen das Suchgebiet auf Federstähle, Co- und Ni-Basis-Legierungen sowie technische Keramiken ein, wobei zu beachten ist, dass die angegebenen Festigkeiten für technische Keramiken sich auf Druckfestigkeiten beziehen, vergleichsweise hohe Kennwerte unter Zug findet man bei Keramiken lediglich in Form technischer Fasern – ohnehin ist nur diese Konfiguration interessant für die gewünschte Anwendung als Verstärkungselement. Vor allem Kohlenstoffasern versprechen einen großen Verstärkungseffekt, da bei einer Dichte von nur 1,8 g/cm³ Elastizitätsmoduln bis 600 GPa (High Modulus Fasern) bzw. Zugfestigkeiten bis zu 6 GPa (High Tensile Fasern) möglich sind [SAE70]. Für die metallischen Verstärkungselementwerkstoffe ergeben sich nach [LÖH04][WEI07b] [WEI06a] folgende Eigenschaftsprofile:

o Federharte Nickel- und Kobaltbasislegierungen besitzen sowohl bei Raumtemperatur als auch bei Strangpresstemperatur hohe Streckgrenzen und Zugfestigkeiten. Spannungsarmgeglühte Kobaltbasislegierungen bieten ein geringes Streckgrenzenverhältnis bei gleichzeitig hoher Zugfestigkeit und damit eine elastische Verformungsreserve, die die Zugspannungen beim Verbundstrangpressen hilft abzubauen.

o Austenitische Federstähle bieten ebenfalls hohe Streckgrenzen und Zugfestigkeiten bei Raumtemperatur, die erhalten bleiben, sofern die thermische Belastung beim Verbundstrangpressen nur kurzzeitig wirkt.

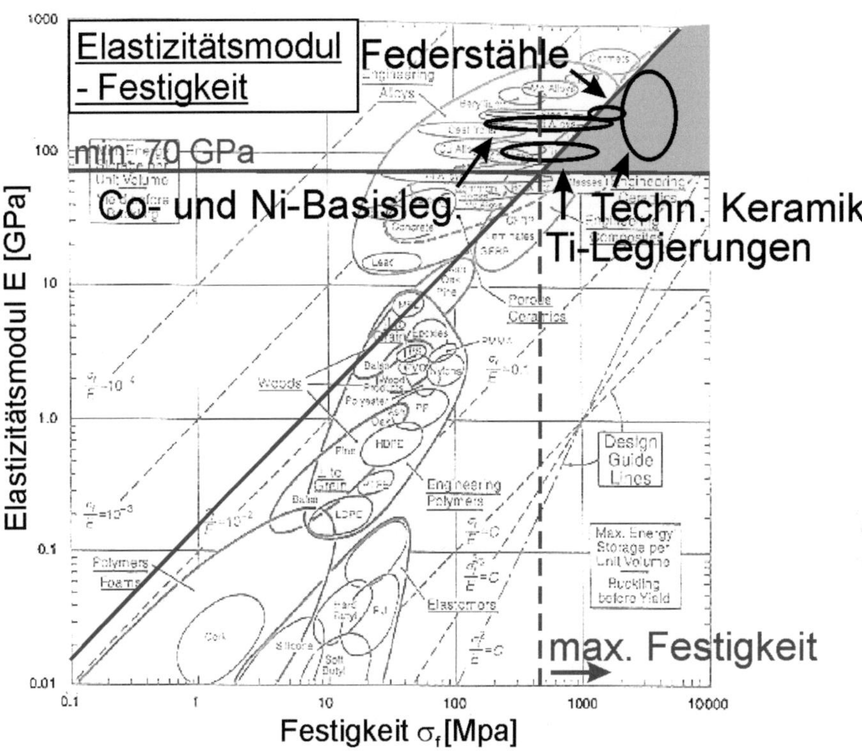

Bild 4.1:   Eigenschaftsdiagramm Elastizitätsmodul-Festigkeit mit dem Suchgebiet für Verstärkungselemente für das Verbundstrangpressen [WEI06a][LÖH04](vgl. auch [WEI05b])

Neben der Frage nach den Werkstoffeigenschaften stellt sich auch jene nach der Verfügbarkeit von Geometrien, die den Einsatz als Verstärkungselement zulassen. Wie bereits in Kapitel 2 gezeigt, bieten metallische Verstärkungen hier in Form von Seilen, Drähten oder Bändern eine große Vielfalt, um unterschiedliche Verstärkungsarten zu realisieren. Jedoch sind Drähte weithin am günstigsten zu haben. Für die keramischen Verstärkungen sind neben Faserbündeln auch Faserseile kommerziell erhältlich (vgl. Bild 2.33). In beiden Fällen ist die Verarbeitung beim Verbundstrangpressen jedoch nicht sinnvoll möglich, da die Faserbündel mangels Vorhandensein einer Schmelze nicht infiltriert werden können. Somit fehlt eine Lastübertragung zwischen den Fasern, was beim Verbundstrangpressen zum Abreißen der Faserbündel führt. Alternativ kann man hier vorinfiltrierte Verbunddrähte einsetzen (vgl. Kapitel 2.3.4.2), was jedoch im Vergleich zu den metallischen Drähten wiederum einen erhöhten Fertigungsaufwand darstellt, da sich der kritische Biegeradius deutlich erhöht [PIE08a][PIE08b].

4.2 Gefüge kontinuierlich verstärkter Profile

Bereits 1981 hat [FUR81] die Grenzfläche verbundstranggepresster Profile – in diesem Fall Verbundstromschienen – metallographisch untersucht. Es wurde festgestellt, dass im Lichtmikroskop keine Hinweise auf die Art der Anbindung des Stahlbandes an die Aluminiummatrix zu finden sind (vgl. Bild 4.2).

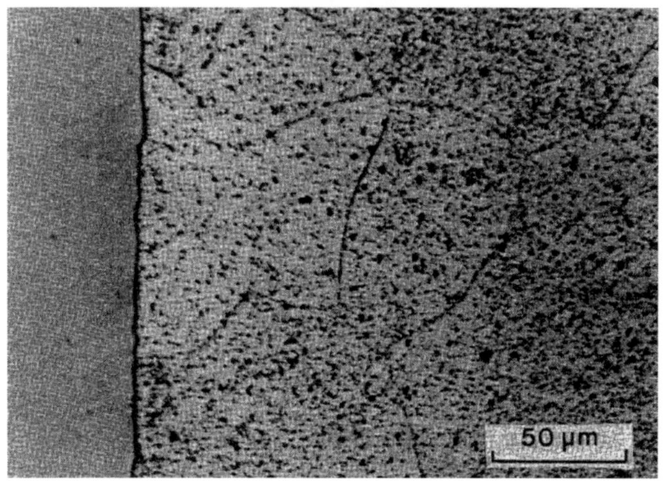

Bild 4.2: Gefüge an der Grenzfläche zwischen Stahlband und Aluminiumkörper in einer verbundstranggepressten Stromschiene [FUR81]

Die Ausbildung einer bei dieser Vergrößerung sichtbaren Verbindungszone ist auch nicht zu erwarten, da die Diffusionszone maximal 1-2 µm Breite besitzen sollte [FUR81]. Diese Größenordnung bestätigen von [WEI06a] gemachte Überlegungen, der die Diffusionswege für Eisen, Chrom, Nickel und Kobalt mit Hilfe der Einstein-Smoluchowski-Beziehung abgeschätzt und ein Maximum von rund 3 µm errechnet hat. Für Untersuchungen an draht-, seil- und verbunddrahtverstärkten Profilen gilt im Wesentlichen dasselbe [WEI06a]. Dazu zeigt Bild 4.3 eine Übersicht der Gefüge verschiedener Verbundstrangpressprofilsysteme auf Aluminiumbasis. Wie bereits in Bild 2.38 zu sehen, werden die in einem Seil vorhandenen inneren Hohlräume beim Verbundstrangpressen nicht gefüllt, weshalb die Lasteinleitung in die inneren Litzen nicht direkt form- oder stoffschlüssig von der Matrix sondern über Reibkräfte und teilweisen Formschluss (Seilschlag, Drall) innerhalb des Seiles erfolgt. Im Falle des Verbund-drahtes sind die Einzelfasern klar auszumachen, wohingegen der Volldraht keine sichtbaren Gefügemerkmale aufweist. In letzter Konsequenz hängt dies mit den unterschiedlichen Werkstoffen für Verstärkung und Matrix zusammen, die ein gleichzeitiges Anätzen der Matrix und der Verstärkung nicht zulassen.

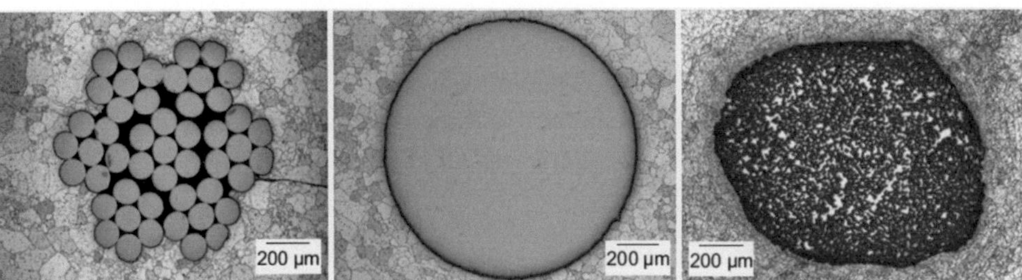

Bild 4.3:   Gefüge seil-, draht- und verbunddrahtverstärkter Strangpressprofile auf Basis der Matrixlegierung EN AW-6060 [WEI07b]

Teilweise ist zu erkennen, dass in der Nähe der Verstärkung die Korngröße reduziert ist. Dies ist wahrscheinlich auf die dynamische Rekristallisation beim Strangpressen zurückzuführen (vgl. [WEI06a][WEI07b]). Dieser Effekt ist im Längsschliff noch deutlicher zu erkennen [WEI08a], wie Bild 4.4 zeigt.

Bild 4.4:   Längsschliff an einem drahtverstärkten Profil (EN AW-6060 + 1 mm 1.4310) belegt Kornfeinung an der Grenzfläche zwischen Verstärkung und Matrix [WEI08a]

Ähnliche Verhältnisse bezüglich der Gefügeentwicklung finden sich auch in Verbundstrangpressprofilen mit Magnesiummatrix, wie die in Bild 4.5 gezeigten Gefügebilder von Profilen des Werkstoffsystems AZ31 + 1.4310 belegen. Links im Bild ist dabei die inhomogene Korngrößenverteilung in der Umgebung des Verstärkungselementes gut zu erkennen. Das Korn in unmittelbarer Nähe zu den Verstärkungselementen ist im Vergleich zu den einigen 100 µm vor allem im Bereich der Längspressnaht deutlich feiner [MER11b]. Werden Beschichtungen eingesetzt, sind entsprechende Artefakte, wie Diffusionszonen und Zwischenschichten auch im sonst unauffälligen Querschliff zu erkennen, hierzu sind in [WEI06a] einige Beispiele gezeigt. Dasselbe gilt für Verbunde, die entsprechenden Wärmebehandlungen nach dem Verbundstrangpressen selbst unterzogen werden. Dies zeigen Untersuchungen an Profilen aus den Matrixmaterialien EN AW-2099 und EN AW-6056, die mit Drähten auf Kobalt- bzw. Eisenbasis verstärkt wurden [WEI10a] (vgl. auch Bild 5.17). Diese Gefügeentwicklung ist jedoch nicht intrinsisch für den Verbundstrangpressprozess, sondern durch a) zusätzliche Schichten oder b) Wärmebehandlungen bedingt.

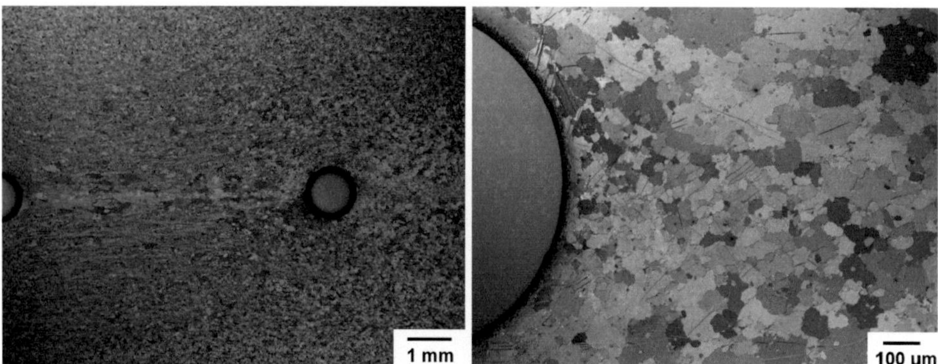

Bild 4.5:   Querschliff an einem drahtverstärkten Profil (AZ31 + 1 mm 1.4310) belegt Kornfeinung an der Grenzfläche zwischen Verstärkung und Matrix [MER11b]

Bei der Verwendung von Verbunddrähten gibt es neben der Grenzfläche zwischen Verbunddraht und umgebender Matrix auch eine Grenzfläche zwischen den Einzelfasern und der Verbunddrahtmatrix. Hierzu sind in Bild 4.6 zwei REM-Aufnahmen für Drähte mit Kohlenstoff- und Aluminiumoxidverstärkung gezeigt.

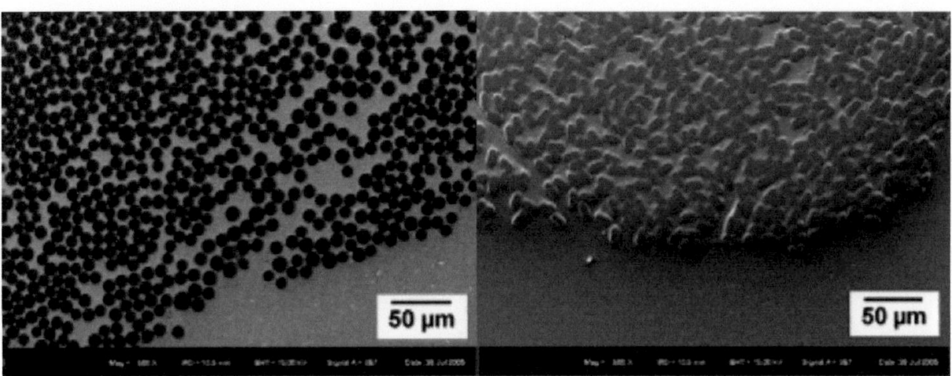

Bild 4.6:   REM-Aufnahmen von hybriden Verbunden mit keramischen Verstärkungen: C(Thormel25)-Fasern (links) und Al2O3(Nextel610)-Fasern an der Grenzfläche zwischen Verstärkung und Matrix (rechts) [WEI06a][WEI07b]

Für beide Fälle ist der Übergang zwischen Verbunddrahtmatrix und umgebender Matrix lediglich durch die Faserlage gekennzeichnet, was hinsichtlich der Tatsache, dass beide Verbunddrähte eine Aluminiummatrix besitzen und sich chemisch wenig von der umgebenden Matrix unterscheiden, nicht verwundert. Bei den Verbunddrähten mit Nextel 440-Fasern wurden im Draht große unverstärkte Bereiche und zahlreiche nicht infiltrierte Faser-Faser-Kontakte gefunden [MER08a]. Der Verbunddraht, der mit Nextelfasern des Typs 610 verstärkt war, weist hier die deutlich homogenere Mikrostruktur mit wenigen Infiltrationsfehlern auf (siehe Bild 4.7). TEM-Aufnahmen konnten für den Al_2O_3(Nextel610)-Verbunddraht bestätigen, dass auch zwischen den Fasern und der Verbunddrahtmatrix eine überwiegend intakte Grenzfläche vorhanden ist [WEI06a][WEI05a]. Der Unterschied in der Qualität der Mikrostruktur ist dabei vermutlich auf die Herstellmethode der Drähte zurückzuführen. Beim Draht mit Nextel 610-Fasern wurde der auch bei den anderen Drähten mit Nextel 440-Fasern verwendete kontinuierliche Gasdruckinfiltrationsprozess zusätzlich durch Ultraschalleinsatz unterstützt. Zudem ist der Draht mit den Nextel 610-Fasern ein kommerzielles Produkt, während der andere Verbunddraht aus einer Laboranlage stammte [MER08a]. Auch beim Kohlenstofffaserverbunddraht traten vereinzelt sichtbare Spalten und teils sogar größere Kavitäten im Verbunddraht auf [WEI06a] – ursächlich ist hier die schlechte Benetzung der Kohlenstofffasern durch das flüssige Aluminium bei der Infiltration. Dies ist hinsichtlich der alternativ auftretenden starken Reaktion zwischen Aluminium und Kohlenstoff das bei der Wahl der Infiltrationsparameter gewählte kleinere Übel.

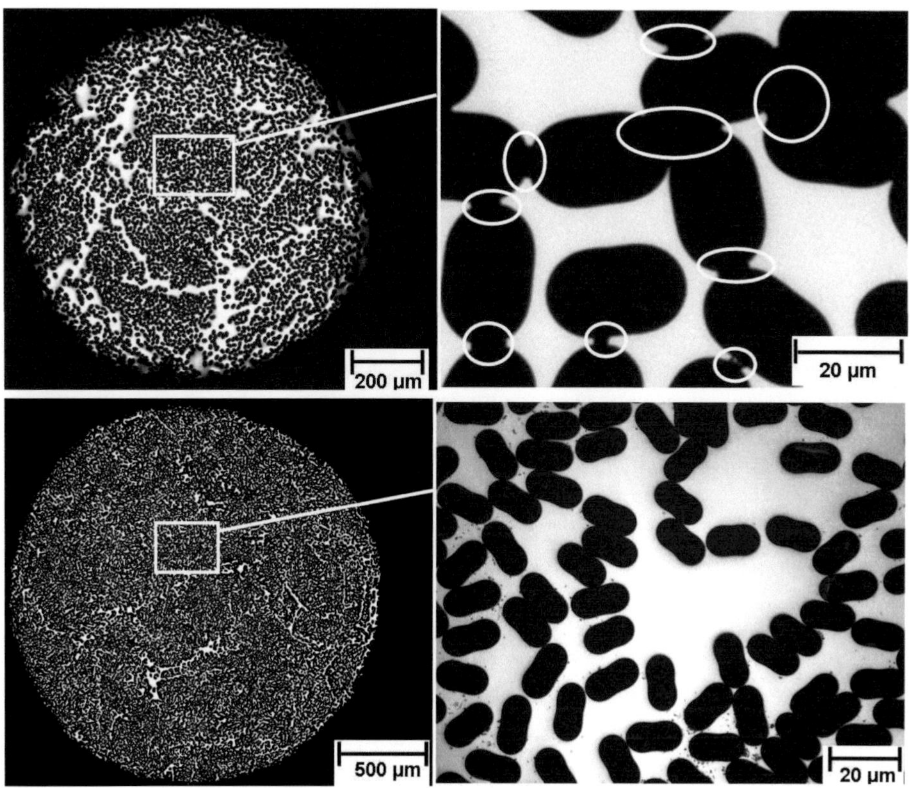

Bild 4.7: *Verbunddrähte mit Aluminiummatrix: Drähte mit Nextel 440-Fasern (oben) mit nicht infiltrierten Faserkontakten und Drähte mit Nextel 610 Fasern ohne sichtbare Infiltrationsfehler [MER09a] (vgl. auch [MER08a])*

Von [WEI06a][WEI07b] publizierte Untersuchungen am Werkstoffsystem Aluminium (im Speziellen EN AW-6060) und eisen-, nickel- bzw. kobaltbasierte Verstärkungselemente ergaben eine stoffschlüssige Verbindung zwischen den Verbundpartnern, die durch EDX-Untersuchungen im TEM belegt werden konnte.

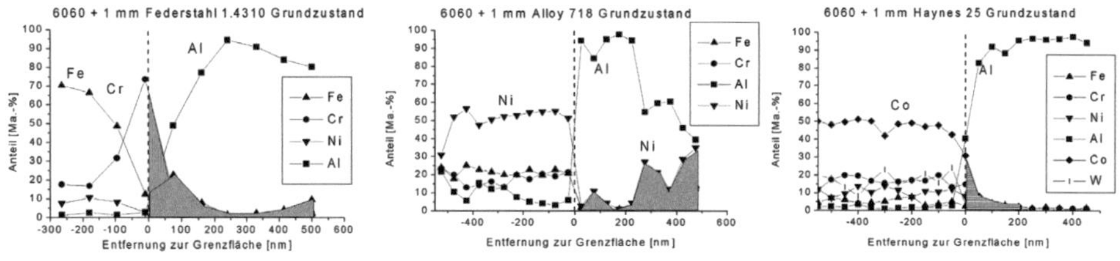

Bild 4.8: *EDX-Scans über die Grenzfläche in verschiedenen Verbunden vom Verstärkungselement in die Matrix, Diffusionszonen sind grau gekennzeichnet [WEI07b][WEI06a]*

116

In allen Fällen wurde nachgewiesen, dass einzelne Elemente aus den Verstärkungselementen in die Aluminiummatrix eindiffundierten, wie Bild 4.8 zeigt. Weiters wird
diese Annahme durch die Ergebnisse der quantitativen Grenzflächenuntersuchungen
gestützt (vgl. Kapitel 4.3.2). Bei Verbunden des Typs EN AW-6060 + 1.4310 wurden in
Übereinstimmung mit [THE76][WAG83] auch eisen-, aluminium- und chromhaltige
Partikel nachgewiesen.

Auch eine zusätzliche Verstärkung der Matrix mit Partikeln ist beim Verbundstrangpressen mit modifizierten Kammerwerkzeugen möglich, diese Variante des Verbundstrangpressens und die zugehörigen Gefügeuntersuchungen sind in Kapitel 2.3.6.2
und bei [WEI07a] dokumentiert.

Selbstverständlich führen auch Prozessinstabilitäten zu entsprechenden Gefügearte-
fakten wie abgerissenen Verstärkungen, Kavitäten durch nicht geschlossene Längspressnähte oder unzureichende Verbundbildung. Auf eine entsprechende Darstellung
wird an dieser Stelle jedoch verzichtet, da diese Gefügezustände im Falle des stabilen
Verbundstrangpressprozesses nicht auftreten. Entsprechende Gefügedokumentatio-
nen finden sich jedoch in Kapitel 2.3.4 und in [SCH07c] sowie [WEI06a].

4.3 Grenzflächeneigenschaften

Entscheidend für die Leistungsfähigkeit des Verbundes ist letztendlich die Anbindung
der Verstärkung an die Matrix. Nach [WEI07b] können zur Verbesserung der Lastübertragung das Beschichten der Drähte mit haftvermittelnden Schichten (vgl.
[TIL05]), ein Formschluss (vgl. den Einsatz von Seilen) oder eine Aktivierung der Oberfläche durch mechanische bzw. chemische Vorbehandlungen zum Einsatz kommen.
Dazu wurde ja bereits von [THE76] postuliert, dass im System Aluminium-Stahl mit
einem stoffschlüssigen Verbund zu rechnen ist. Die dabei eingesetzten „mechanischen und chemischen Vorbehandlungen" [FUR81][THE76][WAG83] wurden in den
betreffenden Veröffentlichungen allerdings nicht näher spezifiziert. Diesem Vorschlag
von [THE76] folgend führte u.a. [WEI06a] entsprechende Vorbehandlungen durch,
um die Grenzflächeneigenschaften zu beeinflussen. Die wesentlichen Ergebnisse sind
in diesem Kapitel dargestellt. Dabei liegt ein Schwerpunkt auf der Frage nach der
quantitativen Beschreibung der Grenzflächeneigenschaften, d.h. zum einen der Anbindung zwischen Verstärkung und Faser aber auch der Entwicklung von Eigenspannungen an der Grenzfläche, die sich unter anderem aus den Unterschieden im ther-

mischen Ausdehnungskoeffizienten bereits beim Abkühlen des Verbundes bei der Fertigung entwickeln.

4.3.1 Ansätze zum Grenzflächendesign

4.3.1.1 Beschichtungen

[WEI07b] hat Ergebnisse zu Grenzflächenuntersuchungen am System EN AW-6060 + 1.4310 veröffentlicht. Die Drähte mit einem Durchmesser 1 mm wurden galvanisch durch Lichtbogenspritzen (vgl. [TIL05]) mit Zink bzw. stromlos mit Nickel beschichtet. [WEI06a] hat auch AlSi12 als Beschichtung verwendet, die Schichten wurden hier ebenfalls durch Lichtbogenspritzen aufgebracht [TIL05].

Metallographische Untersuchungen der eingebetteten Drähte haben gezeigt, dass insbesondere die lichtbogengespritzten Schichten starke Unregelmäßigkeiten aufwiesen. Am Beispiel der Zinkbeschichtungen ist ein direkter Vergleich zu galvanisch abgeschiedenen Schichten möglich (siehe Bild 4.9) und zeigt, dass die gespritzte Schicht im Verbund stärkere Schädigungen aufweist. Beste Ergebnisse hinsichtlich der Schichtqualität wurden beim galvanischen Vernickeln erzielt. Eine solche Beschichtung erscheint werkstofftechnisch interessant, da Nickel in Aluminium beim Verbundstrangpressen tief eindiffundiert, wie Bild 4.8 belegt, und so einen verbesserten Stoffschluss vermuten lässt.

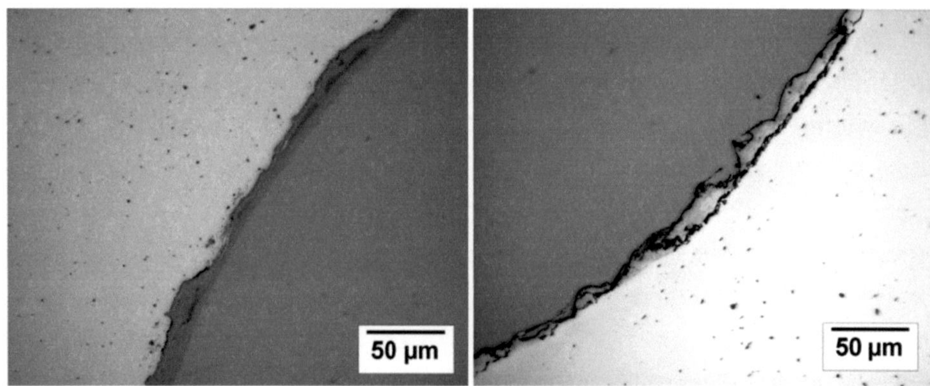

Bild 4.9: Verbund mit zinkbeschichteten Federstahldrähten: galvanische Verzinkung (links), Verzinken durch Lichtbogenspritzen (rechts) [WEI06a]

Hinsichtlich der Prozessstabilität beim Verbundstrangpressen sind Beschichtungen ambivalent zu bewerten. Zunächst besteht die Möglichkeit, dass die Schichten als

Gleitmittel wirken und die auf das Verstärkungselement wirkende Zugspannung reduzieren. Die in Kapitel 2 an mehreren Stellen erwähnte Verwendung von Bornitrid war in diesem Zusammenhang zumindest teilweise zielführend.

Bild 4.10:   Ablösung der Drahtbeschichtung am Zuführkanal führt zum Abriss der Verstärkung [SCH07c]

Die von [WEI06a] untersuchten Beschichtungen besitzen jedoch den Vorteil, dass sie werkstoffkundlich nicht schädigend wirken sollten, da sie den Verbund an der Grenzfläche nicht wie das Bornitrid verhindern, sondern fördern sollen. Nachteilig für die Prozesstechnik ist jedoch, dass die Schichten beim Zuführen teilweise abgerieben werden, was von [SCH07b][SCH07c] beobachtet wurde. Der Abrieb blockierte die Verstärkungen in den Zuführkanälen, woraufhin die Drähte abrissen. Diesem Problem wäre nach [SCH07c] konstruktiv zu begegnen, indem Kanten und Übergänge in den Zuführkanälen entsprechend gestaltet werden.

4.3.1.2   *Mechanische und chemische Vorbehandlungen*

[WEI07b] und [WEI06a] verwendeten die mechanischen Oberflächenbearbeitungsverfahren Schleifen und Sandstrahlen sowie als chemische Vorbehandlung das Beizen mit Edelstahlbeize, da die Versuche an Drähten aus Federstahl 1.4310 durchgeführt wurden. Bild 4.11 zeigt Aufnahmen von den Oberflächenzuständen nach verschiedenen Vorbehandlungen im Vergleich mit dem unbehandelten Draht nach dessen Reinigung mit Aceton, um oberflächliche Verunreinigungen aus dem Fertigungsprozess zu beseitigen.

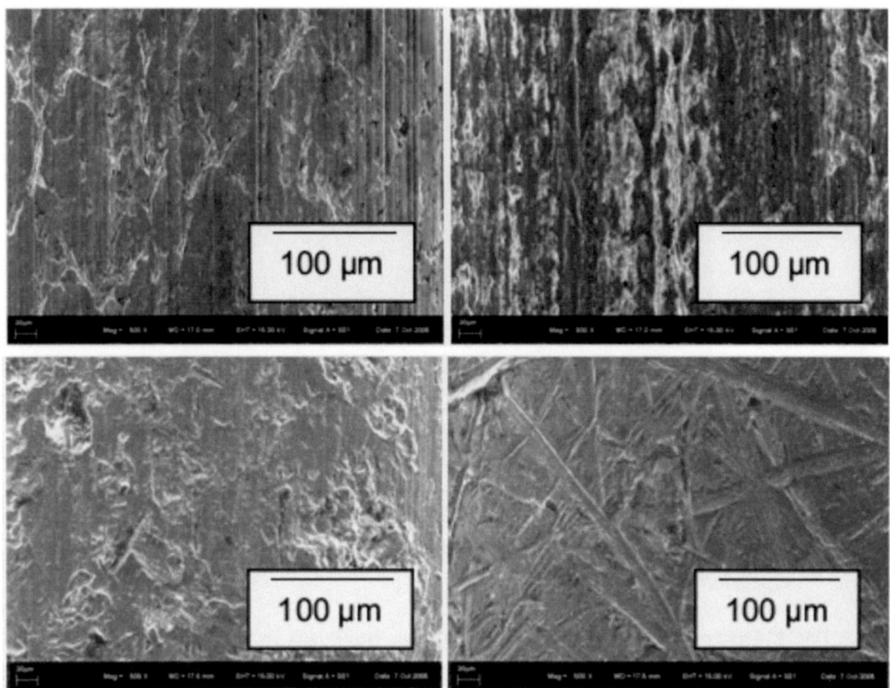

Bild 4.11:   Oberflächenzustand vorbehandelter Drähte: Grundzustand, gebeizt, sandgestrahlt, geschliffen (v.l.o.n.r.u.)[WEI07b] (vgl. auch [WEI06a])

[WEI06a] hat die Oberflächenzustände durch Messungen der Rauheit auch quantitativ beschrieben, die Ergebnisse sind in Tabelle 4.1 zusammengefasst.

Tabelle 4.1:   Rauheitswerte vorbehandelter Drahtoberflächen nach [WEI06a]

Verstärkungselement (Draht, Ø 1 mm)	Vorbehandlung	Mittenrauwert Ra [μm]	Gem. Rautiefe Rz [μm]
Federstahl 1.4310	Grundzustand	0,114	0,651
Federstahl 1.4310	geschliffen	0,725	3,494
Federstahl 1.4310	gebeizt	0,540	2,142
Federstahl 1.4310	sandgestrahlt	0,346	2,180

4.3.2   Quantitative Bestimmung der Grenzflächeneigenschaften

4.3.2.1   Untersuchungen zur Grenzflächenscherfestigkeit

Zur quantitativen Bestimmung der Grenzflächenscherfestigkeit werden in der Literatur mehrere Verfahren vorgeschlagen. [FUR81][WAG83] untersuchten die Grenzflächenscherfestigkeit in verbundstranggepressten Stromschienen mit einer in Bild 4.12 gezeigten Prüfapparatur. Ergebnisse der Untersuchungen sind in Kapitel 5.1.1 dargestellt.

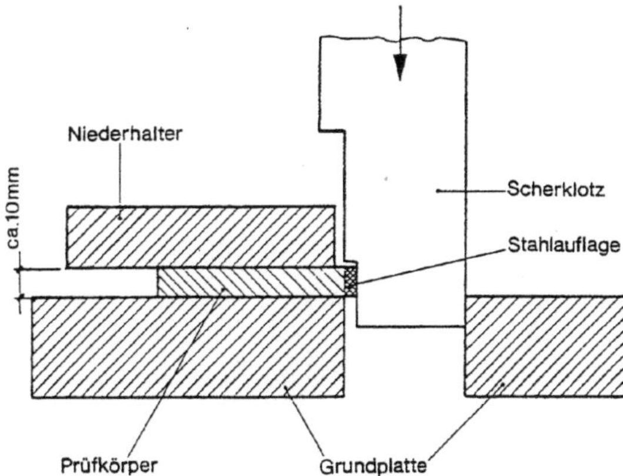

Bild 4.12:   Von [WAG83][FUR81] verwendeter Prüfaufbau zur Bestimmung der Grenzflächenscherfestigkeit in Strangpressverbunden

Bei drahtverstärkten Verbunden ist dieses Verfahren jedoch kaum zu verwenden, da die Präparation einer makroskopischen Scherprobe mit einer definierten Grenzfläche nur schwer möglich ist. Der von [SCH06a] angewandte Auszugsversuch an Vergleichsproben (vgl. Kapitel 3.2.3), die im Pressschweißverfahren gefertigt wurden, ist für kontinuierlich verstärkte Verbundstrangpressprofile nicht anwendbar, da die Verstärkung über die ganze Länge innenliegend ist und daher die Probenpräparation ein teilweises Freilegen der Verstärkung erfordert, wobei ein Einfluss auf die Grenzfläche nicht ausgeschlossen werden kann. Gleichzeitig handelt es sich auch nicht um ein absolutes Verfahren, da die Fläche der Grenzfläche nicht quantitativ bestimmt werden kann. Auch relatives Vergleichen der Messwerte ist nicht zuverlässig möglich, da die Grenzflächengröße schwankt. Der Autor schlug daher in mehreren Veröffentlichungen ([WEI05c][WEI05d][WEI06b][WEI06a][MER08b]) vor, den von [MAR84] vorgestellten Push-out-Test zur Bestimmung der Grenzflächenscherfestigkeit in faserverstärkten Keramiken auf die Charakterisierung drahtverstärkter Profile zu übertragen. Das Funktionsprinzip und der schematische Verlauf der Last-Eindring-Kurve ist in Bild 4.13 gezeigt.

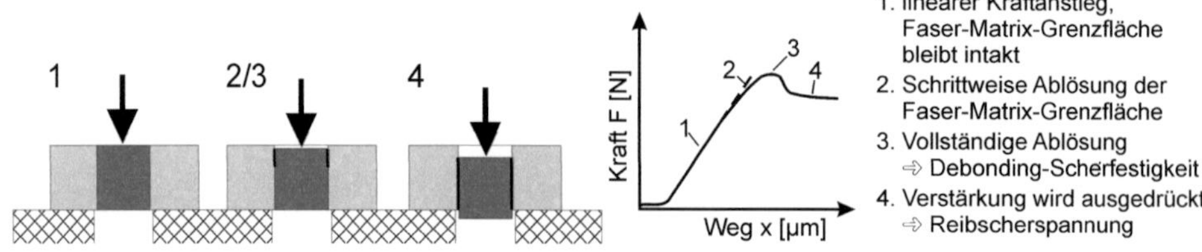

Bild 4.13:   Funktionsprinzip und schematische Last-Eindring-Kurve eines Push-out-Tests nach [JAN95] (vgl. auch [WEI05c][WEI05d][WEI06b])

Dieses Verfahren hat gegenüber den anderen diskutierten den Vorteil der einfachen Probenpräparation und der einfachen Durchführbarkeit. Nachteilig ist sicherlich die nicht immer korrekte Vernachlässigung der Querdehnung des Drahtes, der eine zusätzliche Normalspannungskomponente liefert.

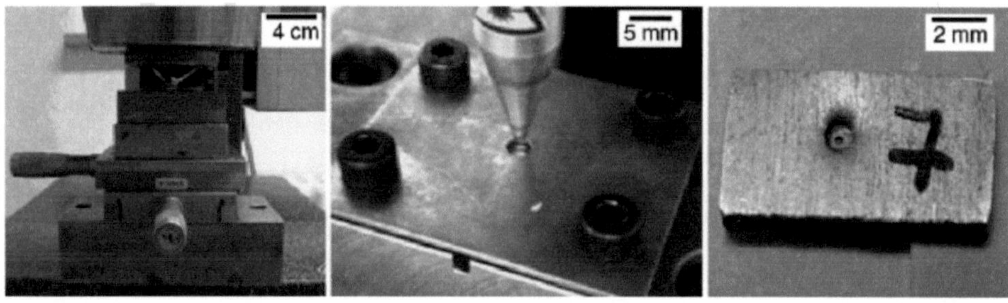

Bild 4.14:   Versuchsaufbau für den Push-out-Test an drahtverstärkten Verbunden [WEI06b]

Aus dem Maximum der Last-Eindring-Kurve (vgl. Bild 4.13), der vorab bestimmten Probenhöhe h und dem Durchmesser der Verstärkung d wird über den Zusammenhang

$$\tau_{max} = \frac{F_{max}}{\pi dh} \qquad (4.1)$$

die Grenzflächenscherfestigkeit bestimmt. Der Autor entwarf den in Bild 4.14 abgebildeten Versuchsaufbau, der in den bereits aufgeführten Veröffentlichungen genauer beschrieben wird.

Tabelle 4.2:   Von [WEI07b] mittels Push-out-Test charakterisierte Probenvarianten (s.a. [WEI05d][WEI05c][WEI06b])

Proben-variante	Verstärkung (Draht, Ø 1 mm)	Vorbehand-lung	Wärmebehand-lung	Stempelgeschwindig-keit
F1	Federstahl 1.4310	Grundzustand	T4	1 mm/s
F2	Federstahl 1.4310	Geschliffen	T4	1 mm/s
F3	Federstahl 1.4310	Gebeizt	T4	1 mm/s
F4	Federstahl 1.4310	Sandgestrahlt	T4	1 mm/s
F5	Federstahl 1.4310	Grundzustand	T4	0,5 mm/s
F6a	Federstahl 1.4310	Grundzustand	T6 nach erneutem Lösungsglühen	1 mm/s
F6b	Federstahl 1.4310	Grundzustand	T6	1 mm/s
F7	Federstahl 1.4310	zinkbeschich-tet durch Lichtbogen-spritzen	T4	0,5 mm/s
F8	Federstahl 1.4310	Galvanisiert (Zn)	T4	0,5 mm/s
F9	Federstahl 1.4310	Vernickelt	T4	0,5 mm/s
C1	Haynes 25	Grundzustand	T4	1 mm/s
C2	Haynes 25	Geschliffen	T4	1 mm/s
N1	Inconel 718	Grundzustand	T4	1 mm/s
N2	Inconel 718	Geschliffen	T4	1 mm/s

Es wurden zahlreiche Probenvarianten untersucht, um die optimalen Herstellparameter und Vorbehandlungen sowie eventuelle Einflüsse von Wärmebehandlungen zu charakterisieren. An dieser Stelle soll Tabelle 4.2 einen Überblick über die wichtigsten von [WEI07b] vorgestellten Probenvarianten geben. In allen Fällen wurde als Matrixmaterial die Legierung EN AW-6060 eingesetzt. Die Proben wurden Verbundprofilen der Geometrie 56x5 mm² (vgl. Tabelle 2.3) entnommen. Es wurden je Zustand mindestens 10 Proben getestet, um eine statistisch abgesicherte Messung zu erhalten, die Darstellung erfolgte dann in Anlehnung an [FUR81] mittels Gauß'scher Glockenkurven, um Mittelwert und Streubreite zu visualisieren. Für die unterschiedlichen Vorbehandlungen und Beschichtungen sind die Ergebnisse der Messungen der Grenzflächenscherfestigkeit in Bild 4.15 zusammengefasst.

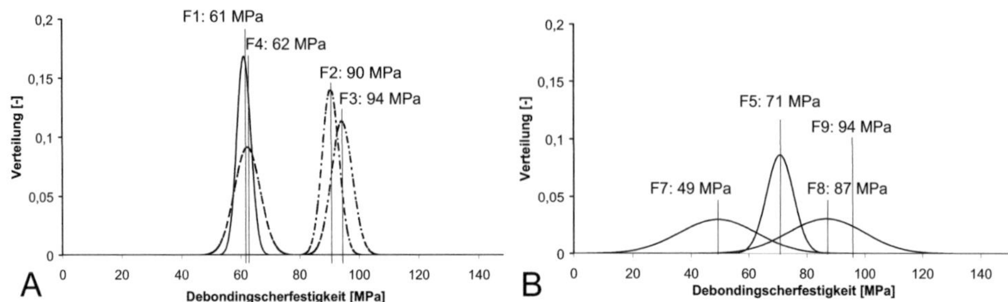

Bild 4.15:   Gaußkurven der Grenzflächenscherfestigkeiten von federstahldrahtverstärkten Verbunden mit unterschiedlichen Vorbehandlungen (A) und Beschichtungen (B) [WEI07b]

Dazu ist festzustellen, dass Schleifen und Beizen die Scherfestigkeit der Grenzfläche um rund 50 % steigert, während Sandstrahlen keine wesentliche Verbesserung zur Folge hat. [WEI07b] führte dies auf eine unzureichende Entfernung der Passivschicht des Federstahldrahtes zurück. Für die Beschichtungen ist festzuhalten, dass vor allem Nickelschichten die Grenzflächenscherfestigkeit steigern, diese sind sowohl bei F8 als auch F9 vorhanden – bei ersterer Variante jedoch nur als Haftvermittler für die Zinkschicht, die – wie auch F7 belegt – hinsichtlich des Werkstoffsystems keinen Vorteil bietet. Bild 4.9 belegte hier bereits das Vorhandensein von Rissen an der Grenzfläche des Verbundes. Generell steigern nur elektrochemisch aufgebrachte Schichten die Grenzflächenscherfestigkeit, da sie eine gute Haftung zum Federstahldraht besitzen. Insbesondere bei thermisch gespritzten Schichten traten ja die bereits in Bild 4.10 dokumentierten Probleme bei der Zuführung auf, die zu Prozessinstabilitäten führten. Im Vergleich zu den vorbehandelten Drähten wird jedoch durch Beschichtungen bei einem fertigungstechnischen Mehraufwand keine wesentliche Verbesserung der Grenzflächenfestigkeit erzielt.

Bild 4.16 illustriert die Ergebnisse für die Untersuchungen an verschiedenen Verstärkungselementmaterialien und den Einfluss verschiedener Wärmebehandlungen oder Herstellparameter.

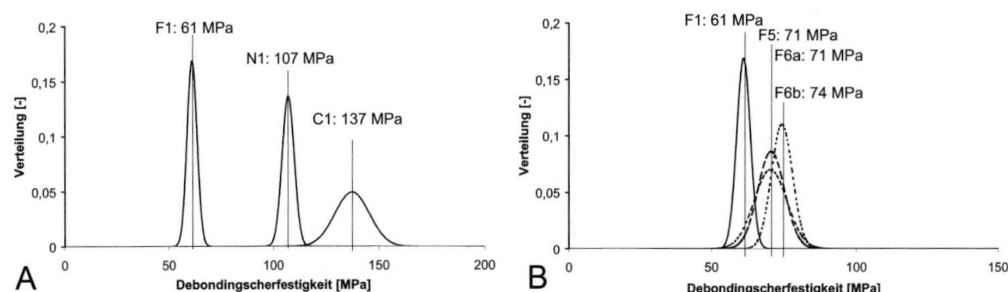

Bild 4.16:   Gaußkurven der Grenzflächenscherfestigkeiten von nickel- und kobaltbasisdrahtverstärkten Verbunden (A) und von Verbunden mit unterschiedlichen Wärmebehandlungen und Herstellparametern (B)[WEI07b]

Verbunde mit Verstärkungsdrähten aus Nickel- oder Kobaltbasislegierungen erreichen Grenzflächenscherfestigkeiten in der Größenordnung der Scherfestigkeit der Verbundmatrix EN AW-6060, was nach [WEI07b][WEI06a] einen durchgängigen stoffschlüssigen Verbund belegt. In Kapitel 4.2 wurde ja bereits gezeigt, dass alle drei Werkstoffsysteme prinzipiell das Potenzial zum Stoffschluss aufweisen. Quantitativ ist die Verbundgüte jedoch unterschiedlich. Für den Fertigungseinfluss hat [WEI07b] festgehalten, dass alle getroffenen Maßnahmen, d.h. sowohl eine Reduzierung der Pressgeschwindigkeit (F5) als auch eine nachfolgende Wärmebehandlung auf Zustand T6 mit (F6a) oder ohne (F6b) Zwischenglühung bei 450 °C zu einer leichten Steigerung der Grenzflächenscherfestigkeit um ca. 10 MPa führen. Dies lässt sich nach [WEI07b] einerseits durch eine längere Verweildauer bei höheren Temperaturen sowohl beim Strangpressen direkt als auch anschließend erklären, was dem Verbundsystem mehr Zeit zur Diffusion und der damit verbundenen Festigkeitssteigerung durch Mischkristall- und Ausscheidungsbildung lässt. Dieser Effekt wird überlagert durch die Steigerung der Scherfestigkeit des Matrixmaterials durch die Wärmebehandlung, was konsequenterweise auch die Grenzflächenscherfestigkeit erhöht, sofern keine Ausscheidungen gebildet werden, die die Haftung gravierend verschlechtern. [MER11b] hat für das Werkstoffsystem EN AW-6082 + 1.4310 ebenfalls einen Einfluss der Wärmebehandlung auf die Grenzflächenscherfestigkeit feststellen können. Der Kennwert stieg von 73 MPa (T4) auf rund 104 MPa (T6), d.h. um rund 42 %. Dieser Anstieg ist deutlicher als er für die Legierung EN AW-6060 beobachtet wurde, entspricht aber dem Anstieg der Zugfestigkeit der Matrixlegierung EN AW-6082, die durch die Wärmebehandlung um rund 43 % zunahm [MER11b].

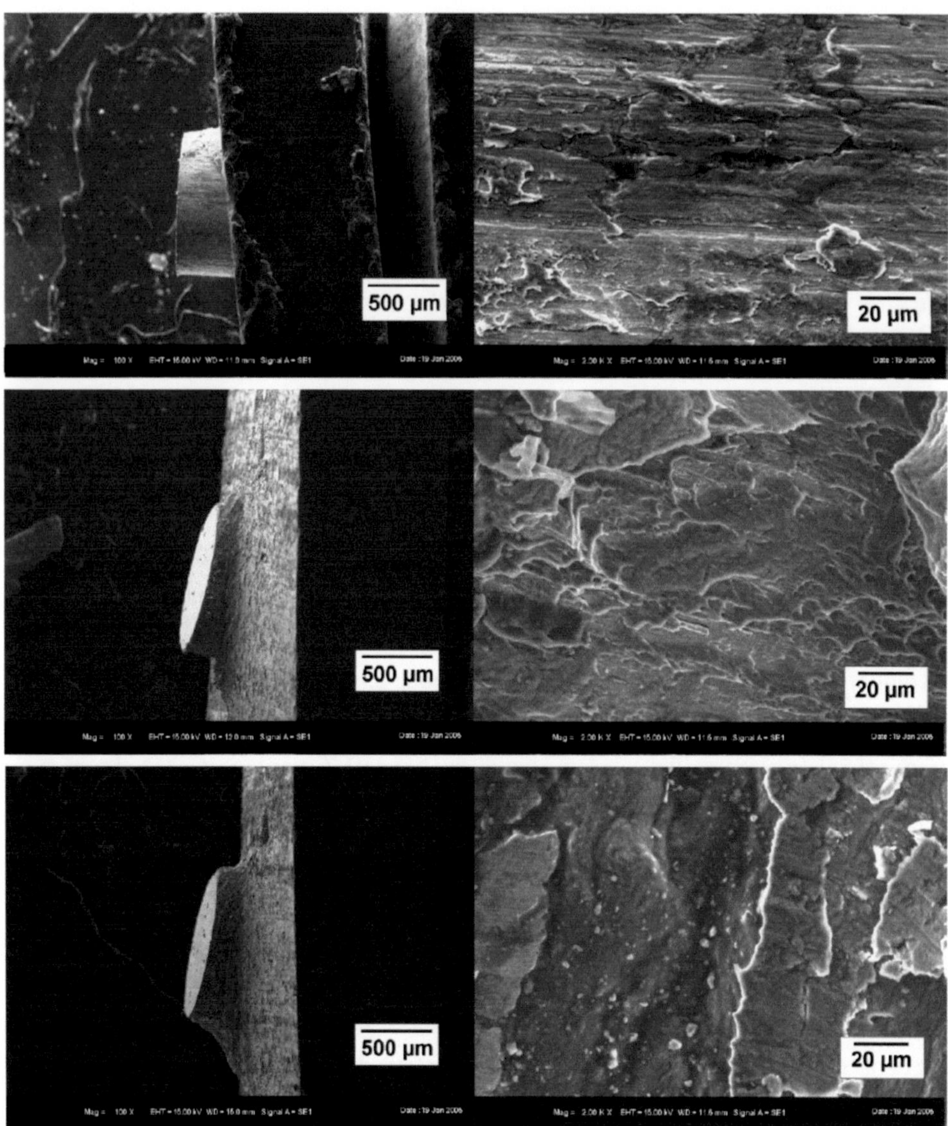

Bild 4.17: Fraktographische Untersuchungen im REM an Proben des Typs F1, N1 und C1 nach erfolgtem Push-Out-Test [WEI06a]

Diese Unterschiede in den gemessenen Grenzflächenscherfestigkeiten lassen sich durch fraktographische Untersuchungen untermauern. Am Deutlichsten wird der Unterschied beim Vergleich der Zustände F1, N1 und C1, der in Bild 4.17 dargestellt ist.

Es ist offensichtlich, dass die Steigerung der Grenzflächenscherfestigkeit mit einer zunehmenden Belegung des ausgedrückten Drahtes mit Aluminium einhergeht. Diese

Belegung findet sich allerdings schon bei der Variante F1 in schwächerer Ausprägung. Damit ist belegt, dass alle drei Verstärkungswerkstoffe einen stoffschlüssigen Verbund bilden – lediglich die Qualität ist unterschiedlich. [WEI06a] hat gezeigt, dass dies auch für alle anderen Verbunde mit EN AW-6060-Matrix gilt. Eine steigende Grenzflächenscherfestigkeit ist damit stets mit einer stärkeren Ausprägung des Verbundes an der Grenzfläche korreliert. Die von [FUR81] dokumentierten intermetallischen Ausscheidungen siehe Bild 4.18) auf der Verstärkungsoberfläche (bei [FUR81] ein Stahlband) konnten jedoch bei den Verbunden mit einer Verstärkung aus 1.4310-Drähten nicht beobachtet werden. Lediglich bei den Verbunden vom Typ C1 sieht man in Bild 4.17 ähnliche Partikel.

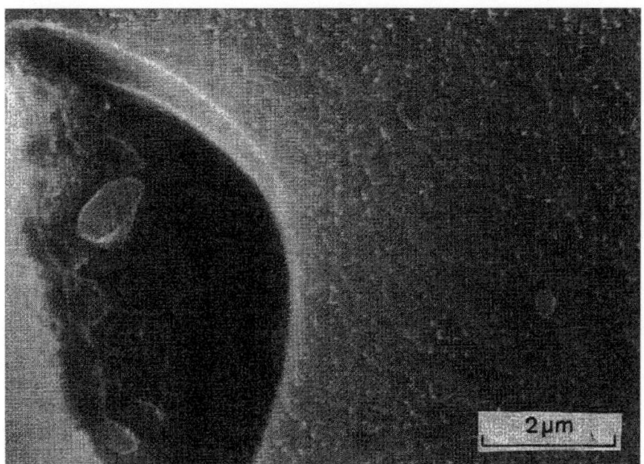

Bild 4.18:   Intermetallische Phasen auf einem abgelösten Stahlband einer
*   Verbundstromschiene [FUR81]*

Eine ausführliche Diskussion der Ergebnisse – insbesondere der Abgleich mit den fraktographischen Untersuchungen – findet sich bei [WEI05c][WEI05d][WEI06b] [WEI06a].

[MER09a] hat Ergebnisse zu Push-out-Versuchen an weiteren Werkstoffsystemen veröffentlicht, diese sind teils mit den bereits vorgestelllten in Tabelle 4.3 zusammengefasst. Dabei fällt auf, dass nicht nur die Wahl des Matrixmaterials, sondern insbesondere die Profilgeometrie Einfluss auf die Grenzflächenscherfestigkeit hat. Dies ist nach [MER09a] in letzter Konsequenz auf das Pressverhältnis zurückzuführen. Eine Steigerung desselben erhöht auch die Grenzflächenscherfestigkeit, wie vor allem die Untersuchungen an der Magnesiumlegierung AZ31 belegen. Nach den in Kapitel

3.2.2 vorgestellten Überlegungen zur Verbundentstehung, ist dies eine sinnvolle Erklärung für das Phänomen. Hinsichtlich des Matrixmaterials sind die Einflüsse ebenfalls leicht nachzuvollziehen – für Verbunde auf Basis EN AW-6082 ist alleine schon wegen der höheren Grundfestigkeit der Matrix (vgl. Kapitel 4.4.2.2) eine höhere Debonding-Scherfestigkeit als bei EN AW-6060 zu erwarten.

Tabelle 4.3: *Einfluss der Profilgeometrie und des Matrixmaterials auf die Grenzflächenscherfestigkeit federstahldrahtverstärkter Verbunde (Daten teilweise aus [MER09a][WEI06a][HAM09b][MER11a])*

Matrix	Verstärkung (Draht, Ø 1 mm)	Profilgeometrie [mm²]	Pressverhältnis	Grenzflächenscherfestigkeit [MPa]
EN AW-6060	Federstahl 1.4310	56x5	60:1	61
EN AW-6060	Federstahl 1.4310	40x10	42:1	52
EN AW-6082	Federstahl 1.4310	40x10	42:1	73
EN AW-6056	Nivaflex 2.4782	Z-Profil	19:1	132
EN AW-2099	Nanoflex X2CrNiMo12-9-4	Z-Profil	19:1	100
AZ31	Federstahl 1.4310	40x10	22:1	42
AZ31	Federstahl 1.4310	20x5	34:1	74

Anm.: Die Unterschiede im Pressverhältnis zwischen Aluminium- und Magnesiumlegierungen bei gleichem Profilquerschnitt sind auf abweichende Rezipientendurchmesser zurückzuführen.

Auch für die verbunddrahtverstärkten Systeme wurden Betrachtungen zur Grenzflächenscherfestigkeit angestellt. [WEI06a] führte hierbei Untersuchungen an den bereits vorgestellten Verbunden auf Basis der Kohlenstofffaser Thornel 25 und solchen mit Verstärkungen aus Aluminiumoxidfasern Nextel 610 durch. Bei [MER08a] sind auch Ergebnisse für Profile gezeigt, die mit Fasern des Typs Nextel 440 verstärkt wurden. Das Matrixmaterial der Profilmatrix war in allen Fällen EN AW-6060. [WEI06a] beschränkte sich auf die Prüfung der Grenzfläche zwischen dem Verbunddraht und der umgebenden Matrix aus EN AW-6060 und stellte fest, dass hier Grenzflächenscherfestigkeiten von 84 MPa und beim Kohlenstofffaserverbund von rund 45 MPa erreicht werden. Diese Werte liefern jedoch allenfalls eine grobe Abschätzung, da die Größe der Grenzfläche nicht exakt erfasst werden kann.

Bild 4.19:   Fraktographische Untersuchungen im REM an Proben mit Al2O3(Nextel610)-Faserverstärkung (links) und C(Thornel25)-Faserverstärkung (rechts) nach Push-Out-Test [WEI06a]

Die schlechtere Anbindung für den Kohlenfaserverbund konnte jedoch auch mit Hilfe von fraktographischen Untersuchungen belegt werden. Im Kohlenstofffaserverbund kommt es zum Abgleiten ganzer Faserbüschel aneinander, was für eine vergleichsweise geringe Haftung spricht. Bild 4.19 zeigt im Vergleich Aufnahmen der von [WEI06a] untersuchten Verbunde.

[MER08a] führte an Verbunden mit Nextel610 Fasern auch Pushout-Tests auf Faserebene durch. Er ermittelte mit einem Mittelwert von 86 MPa einen Wert, der dem von [WEI06a] auf Verbunddrahtebene bestimmten Wert sehr nahe kommt (vgl. Bild 4.20).

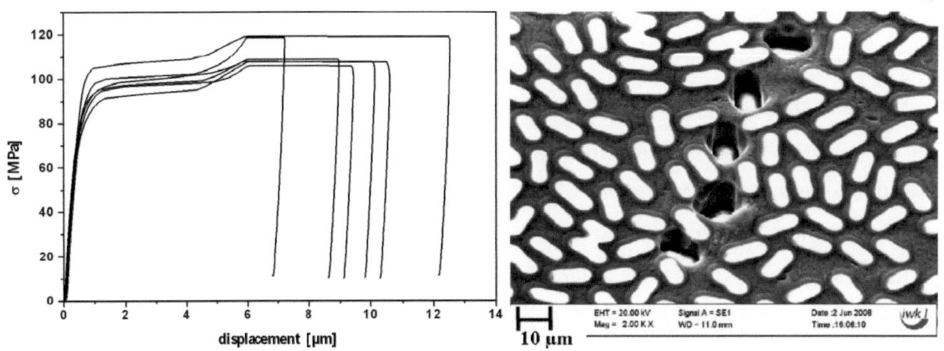

Bild 4.20:   Einzelfaser-Push-Out an einem Al2O3(Nextel610)-Faserverbund: Last-Eindring-Kurve (links), Probenoberfläche nach Push-out (rechts) [MER08a][MER09a]

Angesichts der Tatsache, dass bei [WEI06a] das Abscheren auch nicht direkt an der Grenzfläche zwischen Verbunddraht und umgebender Matrix, sondern wie in Bild

4.19 auch an der Grenze zwischen den Fasern und der Verbunddrahtmatrix stattfindet, wie dies beim Einzelfaser-Push-out ohnehin der Fall ist, ist diese Übereinstimmung nicht verwunderlich. Es ist daher rückblickend davon auszugehen, dass die für den C-Faser-Verbund bestimmte Grenzflächenfestigkeit auf Verbunddrahtebene auch für die Faserebene einen Anhaltspunkt geben kann. Die Streuung ergibt sich vor allem aus dem Umstand, dass teilweise Faser-Faser-Kontakte im Verbund vorhanden sind (vgl. auch Bild 4.7). Die Grenzflächenscherfestigkeit tendiert dann eher in Richtung 60 MPa [MER08a].

Bei den Verbunden mit den Fasern aus Nextel 440 bestimmte [MER08a] lediglich den Effekt einer Bornitridbeschichtung auf die Grenzflächenscherfestigkeit. Es wurde festgestellt, dass diese die Anbindung des Verbunddrahtes an die umgebende Matrix erwartungsgemäß deutlich verschlechtert. Diese Maßnahme wurde lediglich ergriffen, um die Prozessstabilität zu erhöhen (vgl. Kapitel 2.3.4.2).

Zusammenfassend ist festzuhalten, dass die Wahl des Werkstoffsystems und in diesem Zusammenhang auch die Beschichtungen und Vorbehandlungen der Verstärkungselemente beim Verbundstrangpressen einen wesentlichen Einfluss auf die Verbundqualität, d.h. die Festigkeit der Grenzfläche zwischen Matrix und Verstärkungselement haben. Diese Effekte werden jedoch überlagert durch die Einflüsse der Fertigungsparameter auf die Verbundqualität (vgl. hierzu Kapitel 3.2.2), so dass abzuwägen ist, ob im Einzelfall eine aufwändige Vorbehandlung der Verstärkungselemente überhaupt sinnvoll, bzw. werkstofftechnisch zu rechtfertigen ist. In der Regel ist davon auszugehen, dass die mit lediglich gereinigten Verstärkungselementoberflächen zu erzielenden Grenzflächeneigenschaften für einen strukturmechanisch funktionierenden Verbund ausreichend sind.

[MER09a] stellte ein einfaches FEM-Modell zur Simulation des Push-out-Tests vor, das über kohäsive Elemente an der Grenzfläche auch den Grenzflächenzustand mit abzubilden versucht. Bild 4.21 zeigt das Modell mit der Vernetzung und den Vergleich des Simulationsmodells mit experimentellen Daten. Abweichungen zum Experiment zeigten sich hinsichtlich der Anfangssteifigkeit, was sicherlich auf die schlecht zu bestimmende Steifigkeit des experimentellen Aufbaus zurückzuführen ist. Ohne Modellierung der Grenzfläche ist das Versagensverhalten nicht sinnvoll zu beschreiben, wie ebenfalls Bild 4.21 zu entnehmen ist.

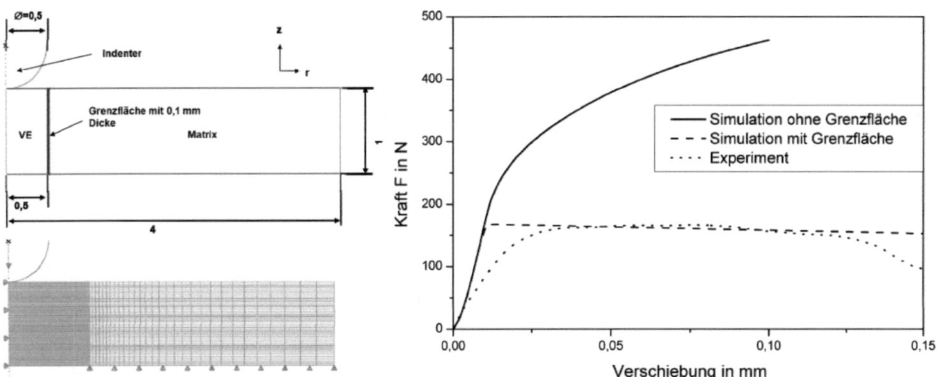

Bild 4.21:   FEM-Modell für den Push-out-Versuch und Abgleich mit dem Experiment nach [MER09a]

4.3.2.2   Eigenspannungen in Verbundprofilen

[THE76] stellte als Erster Überlegungen zur Entwicklung von thermischen Eigenspannungen in den von ihm mitentwickelten Verbundstromschienen an. Auf Basis einfacher Betrachtungen berechnete er ein Eigenspannungsniveau von rund + 65 MPa im Stahlband und -2 MPa im Aluminiumgrundprofil. Leider bietet diese Abschätzung nur eingeschränkte Information über die tatsächlichen Verhältnisse, da die Eigenschaften auch innerhalb der Profilkomponenten nicht homogen sind. Zudem bestehen nahe der Grenzfläche auch Dehnungsbehinderungen bezüglich der Querdehnung, die Einfluss auf das Ergebnis haben. Grundsätzlich nicht haltbar ist die Annahme, dass die Verbundkomponenten bei Raumtemperatur spannungsfrei sind, da bereits beim Abkühlen von der Prozesstemperatur zumindest thermische Eigenspannungen entstehen.

[SCH07g][SCH06a] näherten sich dem Problem mit Hilfe der FEM-Simulation. Dabei wurde ein Vollprofil des Typs 20x5 mm² mit zwei in der Symmetrieebene liegenden Verstärkungselementen von 1 mm Durchmesser berechnet. Als Matrix wurde die Aluminiumlegierung EN AW-6060 verwendet. Die Abkühlung startete bei 400 °C angenommene Strangaustrittstemperatur und endete bei 40 °C nach 20 min. Nach [SCH06a] erreicht dann das Eigenspannungsniveau in der Verstärkung minimal -420 MPa. Dies ist für den Verbund positiv zu sehen, da beim Strangpressprozess durch die Zugbelastung auf die Verstärkung zunächst positive Eigenspannungen eingebracht werden, die durch die Abkühlung dann relaxieren. [SCH06a] hat jedoch diese fertigungsbedingten Eigenspannungen nicht bei der Abkühlsimulation als Startszenario mit berücksichtigt. Für die Aluminiummatrix werden 7 bis 16 MPa prognostiziert – Werte die ebenfalls unkritisch sind.

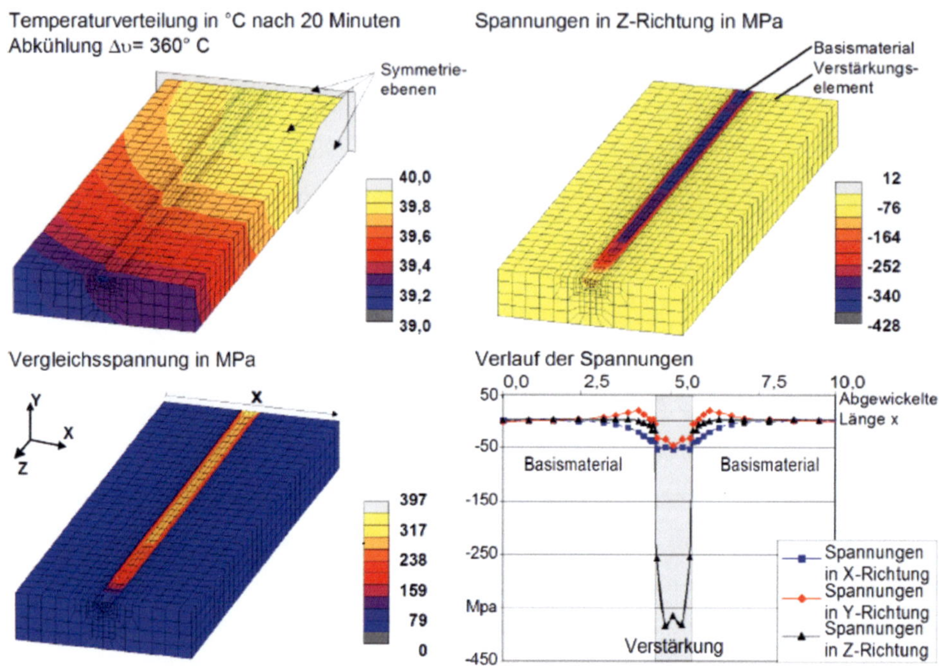

Bild 4.22:   Temperaturen und Eigenspannungen beim Abkühlen eines Aluminiumverbundprofils [SCH06a]

[WEI05e][WEI06a] näherten sich dem Problem experimentell und versuchten mit Hilfe der $\sin^2\psi$-Methode die Eigenspannungen in einem 20x5 mm²-Profil mit zwei Verstärkungen direkt zu messen. Durch die Umlagerungen der Eigenspannungen beim Abtragen führt dies jedoch per se zu Fehlern. Um trotzdem eine Information zu erhalten, wurde bei einer FEM-Simulation das Abtragen mit berücksichtigt, mit den Messungen abgeglichen und dann ohne Abtragen nachsimuliert. [WEI06a][WEI05e] haben gezeigt, dass im Falle der Seilverbunde vom Typ 7x7 tatsächlich ähnliche maximale Eigenspannungen nachzuweisen sind, wie sie [SCH06a] vorhersagte. Für Federstahldrähte bzw. Seile mit höheren Steifigkeiten ist das gemessene Niveau höher und gerät durch das Abtragen bis in den Bereich der Streckgrenze der Matrix von rund 70 MPa, in der Simulation ist der Unterschied jedoch gering, da die thermischen Ausdehnungskoeffizienten der Seile und Volldrähte aus Nickelbasis- und Eisenbasislegierung als vergleichbar angenommen wurden.

Keine der Methoden ist in der Lage den Eigenspannungszustand sinnvoll zu erfassen. Von der Arbeitsgruppe des Autors angestrengte Synchrotronmessungen an der Grenzfläche scheiterten bislang, da die Reflexe nicht vernünftig getrennt werden konnten. Alternativ wären Messungen mit Neutronenstrahlung möglich – hier ist jedoch die Ortsauflösung vergleichsweise gering.

4.4 Mechanische Eigenschaften

4.4.1 Modellvorstellungen für unidirektionale Verbunde

4.4.1.1 *Grundlagen*

Wesentlich für die Eigenschaften von Verbundwerkstoffen sind die mechanischen Eigenschaften der einzelnen Komponenten, d.h. der Verstärkungselemente und des Matrixmaterials sowie der sie verbindenden Grenzfläche. Die Betrachtungen an dieser Stelle beschränken sich auf unidirektionale Verbundwerkstoffe, da nur solche mit dem Verbundstrangpressen mit modifizierten Kammerwerkzeugen hergestellt werden können, sieht man von Verfahrensvarianten mit verstärkter Matrix ab (vgl. 2.3.6.2), wo zur Beschreibung des Matrixverhaltens zusätzlich weitere Verbundmodelle herangezogen werden müssen.

Die bereits mehrfach zitierte Arbeitsgruppe um Theler, Wagner, Hodel und Ames, die sich bei Alusingen mit den mechanischen Eigenschaften von Verbundstromschienen beschäftigt hat, hat nur wenige Modellabschätzungen zu den mechanischen Eigenschaften verbundstranggepresster Profile veröffentlicht. In Kapitel 5.2 sind Betrachtungen zur spezifischen Steifigkeit von verstärkten Verbundprofilen publiziert. Aus den angegebenen Daten ist zu schließen, dass die einfache Mischungsregel nach [VOl89] zur Berechnung dieser Abschätzung herangezogen wurde. Diese Zurückhaltung ist nicht verwunderlich, da die strukturmechanischen Eigenschaften für Verbundstromschienen eine untergeordnete Rolle spielen. Dies gilt jedoch nicht für leichtbaurelevante Anwendungen: Hier müssen zumindest für erste Abschätzungen hinsichtlich der mechanischen Eigenschaften Modelle gefunden werden, die das mechanische Verhalten von Verbundprofilen beschreiben helfen.

Nach [KAI03] besteht grundsätzlich die Möglichkeit die mechanischen Eigenschaften von Verbundwerkstoffen aus jenen der Komponenten bei Kenntnis der jeweiligen Volumenanteile quantitativ abzuschätzen. Wie bei den meisten Modellvorstellungen wird auch hier in der Regel von idealisierten Randbedingungen ausgegangen – insbesondere hinsichtlich der Kraftübertragung zwischen dem Matrixmaterial und der Verstärkung. Im Wesentlichen wird angenommen, dass die Verstärkungselemente ideal verteilt sind (keine Faser-Faser-Kontakte), dass die Matrix in ihren Eigenschaften nicht durch die Verstärkung beeinflusst wird und das die Grenzfläche optimal ausgebildet ist und so eine maximale Kraftübertragung gewährleistet wird.

[KEL65] hat 1965 ein Modell zur Beschreibung des mechanischen Verhaltens von Metallen, welche mit hochfesten Verstärkungselementen verstärkt waren, vorgestellt. Bei den von Kelly verwendeten Modellwerkstoffen waren die Fasern in der Matrix parallel zur Lastrichtung orientiert. Beide Verbundkomponenten erfahren so bei äußerer Belastung und der Gültigkeit der im vorherigen Absatz beschriebenen Annahmen dieselbe Dehnung, wie von [VOI89] vorgeschlagen. Dieses Langfaserverbundmodell wird auch von [COU90] aufgegriffen und ist in Bild 4.23 dargestellt.

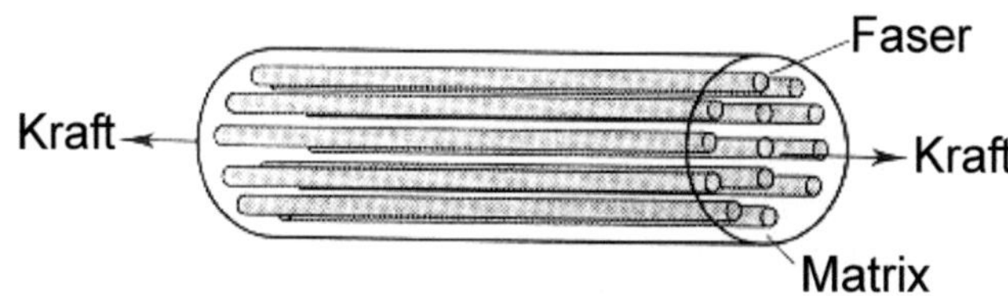

Bild 4.23:   Schematische Darstellung des unidirektionalen Verbundmodells [COU90] (vgl. auch [WEI06a])

Diese Modellvorstellung wird seit 2004 von der Arbeitsgruppe des Autors in zahlreichen Veröffentlichungen erfolgreich zur Abschätzung des mechanischen Verhaltens von Strangpressverbunden herangezogen und auch erweitert (vgl. Kapitel 4.4.7). Im Folgenden sollen die Betrachtungen zum mechanischen Verhalten von unidirektionalen Verbundwerkstoffen nach [KEL65] und [COU90] zusammenfassend vorgestellt werden.

4.4.1.2   Spannungs-Dehnungs-Kurve eines unidirektionalen Verbundwerkstoffes

Auf Basis der Modellvorstellung nach [VOI89] sind die Dehnungen ε in Matrix (Index M), Verstärkungselement (Index F) und Verbundkörper (Index C) bei Anlegen einer äußeren Kraft an einen unidirektional verstärkten Verbund identisch und es gilt

$$\varepsilon_M = \varepsilon_F = \varepsilon_C. \tag{4.2}$$

Damit setzt sich die im Verbund herrschende Spannung zu jedem Zeitpunkt aus den Spannungen in den Verbundkomponenten nach

$$\sigma_C = V_F \cdot \sigma_F + V_M \cdot \sigma_M \tag{4.3}$$

zusammen. Damit kann der Verlauf der Spannungs-Dehnungs-Kurve des Verbundes aus jenen der Einzelkomponenten berechnet werden. σ steht hier für die mittleren Spannungen in den Einzelkomponenten, V für die Volumenanteile der Komponenten im Verbund, die für den hier betrachteten Fall eines unidirektional endlosverstärkten Verbundwerkstoff mit den Flächenanteilen im Querschnitt gleichzusetzen sind. Die Spannungs-Dehnungs-Kurve des Verbundes lässt sich bei duktilen Verstärkungsele-menten in vier Bereiche unterteilen (siehe auch Bild 4.24).

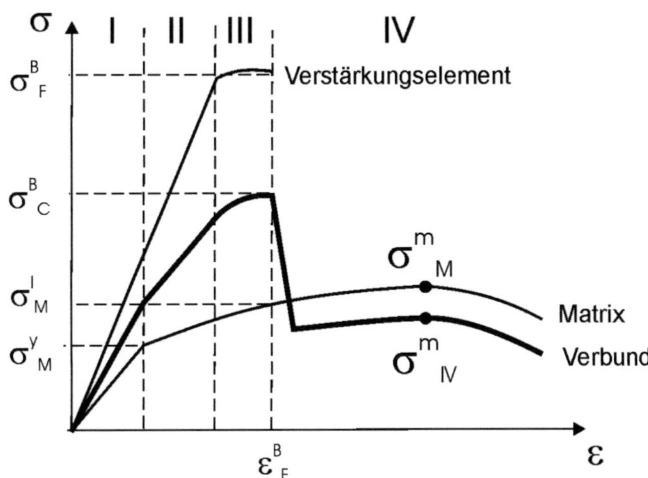

Bild 4.24:   *Spannungs-Dehnungs-Kurve eines Verbundwerkstoffes nach [COU90] (vgl. auch [WEI06a][WEI06c][WEI05c])*

I. Sowohl die Matrix als auch die Verstärkungselemente verformen sich elastisch. Der Übergang zu Bereich II findet dann bei Dehnungen statt, die der Dehnung bei Erreichen der Streckgrenze des unverstärkten Matrixmaterials entsprechen.

II. Das Matrixmaterial verformt sich elastisch-plastisch, während die Verstärkungselemente sich weiterhin elastisch verhalten.

III. Sowohl Matrix als auch Verstärkungselemente verformen sich elastisch-plastisch. Dieser Bereich ist bei spröden Verstärkungen nicht existent und wurde daher von [KEL65] nicht beobachtet.

IV. Die Verstärkungselemente versagen unter der angelegten Last. Nach plötzlichem Kraftabfall (in Bild 4.24 aus Gründen der Darstellbarkeit nicht mit unendlichem Gradienten gezeichnet) verformt sich die Restmatrix weiter bis zum Bruch [COU90]. Steigt die Kraft sofort weiter an (z.B. bei kraftgeregelter Prüfung), versagt der Verbund spontan, sofern der Verstärkungselementgehalt über einem kritischen Wert liegt und die Festigkeit der Fasern die Verbundfestigkeit bestimmen, andernfalls wird die Festigkeit des Verbundes durch die Festigkeit der Matrix bestimmt [SAE70].

Unter Annahme der Gültigkeit der in Gleichung (4.2) beschriebenen Dehnungsverhältnisse lässt sich der Elastizitätsmodul des Verbundes im Bereich I berechnen. Dieser ergibt sich nach

$$E_C = V_F \cdot E_F + V_M \cdot E_M \tag{4.4}$$

analog zur Berechnung der Spannungen im Verbund aus den mit den Volumenanteilen gewichteten Elastizitätsmoduln der Einzelkomponenten. Dabei handelt es sich nach [HIL63] um eine theoretische Untergrenze für den Elastizitätsmodul, wenn die Querkontraktionszahlen der Komponenten identisch sind. In allen anderen Fällen ist der Modul des Verbundes sogar leicht höher. Dieser Effekt ist jedoch nur bei extremen Verstärkungsgehalten wirklich relevant. Unabhängig von den Querkontraktionszahlen der Komponenten entspricht der Elastizitätsmodul des Verbundes somit mindestens dem nach Gleichung (4.4) berechneten Wert. Nach Entlastung des Verbundes aus dem Bereich I bleiben im Idealfall weder in der Matrix noch in der Verstärkungsphase plastische Deformationen zurück, dies entspricht jedoch wegen lokalen Spannungsüberhöhungen im Verbund nicht den realen, lokalen Verhältnissen an jeder Stelle des Verbundes.

Im Bereich II verformt sich die Matrix elastisch-plastisch, wohingegen die Verstärkungen noch nicht plastifizieren. Diese üben daher nach Entlastung der Probe eine „Rückstellkraft" aus, welche die Verlängerung der Matrix zumindest teilweise – im Idealfall vollständig – rückgängig macht. Dabei wird die Matrix komprimiert. Obwohl hier teilweise plastische Vorgänge ablaufen, wird der Bereich II als quasi-elastisch bezeichnet und mit

$$E_{C2} = V_F \cdot E_F + V_M \cdot \left[\frac{d\sigma_M}{d\varepsilon_M} \right]_\varepsilon \qquad (4.5)$$

lässt sich ein „Elastizitätsmodul" für diesen Bereich angeben.

Der Differentialquotient in Gleichung (4.5) beschreibt die Steigung der Verfestigungskurve des Matrixmaterials bei der Dehnung ε. Nachdem dieser für metallische Matrixmaterialien – insbesondere für Aluminium und Magnesium – klein gegenüber dem ersten Summanden des Terms ist, kann der Elastizitätsmodul im Verformungsbereich II näherungsweise auch durch die Beziehung

$$E_{C2} \cong V_F \cdot E_F \qquad (4.6)$$

beschrieben werden. Diese Näherung trifft insbesondere dann zu, wenn zudem der Faservolumenanteil groß gegenüber dem Matrixanteil ist.

Im Bereich III sind die Verformungen in allen Verbundkomponenten global als elastisch-plastisch zu beschreiben. Nach Entlastung des Verbundwerkstoffes bleibt eine plastische Dehnung zurück, die nur teilweise durch die stärkere elastische Rückverformung der Verstärkungselemente kompensiert wird.

Sofern eine quasi-elastische Verformung zugelassen wird, umfassen die ersten beiden der beschriebenen Verformungsstadien den Bereich der möglichen konstruktiven Anwendung eines Verbundwerkstoffes.

4.4.1.3 Zugfestigkeit eines unidirektionalen Verbundwerkstoffes

Beim Bruch der Verstärkungselemente im Verbund wird bei einem Verbundwerkstoff mit ausreichendem Fasergehalt größer V_{Fmin} mit

$$V_{F\,min} = \frac{\sigma_M^m - \sigma_M'}{\sigma_F^B + \sigma_M^m - \sigma_M'} \tag{4.7}$$

das Maximum der Zugverfestigungskurve, d.h. die Zugfestigkeit des Verbundes erreicht. Dies markiert den Übergang zu Bereich IV, der bei spröden Verstärkungen direkt aus Bereich II und bei duktilen Verstärkungen aus Bereich III heraus geschieht. Dieser Übergang vollzieht sich in der Regel bei der Bruchtotaldehnung der Verstärkungselemente, sofern der Verbund keine weiteren Effekte, z.B. Grenzflächeneffekte induziert. In Kapitel 4.4.8 werden Grenzflächenphänomene diskutiert, die eine Abweichung von dieser Modellvorstellung erwarten lassen. Die Verbundzugfestigkeit lässt sich nach

$$\sigma_C^B = V_F \cdot \sigma_F^B + (1 - V_F) \cdot \sigma_M' \, \text{für} \, V_F > V_{F\,min} \tag{4.8}$$

aus der Zugfestigkeit der Verstärkungselemente σ_F^B und der Spannung σ_M', die im Moment des Bruches der Verstärkungselemente von der Matrix getragen wird, berechnen. Bei Gültigkeit des Iso-Dehnungs-Modells geschieht dies bei der Gesamtdehnung beim Bruch der Verstärkungen ε_F^B [COU90]. Die Zugfestigkeit dient neben dem Elastizitätsmodul in Bereich I als Grundlage für die Beurteilung der Wirksamkeit der Verstärkung. Dabei wird vorausgesetzt, dass alle Verstärkungselemente gleichzeitig versagen, was real bei Vorhandensein mehrerer Verstärkungselemente in der Probe nicht der Regelfall sein wird.

Nach dem Versagen der Verstärkungen bei Erreichen der Verbundzugfestigkeit beginnt Bereich IV, was in dehnungskontrollierten Zugversuchen mit einem Kraft- bzw. Spannungsabfall unter das Nennspannungsniveau des unverstärkten Matrixmaterials einhergeht. Dieser Spannungsabfall ist dem Wegfallen der Verstärkungselemente geschuldet, der tragende Restquerschnitt der Matrix ist nun um diesen Anteil reduziert. Abgeleitet aus Gleichung (4.3) kann so mit $V_F = 0$ die Spannung im Verbundwerkstoff aus der Spannungs-Dehnungs-Kurve der Matrix gemäß

$$\sigma_{IV} = V_M \cdot \sigma_M(\varepsilon) \tag{4.9}$$

berechnet werden. Die Festigkeit der Restmatrix in Bereich IV ist dann ebenfalls um den Faseranteil reduziert und beträgt dann

$$\sigma_{IV}^m = V_M \cdot \sigma_M^m = (1 - V_F) \cdot \sigma_M^m. \tag{4.10}$$

138

Schon vor den ersten Untersuchungen an verbundstranggepressten Werkstoffsystemen konnte [CRA65] die Gültigkeit dieser Beziehung für Edelstahl-Aluminium-Verbunde nachweisen.

Bei unidirektional faserverstärkten Metallen mit Fasern kreisförmigen Querschnitts ist ein maximaler Faservolumengehalt von 90 % möglich. Doch bereits ab einem Faservolumengehalt von rund 80 % sinkt die Verbundfestigkeit aufgrund zunehmender Faser-Faser-Kontakte ab. Dann ist auch die Gültigkeit des hier beschriebenen Modells nicht mehr gegeben. Diese Überlegungen spielen jedoch für verbundstranggepresste keine Rolle, da die hier realisierbaren Fasergehalte eher im Bereich von maximal ca. 10-20 % angesiedelt sind.

Umgekehrt lässt dieses Modell auch eine Abschätzung der Zugfestigkeit bzw. des Elastizitätsmoduls eines Verbundes mit Hilfe der Gleichungen (4.8) und (4.4) aus den Zugverfestigungskurven der einzelnen Komponenten zu.

4.4.2 Quasistatische Zugbeanspruchung

4.4.2.1 *Verstärkungselemente*

Die Bestimmung der mechanischen Eigenschaften verschiedener Verstärkungselemente ist notwendig, um die mechanischen Eigenschaften der Verbunde nach den im vorangegangenen Kapitel beschriebenen Gesetzmäßigkeiten abzuschätzen. In [WEI06a] sind die mechanischen Eigenschaften verschiedener Seil- und Drahtverstärkungselemente unter Zugbeanspruchung ermittelt. Werte für Verbunddrähte mit einer Aluminiummatrix und einer Faserverstärkung aus Aluminiumoxidfasern des Typs Nextel 440 bzw. Nextel 610 wurden bei [MER08a] bestimmt. Die Ergebnisse dieser Versuche sind in Tabelle 4.4 zusammengefasst. Um eine sinnvolle Bestimmung der herrschenden Spannungen, bzw. der Spannungskennwerte zu ermöglichen und um eine Vergleichsbasis zu schaffen, wurde bei den Seilverstärkungen die Nennspannung auf Basis der Fläche des umschreibenden Kreises berechnet.

Die Bestimmung der Kennwerte beschränkte sich im Wesentlichen auf die Zugfestigkeit und den Elastizitätsmodul bzw. die Steifigkeit, da bei Seilen a) ein Aufbau aus mehreren Litzen, die nicht in Lastrichtung ausgerichtet sind, gegeben ist und b) zwischen den Litzen ein „freies Volumen" vorhanden ist, das sich nicht einfach bestimmen lässt. Die Schwierigkeit der sinnvollen Bestimmung der Steifigkeit eines Seiles ist bereits in [WOE15] diskutiert.

Tabelle 4.4:   Mechanische Eigenschaften verschiedener Verstärkungselemente nach [WEI06a][WEI07b][MER08a][HAM09a][HAM09b])

Typ	Konfiguration	Werkstoff	Zugfestigkeit [MPa]	Steifigkeit, E-Modul [GPa]
Seil	1x7, 1 mm	Federstahl 1.4310	1350	120
Seil	7x7, 1 mm	Inconel 601	840	85
Seil (biegsame Welle)	1x5, 1 mm	Federstahl 1.4310	550	26
Draht	1 mm	Federstahl 1.4310	2000-2010	185*
Draht	1 mm	Inconel 718	1400	205*
Draht	1 mm	Haynes 25	1700	225*
Draht	1 mm	Nivaflex 2.4782	2240	220*
Draht	1 mm	Nanoflex X2CrNiMo12-9-4	1645	190*
Verbunddraht	V_F = 50 %, 0,98 mm	Al + Al_2O_3 (Nextel 440)	720	79
Verbunddraht	V_F = 60 %, 2,1 mm	Al + Al_2O_3 (Nextel 610)	1600	236

** Herstellerangaben, durch Laborversuche bestätigt.*

Für die biegsame Welle ist die bestimmte Steifigkeit unter Zug am geringsten, da sie für die Übertragung von Torsionsmomenten ausgelegt ist und die Litzendrähte kaum parallel zur Lastrichtung ausgerichtet sind. Dies ist in Bild 4.25 illustriert.

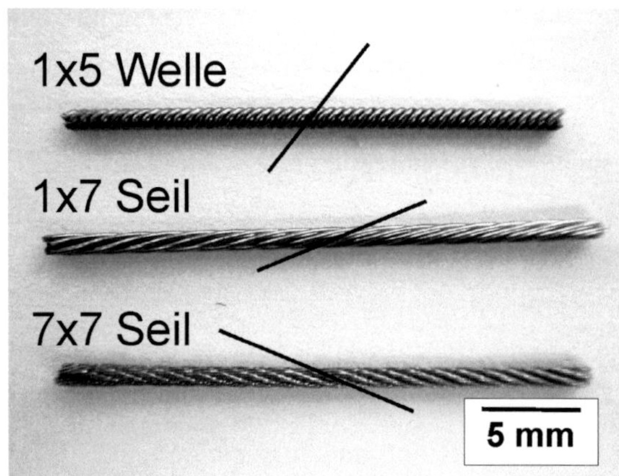

Bild 4.25:   Verschiedene Seilkonstruktionen: Die Linien deuten die unterschiedliche Steigung der äußeren Litzen an [WEI06a] (vgl. auch [WEI07d])

Folgerichtig steigt die Seilsteifigkeit in der Reihe 1x5 – 7x7 – 1x7 stetig an. Für die Metallvolldrähte entspricht der Elastizitätsmodul jenem der Vollmaterialien.

Bei den Verbunddrähten entsprechen die Messwerte beim Draht mit Nextel 440-Fasern im Gegensatz zu jenem mit Nextel 610-Fasern nicht ganz den zu erwartenden Werten für den Elastizitätsmodul und der Zugfestigkeit (vgl. [MER08a][MER09a]). Der Unterschied ist auf die herstellungsbedingt schlechtere Mikrostruktur im ersteren Fall zurückzuführen (vgl. Kapitel 4.3).

Schwierig sinnvoll zu bestimmen und daher anzugeben sind die Bruchdehnungen der Verstärkungen. Zur Abschätzung der mechanischen Eigenschaften der Verbundstrangpressverbunde nach Kelly bzw. Courtney ist ohnehin die Dehnung beim Bruch des Verstärkungselementes im Verbund entscheidend. Diese Dehnung entspricht nur im Idealfall der Totaldehnung der „freien" Verstärkung beim Bruch und keinesfalls der Bruchdehnung, die rein plastischen Charakter hat. An dieser Stelle sollen daher lediglich Größenordnungen für die Totaldehnungen beim Bruch für die Verstärkungselemente angegeben werden. Für die Seile liegen die Werte bei rund 2,5 % bis rund 20 % (biegsame Welle 1x5) [WEI06a][WEI07b], für Volldrähte werden je nach Duktilität des Drahtwerkstoffes Werte von rund 1 % bis 7 % erreicht. Für die Verbunddrähte gibt [MER08a][MER09a] Werte von nur knapp 1 % an.

4.4.2.2 *Verbunde mit Aluminiummatrix*

Der Autor hat mehrere Arbeiten zu den Werkstoffeigenschaften verbundstranggepresster Profile auf Basis der Matrixlegierung EN AW-6060 veröffentlicht. Darunter sind auch Veröffentlichungen zu den Eigenschaften unter quasistatischer Belastung ([WEI06c][WEI07d][WEI07b]. In den vergangenen Jahren sind weitere Arbeiten auf Basis der Aluminiumlegierung EN AW-6082 ([HAM09b][MER09a][MER11b]) erschienen.

Allen Publikationen ist gemein, dass die Untersuchungen grundsätzlich an Werkstoffproben mit einem Verstärkungsgehalt von 11 Vol.-% durchgeführt wurden. Dazu wurden verbundstranggepressten Profilen unterschiedlicher Querschnittsgeometrie Proben mit Messstreckendurchmessern von 3 mm mit einem zentralen Verstärkungselement von 1 mm Durchmesser entnommen (vgl. Bild 4.26). Die Versuchsführung variierte jedoch: [WEI06a] gibt an, die Dehnungsmessung primär über die Traverse und ergänzend mit DMS oder optischer Dehnungsmessung – wo zur Bestimmung exakter Dehnungswerte notwendig – durchgeführt zu haben. Spätere Arbeiten von Merzkirch et.al. basierten auf der Verwendung eines Dehnungsmesssystems des Typs MultiXtens, was eine durchgängige, präzise Bestimmung der Dehnung an der Probe ermöglicht.

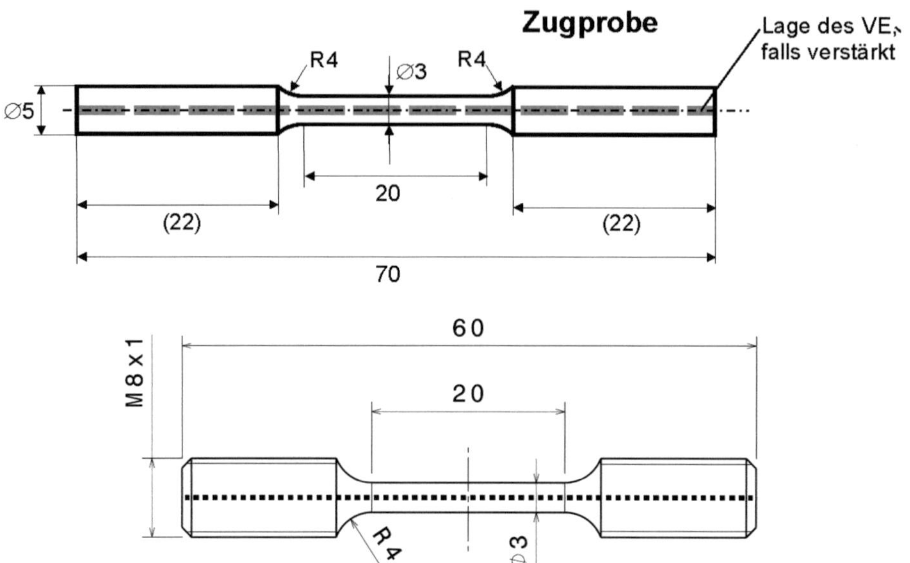

Bild 4.26: *Geometrien für Zugversuche an Verbundprofilproben (vgl. u.a. [WEI06a][MER11a]): Verstärkungsgehalt von 11 Vol.-% bei einem zentral in der Messstrecke liegenden Verstärkungselement mit 1 mm Durchmesser*

In [WEI07d] (vgl. auch [WEI07b][WEI06a]) sind Ergebnisse **seilverstärkter Werkstoffsysteme** publiziert und mit dem in Kapitel 4.4.1 vorgestellten Modell abgeglichen worden. Dazu wurden auch Messungen an unverstärkten Matrixmaterialien durchgeführt. Die Meßergebnisse sind in Tabelle 4.5 zusammenfassend dargestellt.

Tabelle 4.5: *Mechanische Eigenschaften seilverstärkter Aluminiumstrangpressprofile [WEI06a] [WEI07b] ([WEI07d]: hier keine Totaldehnungen beim Bruch)*

Matrix	Verstärkung	Zugfestigkeit [MPa]	E-Modul [GPa]	Totaldehnung bis Bruch [%]
EN AW-6060	-	175-178	69	32
EN AW-6060	1x7, 1.4310, 1 mm	278	77	12
EN AW-6060	1x5, 1.4310, 1 mm	223	70	27
EN AW-6060	7x7, Inconel 601, 1 mm	213	73	8

In allen Fällen bewirkt eine Seilverstärkung eine Steigerung der Zugfestigkeit und des Elastizitätsmoduls. Die Totaldehnungen bis zum Bruch nehmen ab, was nach Kelly bzw. Courtney nicht zu erwarten wäre. [WEI07d] hat dieses Phänomen modellmäßig erfasst; eine verkürzte Darstellung der Modellvorstellung findet sich in Kapitel 4.4.8. Bei den Seilverbunden ist zudem festzustellen, dass der Übergang zwischen den Bereichen I und II nach Kelly bzw. Courtney schwächer ausgeprägt ist als bei Drahtverbunden. Ein Zusammenhang mit dem bei Seilen vorhandenen Formschluss wird bei [WEI07b] vermutet. Zusätzlich ist ein Zusammenhang mit der Steifigkeitsentwicklung im Seil zu vermuten: Eine plastische Deformation in der Matrix könnte auch zu einer verstärkten Ausrichtung der Seillitzen führen und so die Steifigkeit in Bereich II steigern bzw. den Übergang abschwächen.

Die Übereinstimmung zwischen den Zugfestigkeiten nach dem Kelly-Modell und den experimentellen Werten ist als gut zu bewerten, wie Tabelle 4.6 belegt.

Tabelle 4.6:   Mechanische Eigenschaften seilverstärkter Aluminiumstrangpressprofile: Vergleich experimenteller Werte mit dem Kelly-Modell [WEI06a][WEI07b][WEI07d]

Werkstoffsystem	E-Modul I (exp.) [GPa]	E-Modul I (theor.) [GPa]	Zugfestigkeit (exp.) [MPa]	Zugfestigkeit (theor.) [MPa]
6060 + 1x7, 1.4310	77	75	278	284
6060 + 1x5, 1.4310	70	64	228	218
6060 + 7x7, 1.4310	73	71	213	202

Bei den Elastizitätsmoduln ist hier ebenfalls eine gute Übereinstimmung gegeben. Verwendet man die in Tabelle 4.4 aufgeführten Werte für die Seilsteifigkeiten als Basis für die Modellabschätzung ergeben sich die ebenfalls in Tabelle 4.6 gezeigten Kalkulationen, die jedoch bei der biegsamen Welle deutlich vom experimentellen Befund abweichen. Die experimentell ermittelten Werte für die Zugfestigkeit belegen, dass die Festigkeit des Verstärkungselementes vollausgeschöpft wird und daher auf Basis der Zugfestigkeiten der Seile vernünftige Abschätzungen mit dem Kelly-Modell möglich sind. Bei den Elastizitätsmoduln ist die scheinbar gute Übereinstimmung aus mehreren Gründen kritisch zu bewerten:

o In Bild 2.16 ist gezeigt, dass die Seilkonstruktionen beim Verbundstrangpressen teilweise deutlich gelängt werden, was die Litzen in Lastrichtung ausrichtet und damit die Steifigkeit erhöht. Dies ist insbesondere bei der biegsamen Welle der Fall, wo auch die größte Abweichung zwischen Modell und Experiment beim Elastizitätsmodul gefunden wird.

o Die freie Verformung einer Seilkonstruktion führt zu anderen Steifigkeiten als im eingebetteten Fall, der eine Bewegung der Litzen nicht einfach zulässt.

o Nicht alle Litzen bei Seilverbunden sind mit dem Matrixmaterial im Kontakt, so dass die Lastübertragung auf die einzelnen Litzen teilweise indirekt erfolgt.

Die mechanischen Prüfungen wurden durch fraktographische Untersuchungen ergänzt. Dabei konnte bestätigt werden, dass alle Varianten einen formschlüssigen Verbund mit der umgebenden Matrix bilden. Selbst nach dem Versagen sind die „Matrixzipfel" zu erkennen, die ursprünglich den Formschluss mit den äußeren Litzen bildeten. Die abgerissenen Einzeldrähte sind unterschiedlich stark eingeschnürt. Besonders deutlich ist die Einschnürung für die Seilkonstruktionen aus Federstahldraht. Generell ist für alle Seilverbunde die Tendenz zu einem Pull-out-Effekt zu erkennen, der im Falle des 1x7-Seiles wegen der fehlenden mechanischen Anbindung der innenliegenden Litze besonders ausgeprägt ist. REM-Aufnahmen der Bruchflächen von seilverstärkten Verbunden sind in Bild 4.27 abgebildet.

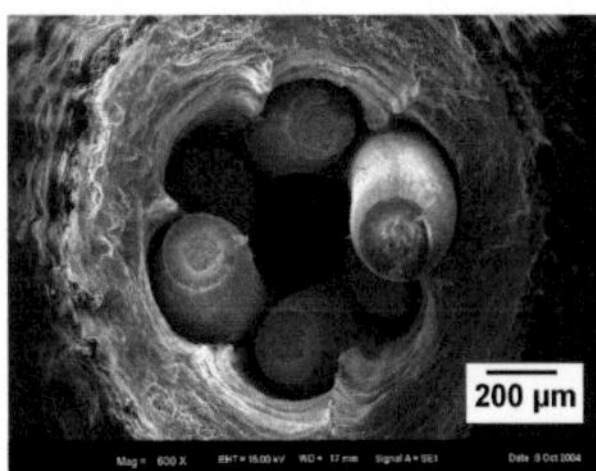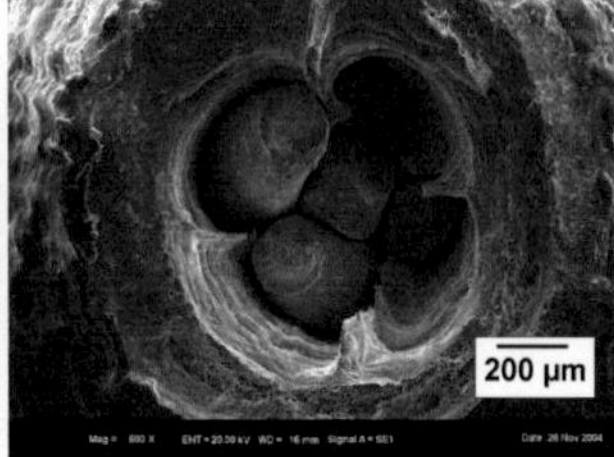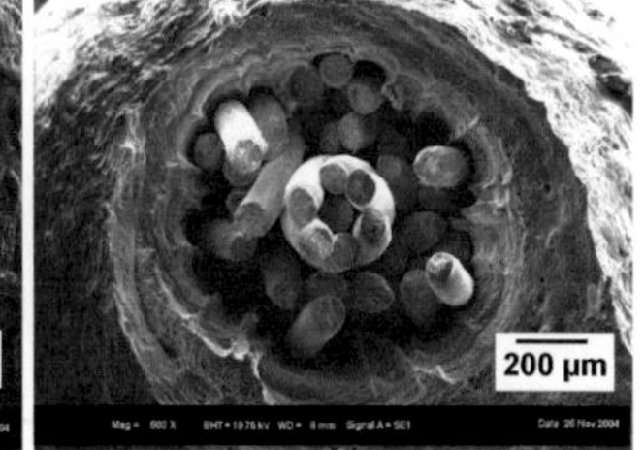

Bild 4.27: REM-Aufnahmen der Bruchfläche seilverstärkter Verbunde: Federstahl 1.4310, 1x7; Federstahl 1.4310, 1x5; Inconel 601, 7x7 (v.l.n.r.) [WEI07b][WEI07d]

[WEI06a] konnte weiters mittels EDX an Litzen, die im direkten Kontakt mit der umgebenden Matrix waren, eine stoffschlüssige Verbindung nachweisen.

Drahtverstärkte Verbunde auf Basis verschiedener Aluminiummatrixlegierungen wurden vor allem von Weidenmann et.al. und Merzkirch et.al. untersucht. Entsprechende Arbeiten sind veröffentlicht.

In [WEI06a][WEI06c][WEI05c][WEI08a][WEI07b] sind Untersuchungen an drahtverstärkten Verbundstrangpressprofilen mit einer Matrix aus EN AW-6060 publiziert. Als Verstärkungselemente kamen dabei Volldrähte mit 1 mm Durchmesser zum Einsatz, die aus den Werkstoffen 1.4310 (Federstahl), Haynes 25 (Kobaltbasislegierung) und Inconel 718 (Nickelbasislegierung) gefertigt waren. In Bild 4.28 ist stellvertretend eine Zugverfestigungskurve für einen Verbund des Werkstoffsystems EN AW-6060 + 1.4310 dargestellt, welche die wesentlichen Merkmale der Zugverfestigungskurven drahtverstärkter Verbundproben enthält. Die Kurve ist in die im Modell nach Kelly bzw. Courtney beschriebenen vier Bereiche unterteilt. Auffällig ist, dass im Bereich III über einen langen Dehnungsbereich nur ein geringer Anstieg der Nennspannung stattfindet („Plateaubereich"). Gleichzeitig ist der Bereich IV im Vergleich zur Spannungs-Dehnungs-Kurve des unverstärkten Matrixmaterials verkürzt. Gründe für das Auftreten dieser Phänomene werden in Abschnitt 4.4.8 diskutiert.

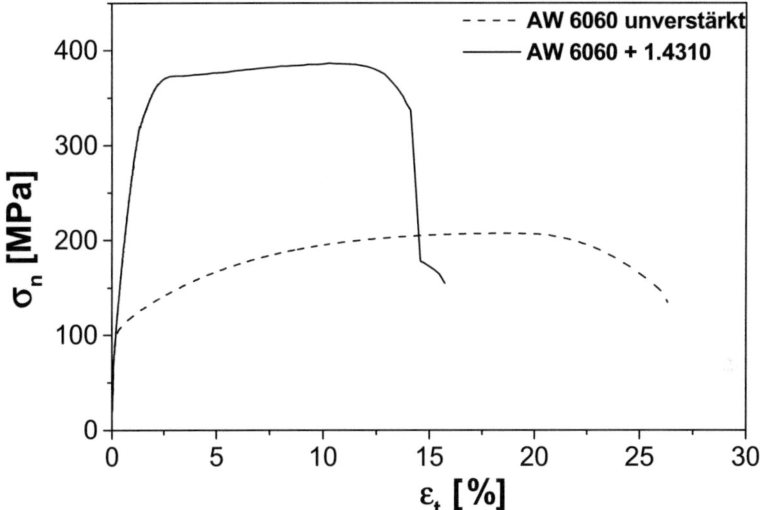

Bild 4.28:   Exemplarische Zugverfestigungskurve drahtverstärkter Verbundproben (11Vol.-% Verstärkung) des Systems EN AW-6060 + 1.4310 [MER09a]

In Tabelle 4.7 sind die publizierten Kennwerte kurz zusammengefasst. Dort konzentriert sich die Darstellung auf die Elastizitätsmoduln und die Zugfestigkeiten, da diese beiden Größen einen Modellabgleich zulassen. Da die Werkstoffparameter der einzelnen Chargen leicht schwanken, ist zum Vergleich und als Modellbasis auch die unverstärkte Matrixlegierung aus derselben Charge aufgeführt. Dabei wurde auch der Einfluss von Vorbehandlungen auf die mechanischen Eigenschaften im Zugversuch betrachtet. Aus diesem Grund sind auch entsprechende Vorbehandlungen der eingesetzten Drähte mit angegeben.

Tabelle 4.7: *Mechanische Eigenschaften drahtverstärkter Aluminiumstrangpressprofile auf Basis EN AW-6060: Einfluss von Vorbehandlungen, Vergleich experimenteller Werte mit dem Kelly-Modell [WEI06a] (vgl. auch [WEI06c][WEI05c][WEI08a][WEI07b])*

Werkstoffsystem	Vorbe-handlung	E-Modul I (exp.) [GPa]	E-Modul I (theor.) [GPa]	Zugfestigkeit (exp.) [MPa]	Zugfestigkeit (theor.) [MPa]
EN AW-6060	unverstärkt	72	-	157	-
6060 + 1.4310	unbehandelt	83	84	346	345
6060 + 1.4310	geschliffen	83	84	342	345
6060 + 1.4310	gebeizt	81	84	345	345
6060 + Inconel 718	geschliffen	85	87	293	273
6060 + Haynes 25	unbehandelt	85	88	310	312
6060 + Haynes 25	geschliffen	80	88	317	312

Es ist in Einklang mit [WEI06a] festzustellen, dass die durchgeführten Vorbehandlungen der Drähte keinen wesentlichen Einfluss auf die bestimmten Elastizitätsmoduln und Zugfestigkeiten haben, obwohl der Einfluss auf die Grenzflächenscherfestigkeit deutlich ist (vgl. Kapitel 4.3.2.1). [WEI06a] konnte bei federstahldrahtverstärkten Verbunden lediglich die schwache Tendenz feststellen, dass eine Zunahme der Grenzflächenscherfestigkeit mit einer Abnahme der „Plateaulänge" im Bereich III der Zugverfestigungskurve einhergeht. Dieser Befund konnte in Folgearbeiten jedoch weder bestätigt noch widerlegt werden.

In allen Fällen ist jedoch festzustellen, dass die experimentell bestimmten Werte gut mit den Modellwerten nach Kelly übereinstimmen. Dazu wurden jeweils Werte aus gemessenen Kurven entnommen. Eine Vorhersage der Kennwerte aus gemessenen Kurven für die Matrix und das Verstärkungselement ist nicht gut möglich, da die Dehnungen beim Bruch der Verstärkung im Verbund erheblich von jenen am freien Draht abweichen. Dementsprechend werden dann die Kennwerte der Verbundprofile unterschätzt, da insbesondere der Wert σ'_M als zu klein angenommen wird. Damit ist die Vorabprognose für den Verbund aus Messungen für Matrix und Verstärkung zumindest eine konservative Abschätzung. Auch für den E-Modul II lässt sich eine gute Übereinstimmung feststellen. Zu erwarten sind hier Werte von rund 21- 25 GPa, gemessen werden können Werte von rund 25 GPa, nur für eine Variante (6060 + Inconel 718 geschliffen) werden 29 GPa erreicht [WEI06a].

Bei [MER09a][HAM09b] sind Untersuchungen zum Werkstoffsystem EN AW-6082 + 1.4310 veröffentlicht, die im Wesentlichen die Befunde von Weidenmann et.al. an EN-AW 6060 + 1.4310 bestätigen. Die Zugverfestigungskurve zeigt Bild 4.29.

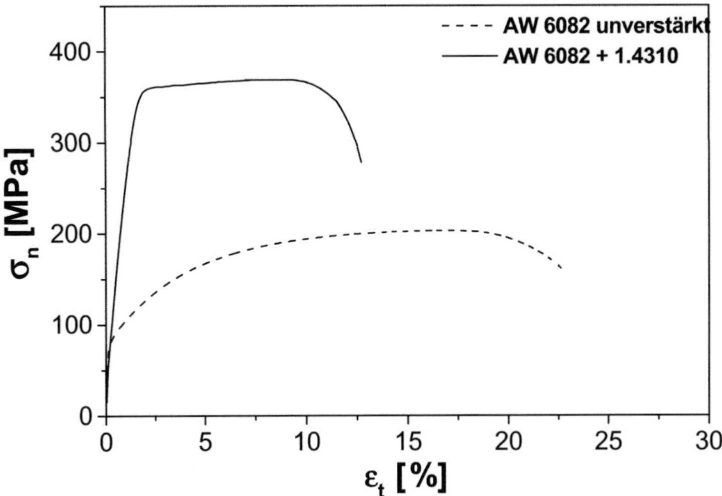

Bild 4.29:   Exemplarische Zugverfestigungskurve drahtverstärkter Verbundproben (11Vol.-% Verstärkung) des Systems EN AW-6082 + 1.4310 [MER09a]

Hier wurden Werte von 369 MPa für die Zugfestigkeit gefunden, der theoretische Wert liegt bei 399 MPa. Die Vorabprognose weicht auch hier mit 316 MPa deutlich vom Messwert nach unten ab. [MEI10] gibt für den Elastizitätsmodul einen Wert von ca. 75 MPa an, was deutlich von der Prognose (ca. 81 MPa) abweicht. Eine gute Übereinstimmung mit dem Modell nach Kelly wird jedoch für den Elastizitätsmodul im Bereich II gefunden [MEI10]. Die Ergebnisse sind kurz in Tabelle 4.8 zusammengefasst.

[MER11b] hat auch den Einfluss von Wärmebehandlungen auf die Eigenschaften von Verbundzugproben am Werkstoffsystem 1.4310 untersucht. Dazu wurde eine Wärmebehandlung nach T6 (Lösungsglühen für 1 h bei 530 °C, Abschrecken mit Wasser, Warmauslagern bei 190 °C für 5 h) an verbundstranggepressten 40x10 mm² Profilen der Werkstoffkombination EN AW-6082 + 1.4310 vorgenommen.

Tabelle 4.8: Mechanische Eigenschaften drahtverstärkter Aluminiumstrangpressprofile auf Basis EN AW-6082: Vergleich experimenteller Werte mit dem Kelly-Modell (vgl. [MER09a][HAM09b][MEI10])

Werkstoffsystem	Vorbe-handlung	E-Modul I (exp.) [GPa]	E-Modul I (theor.) [GPa]	Zugfestigkeit (exp.) [MPa]	Zugfestigkeit (theor.) [MPa]
EN AW-6082	unverstärkt	68	-	208	-
6082 + 1.4310	unbehandelt	75	81	369	399

Die im Anschluss aufgenommenen Zugverfestigungskurven an Verbundproben mit 11 Vol.-% Verstärkung im Zustand T6 sind im Vergleich mit Ergebnissen von Proben im Zustand T4 in Bild 4.30 dargestellt. Die Darstellung enthält zum Vergleich auch Kurven unverstärkter Proben. Dabei ist festzustellen, dass die Duktilität im Zustand T6 gegenüber T4 sowohl bei den verstärkten als auch bei den unverstärkten Proben abnimmt.

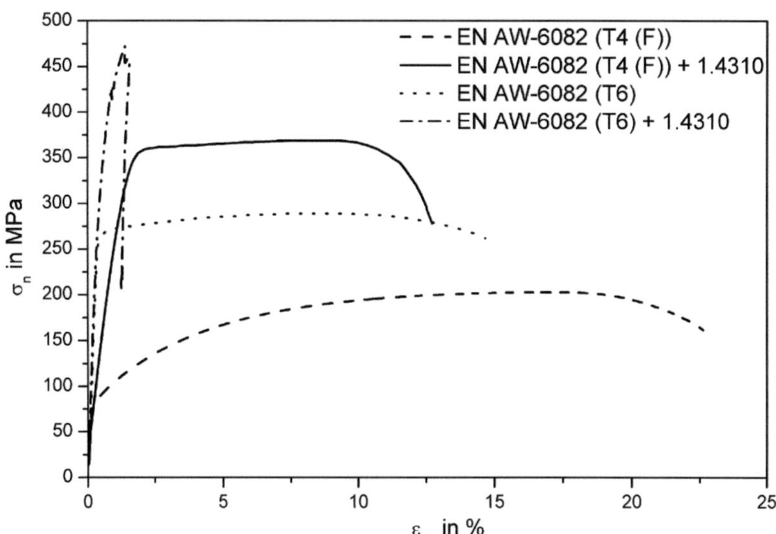

Bild 4.30: Exemplarische Zugverfestigungskurven drahtverstärkter Verbundproben (Index F, 11Vol.-% Verstärkung) des Systems EN AW-6082 + 1.4310 in unterschiedlichen Wärmebehandlungszuständen (T6 und T4) im Vergleich zu jeweils unverstärkten Proben [MER11b]

Der Festigkeitsanstieg beträgt in verstärkten und in unverstärkten Proben jeweils 100 MPa, damit ist belegt, dass die Steigerung der Matrixfestigkeit additiv zur Verbundfestigkeit beiträgt und somit ein wichtiges Mittel zur Steigerung des Leichtbaupotenzials von Verbundprofilen ist, da die Festigkeit dichteneutral gesteigert werden kann. Die von [MER11b] veröffentlichten Kennwerte sind in Tabelle 4.9 aufgelistet.

Tabelle 4.9:   Mechanische Eigenschaften drahtverstärkter Verbundproben (Index F, 11Vol.-% Verstärkung) des Systems EN AW-6082 + 1.4310 in unterschiedlichen Wärmebehandlungszuständen (T6 und T4) im Vergleich zu jeweils unverstärkten Proben [MER11b]

Werkstoffsystem	Wärmebehandlung	Dehngrenze $R_{p0,2}$ [MPa]	Zugfestigkeit R_m bzw. σ^B_c [MPa]
EN AW-6082	T4	84 ± 10	195 ± 16
EN AW-6082	T6	252 ± 30	280 ± 26
6082 + 1.4310	T4	176 ± 43	396 ± 27
6082 + 1.4310	T6	392 ± 40	474 ± 26

Die Schwankungen in der Festigkeit führt [MER11b] auf den Verbundstrangpressprozess zurück. Weitere Untersuchungen an der gleichen Legierung sowie Profilgeometrie einer anderen Presscharge haben laut [MER11b] vergleichbare Festigkeiten mit weitaus geringeren Schwankungen ergeben.

Unter dem Aspekt der Anwendung verbunddrahtverstärkter Profile in Stringern für die Luftfahrtindustrie sind vor allem von Hammers et.al. weitere Arbeiten zu drahtverstärkten Profilen auf der Basis der Aluminiumlegierungen EN AW-6056 und EN AW-2099 veröffentlicht. Diese sind wegen ihres Anwendungsbezuges in Kapitel 5.2.2 beschrieben. Auch hier wurde der Einfluss von Wärmebehandlungen mit untersucht.

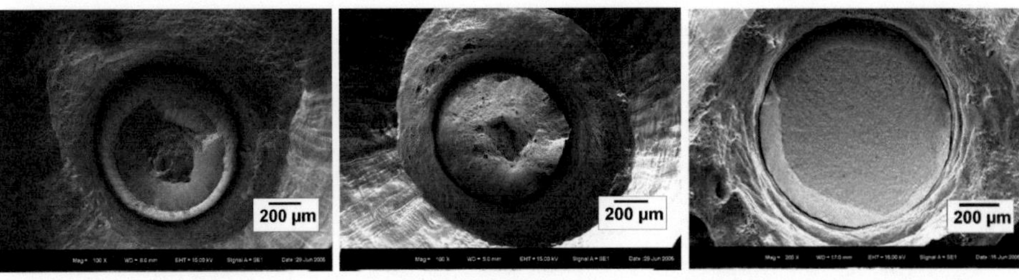

Bild 4.31:   REM-Aufnahmen der Bruchflächen von mit geschliffen Drähten verstärkten Verbunden: Verstärkung mit Federstahl 1.4310, Inconel 718 und Haynes 25 (v.l.n.r.) (vgl. [WEI06a][WEI07b])

Fraktographische Untersuchungen zu den Drahtverbunden sind vor allem für das Werkstoffsystem EN AW-6060 veröffentlicht. Bei allen untersuchten Werkstoffsystemen ließ sich ein stoffschlüssiger Verbund – belegt durch Matrixanhaftungen am Draht – nachweisen [WEI06a][WEI07b]. Bild 4.31 zeigt, dass die Federstahldrähte im Verbund stärker einschnüren als die Drähte aus Haynes 25 bzw. Inconel 718. Die Ausprägung der Verformung ist von eventuellen Vorbehandlungen unabhängig [WEI06a]. Abgesehen von den prinzipiellen Unterschieden zwischen Drähten und Seilen ist das Versagensverhalten draht- oder seilverstärkter Verbunde mit Aluminiummatrix nach [WEI06a] geprägt

- o vom primären Versagen des Verstärkungselementes und dem sekundären Versagen der Restmatrix, was sich in der Einschnürung der Zugprobe äußert,

- o vom Verformungsverhalten des Verstärkungselementes und

- o von den Unterschieden im Ablösungsprozess an der Verstärkungselement-Matrix-Grenzfläche.

Arbeiten zum mechanischen Verhalten **verbunddrahtverstärkter Systeme** sind bislang kaum erschienen. Ursächlich sind die noch gegebenen fertigungstechnischen Fragestellungen – insbesondere jene nach der schädigungsfreien Zuführung der Verstärkungselemente (vgl. Kapitel 2.3.4.2). Lediglich bei [MER08a] und [MER09a] sind bislang Arbeiten publiziert. Als Matrixmaterial wurde aus Gründen der einfachen Verpressbarkeit die Legierung EN AW-6060 gewählt. Als Verbunddraht kam ein mit ca. 50 Vol.-% Nextel 440-Fasern verstärkter Aluminiumdraht zum Einsatz (vgl. Tabelle 4.4), der zur Verbundherstellung gewählt wurde, da die Zuführkanäle nur für Drähte mit 1 mm Durchmesser ausgelegt [MER09a] waren.

Bild 4.32 zeigt exemplarisch die Zugverfestigungskurve einer verbunddrahtverstärkten Zugprobe im Vergleich zum unverstärkten Matrixmaterial aus derselben Charge. [MER08a] stellte dazu fest, dass im Verbund die aufgrund der gegebenen Eigenschaften für den Verbunddraht und die Matrix avisierten 200 MPa für die Zugfestigkeit nicht erreicht werden. Die Zugfestigkeit des Verbundes ist kleiner als jene der unverstärkten Matrix und kleiner als jene der Restmatrix. Letzteres weist auf einen nicht ausreichenden Fasergehalt im Verbund hin. Dies konnte von [MER08a] und [MER09a] durch Berechnung des minimalen Fasergehaltes bestätigt werden: Die Prognose nach Kelly bzw. Courtney (vgl. [KEL65][COU90]) fordert einen minimalen Fasergehalt von 8-9,5 Vol.-%. Mit dem verwendeten Verbunddraht (50 Vol.-% Faserverstärkung) mit einem Durchmesser von 1 mm in einer Messstrecke von 3 mm Durchmesser (entspricht 11 Vol.-% Verbunddraht) werden jedoch nur rund 5 Vol.-% Gesamtfasergehalt erreicht. Gleichzeitig wird dieser Effekt noch überlagert durch eine geringe Grenzflächenanbindung – bedingt durch das zur Prozessstabilisierung verwendete Bornitrid – die durch Push-out-Tests belegt werden konnte (vgl. Kapitel 4.3.2.1), so dass schlussendlich die Fasereigenschaften nicht voll ausgenutzt werden können.

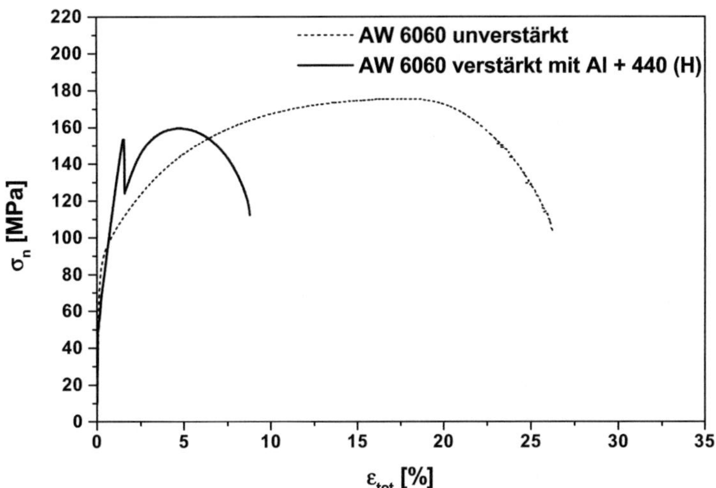

Bild 4.32:   *Exemplarische Zugverfestigungskurve einer mit Verbunddraht (50% Nextel 440-Fasern in Al99,5) verstärkten Probe bei einem absoluten Fasergehalt von ca. 5% im Vergleich zum unverstärkten Matrixmaterial EN AW-6060 [MER09a] (vgl. auch [MER08a])*

Lediglich im Bereich des Elastizitätsmoduls ist nach [MER08a] die zu erwartende leichte Steigerung nachweisbar. Verbunddrähte sind zwar die beste Option zur Steigerung des spezifischen Elastizitätsmoduls und der spezifischen Festigkeit in Verbundprofilen, da allerdings der effektive Verstärkungsgehalt durch den Matrixanteil des Verbunddrahtes reduziert ist, müssen im Vergleich zu Verstärkungselementen aus Vollmaterial dickere Verstärkungen eingesetzt werden, um am Ende zum selben Verstärkungsgehalt zu gelangen. Bei einem Verstärkungsgehalt im Verbunddraht von ca. 50 Vol.-% muss der Durchmesser im Vergleich zu einem Verstärkungselement aus Vollmaterial um den Faktor 1,4 (= √2) größer sein.

Damit ist mit dem Einsatz von Verbunddrähten eine fertigungstechnische Herausforderung verbunden, da größere Verstärkungsgehalte nur durch eine im Vergleich zu Vollmaterialien überproportionale Steigerung der Durchmesser der Verstärkungselemente erreicht werden können. Dies erhöht den minimal möglichen Zuführradius weiter. Abhilfe könnten hier Rezipienten mit Zuführkanälen schaffen (vgl. Bild 2.14). [MER08a] gibt als Zielgröße 18 Vol.-% Fasergehalt im Profil bzw. zumindest in der Verbundzugprobe an. Damit würde eine Verdoppelung des Elastizitätsmoduls im Vergleich zur Aluminiummatrix bei einer nur leichten Steigerung der Dichte um 10 % erreicht. Die spezifische Steifigkeit E/ρ steigt dann um rund 80 %!

4.4.2.3 *Verbunde mit Magnesiummatrix*

Wie in Kapitel 4.1.2.2 ausgeführt, sind neben Aluminiumwerkstoffen auch Magnesiumlegierungen als Matrix geeignet. Auf Basis des Werkstoffauswahlprozesses für das Verbundstrangpressen (vgl. auch [WEI05b][LÖH04]) wurden von [MER09a] und [MER11a] Arbeiten zu quasistatischen Beanspruchungen am Werkstoffsystem AZ31 + 1.4310 (ausschließlich Drahtverstärkung) veröffentlicht. Eine typische Zugverfestigungskurve ist in Bild 4.33 dargestellt. Auch hier wurde die Gültigkeit des Kelly-Modells bestätigt.

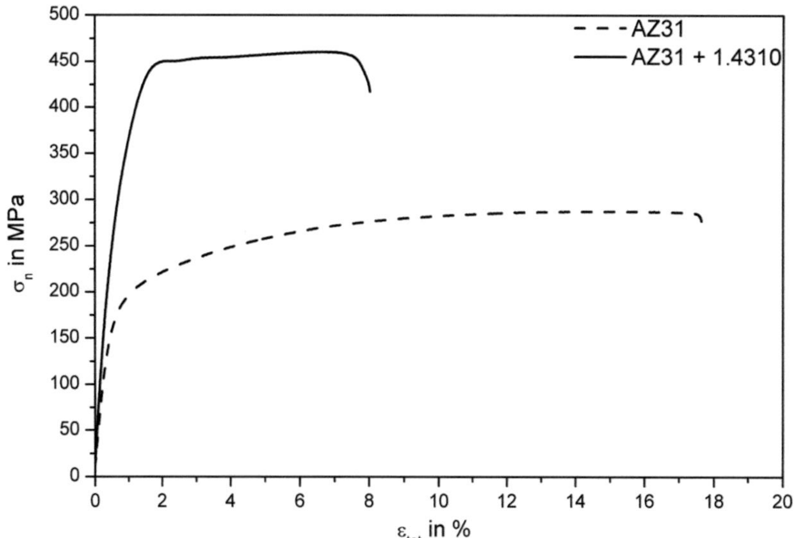

Bild 4.33: *Exemplarische Zugverfestigungskurve drahtverstärkter Verbundproben (11Vol.-% Verstärkung) des Systems AZ31 + 1.4310 [MER11b](vgl. auch [MER09a])*

Sowohl für den Elastizitätsmodul als auch für die Zugfestigkeit ist eine sehr gute Übereinstimmung mit theoretisch berechneten Werten gegeben, wie Tabelle 4.10 belegt. Jedoch gilt auch hier die Einschränkung, dass bei einer a priori-Abschätzung aus den Kennwerten aus Matrix und Verstärkung, die Übereinstimmung mit den Messwerten weniger gut ist. Die Proben wurden Profilen der Geometrie 20x5 mm² entnommen, was aufgrund des hohen Pressverhältnisses zu einer hohen Grenzflächenscherfestigkeit von über 70 MPa (s. Tabelle 4.3) führt.

Tabelle 4.10:   Mechanische Eigenschaften drahtverstärkter Strangpressprofile auf Basis AZ31: Vergleich experimenteller Werte mit dem Kelly-Modell (vgl. [MER09a][MER11b])

Werkstoffsystem	Vorbe-handlung	E-Modul I (exp.) [GPa]	E-Modul I (theor.) [GPa]	Zugfestigkeit (exp.) [MPa]	Zugfestigkeit (theor.) [MPa]
AZ31	unverstärkt	42	-	256	-
AZ31 + 1.4310	unbehandelt	53	58	430	433

Weitere Untersuchungen [MER11a] am selben Werkstoffsystem bei einer Profilgeometrie von 40x10 mm² führten bei einem geringeren Pressverhältnis erwartungsgemäß auch zu deutlich geringeren Grenzflächenscherfestigkeiten von ca. 40-50 MPa [MER11b][MER11a]. Dies hat auch Folgen für die mechanischen Eigenschaften unter Zugbeanspruchung, wie Bild 4.34 zeigt.

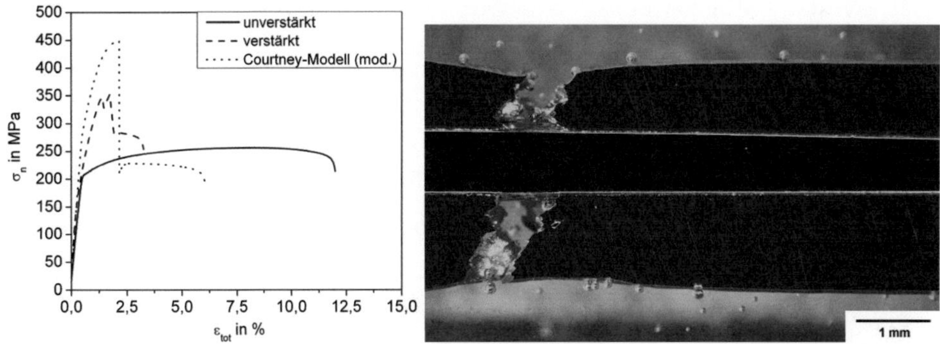

Bild 4.34:   Exemplarische Zugverfestigungskurve drahtverstärkter Verbundproben (11Vol.-% Verstärkung) des Systems AZ31 + 1.4310: Effekt der reduzierten Grenzflächenscherfestigkeit (links), Bruch der Matrix erfolgt vor der Verstärkung (rechts) [MER11a]

Im Gegensatz zu den bisher vorgestellten Verbunden, versagt hier zunächst die Magnesiummatrix und der Draht wird lediglich ausgezogen (siehe Bild 4.34). Da die Drahtfestigkeit so nicht ausgeschöpft wird, liegt auch die Verbundzugfestigkeit deutlich unter dem Erwartungswert nach dem Modell von Courtney. Darüber hinaus führt die mit dem Ausziehen des Drahtes aus der Restmatrix verbundene Reibung zu einem gegenüber dem prognostizierten Spannungsniveau im Bereich IV der Spannungs-Dehnungs-Kurve erhöhten Wert der Nennspannung.

Nach [COU90] ist es möglich u.a. aus der Grenzflächenscherfestigkeit σ_{deb} die kritische Faserlänge im Verbund aus

$$l_{krit} = \frac{\sigma_F^B \cdot d_F}{2 \cdot \sigma_{deb}} \qquad (4.11)$$

abzuschätzen, wenn man die Grenzflächenscherfestigkeit mit der maximal übertragbaren Schubspannung an der Grenzfläche gleichsetzt. Geht man davon aus, dass alle anderen Parameter der Formel (Festigkeit des Verstärkungselementes und dessen Dimensionen) gleich bleiben, erhöht der Abfall der Grenzflächenscherfestigkeit von 74 MPa auf 42 MPa die kritische Faserlänge auf den 1,76fachen Wert. Dies bedeutet real beim untersuchten Verbund einen Anstieg der kritischen Faserlänge von 13,6 mm auf rund 24 mm. Da für die Zugversuche Proben mit einer Messstreckenlänge von 20 mm (s. [MER11a]) verwendet wurden, könnte dieser Anstieg auf eine kritische Länge jenseits der Messstreckenlänge der Grund für das Ausziehen der Faser sein und die reduzierte Grenzflächenscherfestigkeit wäre in Übereinstimmung mit [MER11a] ursächlich für das beobachtete Verhalten. Dazu könnten weitere Einflüsse auf die Grenzfläche kommen, die das Modell nach Kelly bzw. Courtney nicht berücksichtigt, z.B. Eigenspannungen.

4.4.3 Quasistatische Druckbeanspruchung

Das Werkstoffverhalten verbundstranggepresster Verbundwerkstoffe unter Druckbeanspruchung wurde von [WEI06c][WEI06a][MER11a] eingehend untersucht. Die Untersuchungen wurden dabei an Werkstoffproben der in Bild 4.35 gezeigten Geometrie vorgenommen. Diese entspricht im Wesentlichen der auf 6 mm gekürzten Messstrecke der üblicherweise verwendeten Probengeometrie mit einem Verstärkungsgehalt von 11 Vol.-%. Das Verhältnis von Durchmesser zu Höhe beträgt dann 0,5, was ein Knicken der Gesamtprobe vermeidet.

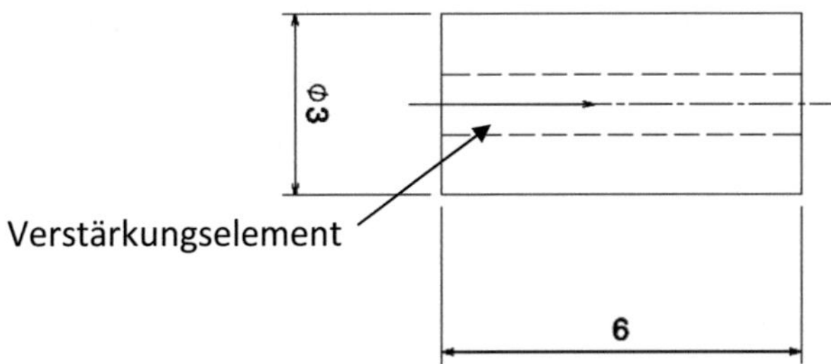

Bild 4.35:   Probengeometrie für Druckversuche an verstärkten Verbundprofilen [MER11a]
(vgl. auch [WEI06c][WEI06a])

4.4.3.1   *Verbunde mit Aluminiummatrix*

Untersuchungen am Werkstoffsystem EN AW-6060 + 1.4310 wurden von [WEI06c][WEI06a] veröffentlicht. Dabei kamen sowohl Volldrahtverstärkungen als auch eine Seilverstärkung (1x7) aus dem erwähnten Verstärkungswerkstoff zum Einsatz. Die Stauchungskurven sind im Vergleich zum unverstärkten Matrixmaterial (Kürzel hier: M-MD) in Bild 4.36 gezeigt.

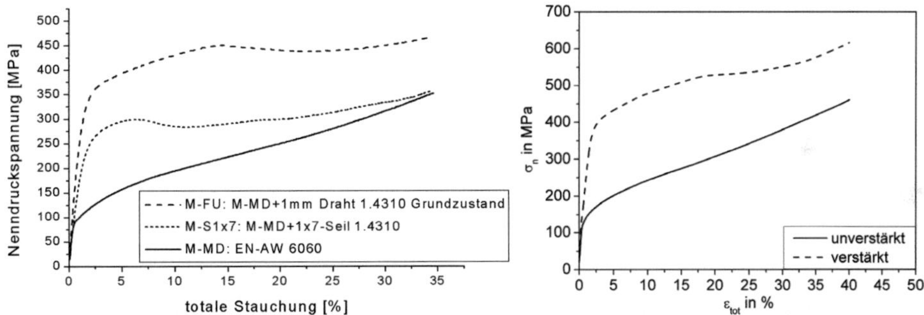

Bild 4.36:   Spannungs-Stauchungs-Kurven draht- und seilverstärkter Proben mit einer Matrix
aus EN AW-6060 im Vergleich zum unverstärkten Matrixmaterial [WEI06a] (vgl.
auch [WEI06c]) (links); Spannungs-Stauchungs-Kurven drahtverstärkter Proben
mit einer Matrix aus EN AW-6082 im Vergleich zum unverstärkten Matrixmaterial
[MER11a] (rechts)

Wird die Matrix mit einem 1x7-Seil oder einem Volldraht aus Federstahl verstärkt, so erhöht sich nach [WEI06a][WEI06c] die Stauchgrenze um 79 % bzw. um 192 %. Die Spannungen bei den lokalen Maxima liegen bei 284 MPa (seilverstärkt) und 454 MPa (drahtverstärkt). [MER11a] führte analoge Untersuchungen am Werkstoffsystem EN AW-6082 + 1.4310 durch (vgl. Bild 4.36), wobei hier nur eine Drahtverstärkung untersucht wurde. Hier erhöht sich die Stauchgrenze durch die Drahtverstärkung um 197 %. Damit liegt die Steigerung in der gleichen Größenordnung wie beim Werkstoffsystem EN-AW 6060. Die Ergebnisse fasst Tabelle 4.11 zusammen. Das Deformationsverhalten der Verbundproben und vor allem des darin enthaltenen Verstärkungselementes wurde von [WEI06a][WEI06c] unter Einsatz der Mikroröntgencomputertomographie visualisiert (vgl. Bild 4.37). Bei den seilverstärkten Proben kommt es jeweils an den Stirnflächen zu einem Aufdrillen des Seiles, in der Probenmitte ist die Aufweitung dagegen deutlich geringer. Sind die Proben mit Drähten verstärkt, wird der Draht an den Stirnflächen gestaucht, bis er in der Probenmitte bei hinreichend hoher Belastung ausbaucht und anschließend ausknickt.

Tabelle 4.11: Mechanische Eigenschaften drahtverstärkter Verbundproben (11Vol.-% Verstärkung) unter Druckbeanspruchung nach [WEI06a][WEI06c][MER11a]

Werkstoffsystem	Stauchgrenze $R_{p0,2;\,Druck}$ [MPa]	Lokale Maximaldruckspannung [MPa]
EN AW-6060	75	-
EN AW-6060 + 1 mm 1.4310	219	454
EN AW-6060 + 1x7 1.4310	134	284
EN AW-6082	130	-
EN AW-6082 + 1 mm 1.4310	385	ca. 530*

** Plateaubereich, kein ausgeprägtes lokales Maximum (s. Bild 4.36)*

Die Korrelation dieser Untersuchungsergebnisse mit der Entwicklung der Spannungs-Dehnungs-Kurve führt zur Erkenntnis, dass das lokale Maximum im Kurvenverlauf mit dem Versagen (Knicken) des Verstärkungselementes zusammenhängt [WEI06a][WEI06c]. Dies konnte von [MER11a] mit metallographischen Untersuchungen am Werkstoffsystem EN AW-6082 bestätigt werden (vgl. Bild 4.37). Untersuchungen am Querschliff nach den Versuchen ergab in allen Fällen keine gleichmäßige tonnenförmige Ausbauchung der Proben sondern eine ovale Form. Für die verstärkten Proben hängt dies nach [WEI06a] mit dem Ausknicken der Verstärkung zusammen. Bei den unverstärkten Proben taucht dieser Effekt ebenfalls auf und ist zunächst nicht einfach zu erklären. Metallographische Untersuchungen an den Werkstoffsystemen EN AW-6060 + 1.4310 [WEI06a] [WEI06c] und EN AW-6082 + 1.4310 [MER11a] kommen zu dem übereinstimmenden Ergebnis, dass hier ein Einfluss der Längspressnaht gegeben sein muss.

Bild 4.37:   *Proben nach dem Druckversuch: EN AW-6060 + 1x7 1.4310 (links, [WEI06a][WEI06c]); EN AW-6060 + 1 mm 1.4310 (Mitte, [WEI06a][WEI06c]); EN AW-6082 + 1 mm 1.4310 (rechts, [MER11a])*

Bild 4.38 belegt, dass die Ovalisierung grundsätzlich quer zur Längspressnaht stattfindet. Offensichtlich ist die Dehnung in Richtung der Naht behindert.

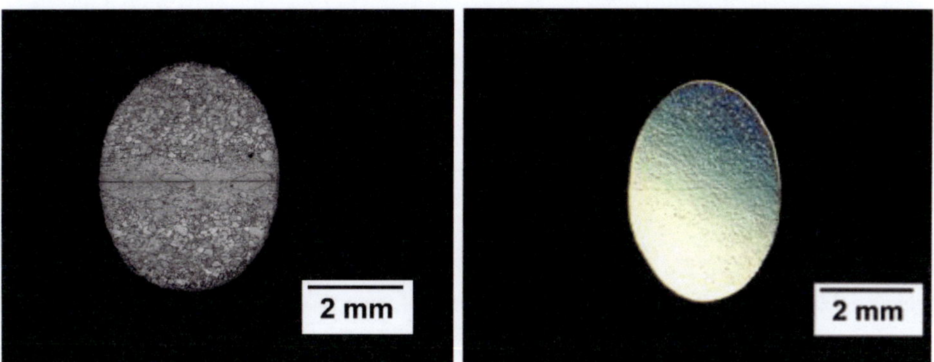

Bild 4.38:   *Querschliff einer unverstärkten Probe nach Druckversuch: EN AW-6060 (links, [WEI06a][WEI06c]); EN AW-6082 (rechts, [MER11a])*

4.4.3.2   Verbunde mit Magnesiummatrix

[MER11a] veröffentlichte auch Untersuchungen zum Verhalten von Verbunden des Typs AZ31 + 1.4310, wobei hier ebenfalls eine Drahtverstärkung eingesetzt wurde. Die Spannungs-Stauchungs-Kurve zeigt Bild 4.39. Im Vergleich zum Verformungsverhalten der Aluminiumverbunde ergeben sich deutliche Unterschiede. Schon das unverstärkte Matrixmaterial zeigt ein mehrstufiges Verfestigungsverhalten, wie es für AZ31 bereits von [YI06] beschrieben wurde.

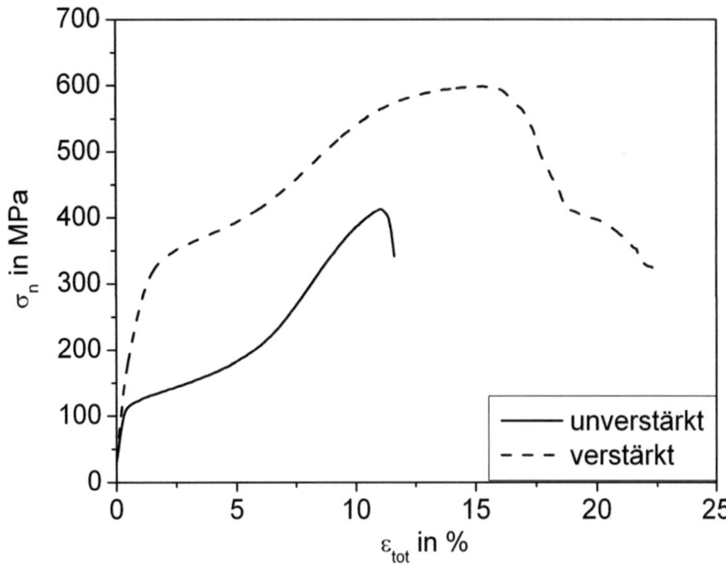

Bild 4.39:   Spannungs-Stauchungs-Kurve drahtverstärkter Proben mit einer Matrix aus AZ31
im Vergleich zum unverstärkten Matrixmaterial [MER11a]

Dieses bildet sich auch in der Verbundkurve ab, die darüber hinaus nicht nur ein lokales sondern – wie die Kurve des unverstärkten Materials – ein globales Maximum besitzt. Es lässt sich somit eine echte Druckfestigkeit bestimmen. Die Werte sind in Tabelle 4.12 angegeben.

Tabelle 4.12:   Mechanische Eigenschaften drahtverstärkter Verbundproben (11Vol.-%
Verstärkung) unter Druckbeanspruchung nach [WEI06a][WEI06c][MER11a]

Werkstoffsystem	Stauchgrenze $R_{p0,2;\;Druck}$ [MPa]	Druckfestigkeit [MPa]
AZ31	124	433
AZ31 + 1 mm 1.4310	323	598

Der Unterschied im Verformungsverhalten wird besonders deutlich, wenn man die von [MER11a] veröffentlichten metallographischen Befunde mit betrachtet: Es kommt hier nach dem Stauchen und anschließenden Knicken des Verstärkungselementes zu einem spröden Versagen des Matrixmaterials durch Bruch (vgl. Bild 4.40). Im Längsschliff sieht man dabei deutlich, dass die Bruchlinien unter 45° zur Probenachse verlaufen. Dazu ist jedoch festzustellen, dass die Bruchtotaldehnung durch die

Verstärkung im Vergleich zum unverstärkten Werkstoff ansteigt. Erst das Ausknicken der Verstärkung führt unmittelbar zum Sprödbruch des Matrixmaterials.

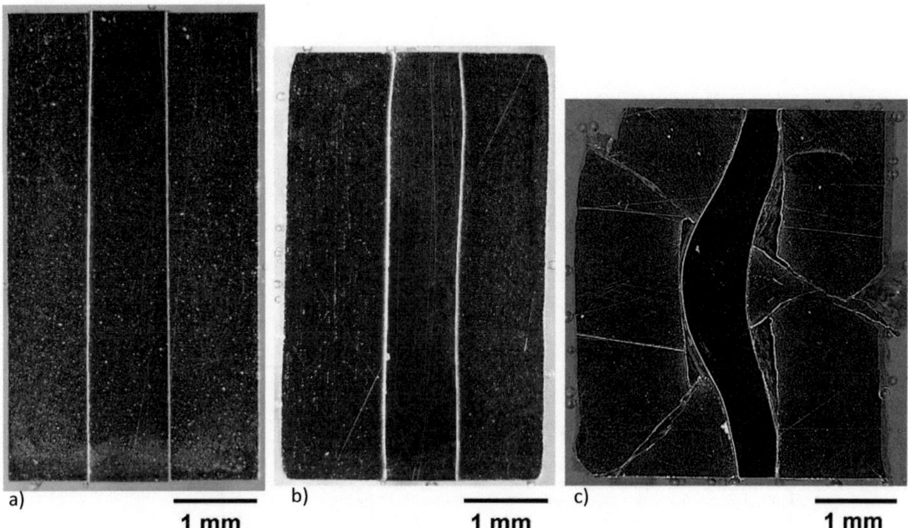

Bild 4.40:   Schädigungsverhalten einer Probe des Werkstoffsystems AZ31 + 1.4310 im Druckversuch: a) εt = 7 %, b) εt = 17 %, c) nach Versagen, εt ≈ 24,7 % [MER11a]

4.4.4 Zyklische Beanspruchungen

Untersuchungen unter schwingender, d.h. zyklischer Beanspruchung sind für eine spätere Anwendung von Ingenieurswerkstoffen wesentlich, da die meisten Anwendungen eine dauer- oder zumindest wechselfeste Auslegung von Bauteilen und Strukturen erfordern.

Untersuchungen zur Wechselfestigkeit von Verbundstrangpressprofilen bzw. von Bauteilen daraus wurden bereits von Alusingen zu Beginn deren Aktivitäten zum Verbundstrangpressen veröffentlicht. Da die Fragestellung hierbei jedoch eher auf die Grenzflächeneigenschaften und die Anwendung als Verbundstromschiene abzielte, sind die Ergebnisse im anwendungsbezogenen Kapitel 5.1 dargestellt. Ebenfalls Anwendungsbezug hatten die z.B. von [HAM09a] veröffentlichten Arbeiten basierend auf den Systemen EN AW-6056 und EN AW-2099, die Einsatz in verbundstranggepressten Stringerbauteilen finden sollten. Diese Arbeiten werden in Kapitel 5.2.2 vorgestellt.

Systematische, werkstoffkundlich motivierte Untersuchungen auf Probenmaßstab an Verbundprofilen wurden erstmals von [WEI07c][SCH06e] (vgl. auch [WEI06a]) auf Basis der Matrixlegierung EN AW-6060 durchgeführt. In Folge sind grundlegende Arbeiten an Verbundwerkstoffsystemen auf Basis EN AW-6082 und AZ31 erschienen [MER11b]. Um den Einfluss des Verstärkungselementes sinnvoll sichtbar zu machen, ist die Wahl einer Probengeometrie mit einem ausreichenden Verstärkungsgehalt sinnvoll. In Anlehnung an die in Bild 4.26 gezeigte Zugprobe, wurde von [WEI07c] und [SCH06e] die in Bild 4.41 gezeigte Probengeometrie für zyklische Versuche konzipiert, die auch rein wechselnde Versuche bei R = -1 zulässt, ohne dass Knicken der Messstrecke auftritt. Diese Probegeometrie wurde auch als Basis für die zitierten Folgearbeiten verwendet.

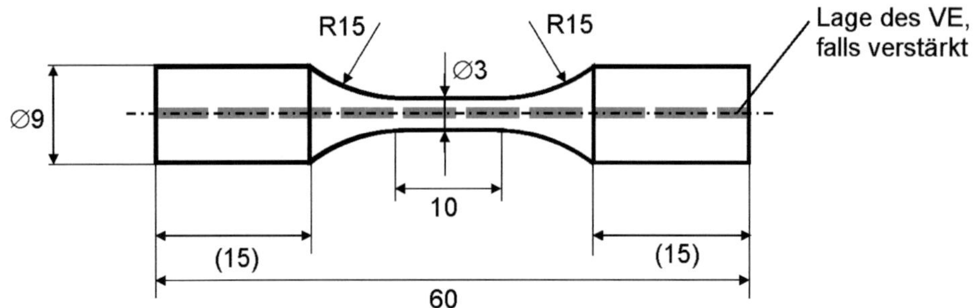

Bild 4.41: Probengeometrie für zyklische Versuche an verbundstranggepressten Werkstoffsystemen nach [WEI07c][SCH06e] (vgl. [WEI06a])

4.4.4.1 *Verbunde mit Aluminiummatrix*

Die von [WEI07c] und [SCH06e] (vgl. auch [WEI06a]) publizierten Arbeiten betrachteten seil- und drahtverstärkte Systeme, wobei auch Einflüsse des Grenzflächenzustandes teilweise mitbetrachtet wurden. Dabei sind sowohl Untersuchungen zur Ermittlung der zyklischen Spannungs-Dehnungs-Kurve mit dem Ziel der Ableitung einer Lebensdauerprognose als auch einstufige Dauerschwingversuche bei 30 Hz durchgeführt worden. Das Lastverhältnis betrug in beiden Fällen R = -1.

Die Laststeigerungsversuche ergaben bei allen Verbunden einen vom unverstärkten Matrixmaterial deutlich abweichenden Verlauf der Wechselverformungskurven. Dieser Verlauf ist wiederum bei allen Verbunden ähnlich [SCH06e] und im Vergleich zum unverstärkten Material (hier: M-MD) in Bild 4.42 für einen federstahldrahtverstärkten Verbund ohne Drahtvorbehandlung (M-FU) dargestellt.

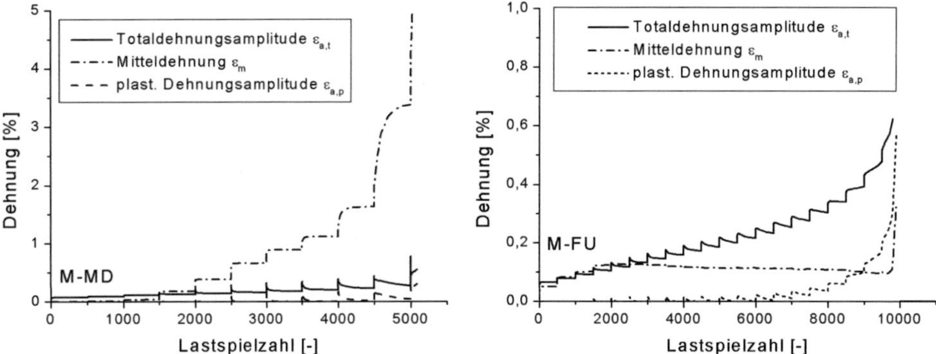

Bild 4.42:   *Wechselverformungskurven des Matrixmaterials M-MD (links) und einer mit Federstahldraht verstärkten Probe M-FU (rechts) im Laststeigerungsversuch bei R = -1 [WEI07c][SCH06e] (vgl. [WEI06a])*

Bei den Verbunden ist im Gegensatz zur unverstärkten Matrix ab ca. der 4. Laststufe kein weiterer Mitteldehnungsanstieg mehr festzustellen. Insgesamt ist der Mitteldehnungsanstieg bei der unverstärkten Matrix deutlich stärker. Da der Mitteldehnungsaufbau versagenskritisch ist, kommen [WEI07c] und [SCH06e] zu der Erkenntnis, dass die Verstärkungselemente die Lebensdauer deutlich steigern sollten. Dauerschwingversuche konnten diese Prognose bestätigen, wie die in Bild 4.43 gezeigten Wöhlerkurven belegen. Bei allen Drahtverbunden liegt die 10^7-Wechselfestigkeit (bestimmt aus dem Durchläuferniveau) über der des unverstärkten Materials. Ein Einfluss der Grenzflächenscherfestigkeit auf den Festigkeitskennwert ist in Übereinstimmung mit den Ergebnissen aus den quasi-statischen Zugversuchen nicht zu erkennen (vgl. Kapitel 4.4.2). Bei den Seilverbunden ergibt sich nur im Kurzzeitfestigkeitsbereich eine Verbesserung der Lebensdauer, jedoch nicht bei der Wechselfestigkeit. [WEI07c] [SCH06e] leiteten aus den Laststeigerungsversuchen auf Basis eines Modells von Christ (vgl. [WEI07c] [SCH06e]) Prognosen für die 10^7-Wechselfestigkeit ab, wobei abweichend von Christs Vorschlag, die Berechnung mit Zugfestigkeit statt mit der Bruchfestigkeit vorgenommen wurde, was hinsichtlich des quasistatischen Verhaltens der Verbunde als Basis des Modells sinnvoller erscheint.

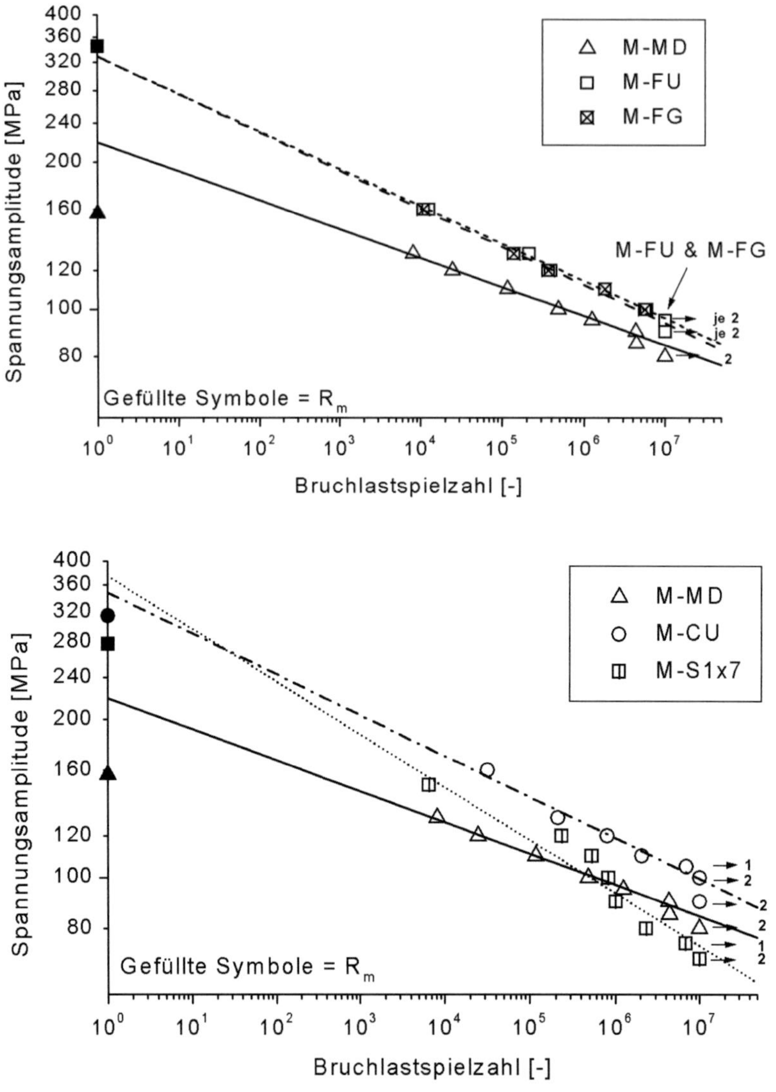

Bild 4.43:   Wöhlerkurven der untersuchten Probenvarianten M-FU und M-FG (oben) sowie M-CU und M-S1x7 (unten) jeweils im Vergleich zum Matrixmaterial M-MD[1] [WEI07c][SCH06e] (vgl. [WEI06a])

---

[1] M-S1x7: 1x7-seilverstärkter Verbund (Federstahl); M-FU: Federstahldrahtverstärkter Verbund (Grundzustand); M-FG: Federstahldrahtverstärkter Verbund (geschliffen); M-CU: Kobaltbasisdrahtverstärkter Verbund (Grundzustand); M-MD: Matrixmaterial (Aluminiumlegierung EN AW-6060 im Zustand T4) aus derselben Pressung wie die Drahtverbunde

Die Vorhersagen sind in Tabelle 4.13 gemeinsam mit den relevanten Kennwerten und im Vergleich zu den tatsächlich bestimmten Wechselfestigkeiten gezeigt. Im Falle des unverstärkten Materials und der Drahtverbunde stimmt die Prognose gut mit den in Wöhlerversuchen ermittelten Werten überein, die Abweichung liegt in der Größenordnung von 15 % [WEI07c][SCH06e]. Dies gilt jedoch nicht für den Seilverbund, der mit einer Wechselfestigkeit von 70 MPa nicht nur rund 37 % unter der Prognose sondern – wie bereits geschildert – auch unter dem Wert der unverstärkten Matrix liegt.

Tabelle 4.13:   Zyklische Kennwerte verstärkter Proben unter zyklischer Beanspruchung: Abgleich der Wechselfestigkeitsprognose aus dem Laststeigerungsversuch mit dem Ergebnis des Wöhlerversuchs [WEI07c][SCH06e] (vgl. [WEI06a])

Werkstoffsystem	$\sigma_{a,max}$ (LSV)[‡] [MPa]	Stufen bis Bruch	$\sigma_C{}^B$ bzw. R_m [MPa]	$R_{W(1E7)}$* (Progn.) [MPa]	$R_{W(1E7)}$ (exp.) [MPa]
EN AW-6060 unverstärkt	150	11	157	75	80
EN AW-6060 + 1 mm 1.4310 UB	244	20	346	110	95
EN AW-6060 + 1 mm 1.4310 geschliffen	246	21	342	102	95
EN AW-6060 + 1 mm Haynes 25	258	22	310	99	95
EN AW-6060 + 1x7 1.4310	210	17	278	111	70

[‡] *LSV: Laststeigerungsversuch*

Ursächlich sind Unterschiede im Versagensverhalten zwischen den Seil- und den Drahtverbunden, die von [WEI07c] und [SCH06e] durch metallographische Untersuchungen aufgeklärt werden konnten. Die Ergebnisse sind in Bild 4.44 gezeigt. Der Anriss im Drahtverbund erfolgt wie beim unverstärkten Material an der Oberfläche. Beim Seilverbund kommt es aufgrund der Kerbwirkung an den Litzenwindungen zusätzlich zur Anrissbildung an der Seil-Matrix-Grenzfläche. Damit spielt hier die Rissinitiierung an der Grenzfläche für die Lebensdauer und die ertragbare Spannungsamplitude eine wesentliche Rolle [SCH06e]: Erfolgt das Versagen ausgehend von der Oberfläche entspricht dies eher dem für Vollmaterialien üblichen Rissinitiierungsmechanismus. Da die von Christ (vgl. [WEI07c] [SCH06e]) geschilderten Zusammenhänge für das Wechselverformungsverhalten an Vollmaterialien abgeleitet wurden, ist eine Koinzidenz zwischen Prognose und experimentell bestimmter Wechselfestigkeit nur dann wahrscheinlich, wenn das Versagensverhalten der Verbunde dem eines Vollmaterials entspricht. Dies ist nach den Beobachtungen von [WEI07c][SCH06e] (vgl. [WEI06a]) nur für die Drahtverbunde gegeben. [WEI06a] führt dazu aus, dass bei den Drahtverbunden zunächst die Matrix und dann anschließend der Draht bis zu dessen Gewaltbruch ermüdet.

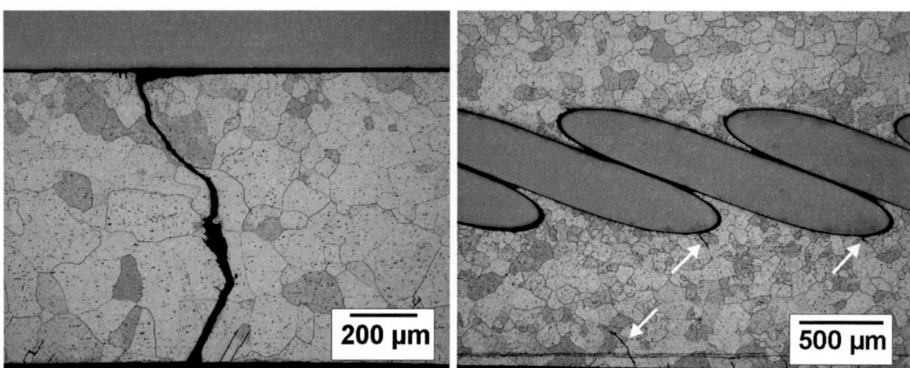

Bild 4.44: *Längsschliffe an Proben des Typs M-FG (links) mit Anrissbildung an der Oberfläche und M-S1x7 (rechts) mit Anrissen an der Probenoberfläche und an der Grenzfläche [WEI07c][SCH06e] (vgl. [WEI06a])*

Daher ist nach [WEI06a] anzunehmen, dass unmittelbar vor dem Probenbruch vor allem das Verstärkungselement die Verbundspannung σ_C trägt. Ausgehend von der ermittelten Wechselfestigkeit von 95 MPa für die Drahtverbunde beträgt, unter der Annahme, dass die Matrix keine Last trägt, die auf das Verstärkungselement wirkende Spannungsamplitude 855 MPa. Nach [SUR98] liegt die Wechselfestigkeit der meisten Stähle bei rund 35-50% ihrer Zugfestigkeit. Dieser Abschätzung folgend ergibt dies für den Federstahldraht einen Wert von 700-1000 MPa und für den Kobaltbasisdraht einen Bereich von 600-850 MPa für die Drahtwechselfestigkeit. Damit ist nach [WEI06a] davon auszugehen, dass die Wechselfestigkeit der Verbunde primär durch die Wechselfestigkeit der verwendeten Drahtwerkstoffe bestimmt wird. Diese Abschätzung trifft auch auf den Seilverbund zu: Hier werden vom Seil bei völlig lastfreier Matrix rund 630 MPa getragen. Dieser Wert liegt innerhalb des nach [SUR98] geschätzten Bereichs von 475-675 MPa. Hier bestimmt jedoch vor allem die Kerbwir-

164

kung der Seile das Versagensverhalten, weshalb dieser Verbundtyp eine geringere Zuverlässigkeit besitzt als die Drahtverbunde.

[MER11b] führte Wöhlerversuche am Werkstoffsysterm EN AW-6082 + 1.4310 durch, wobei sein Hauptaugenmerk nicht auf der Analyse des Matrixwerkstoffeinflusses auf das Schwingverhalten ruhte, sondern gezielt der Einfluss von Wärmebehandlungen betrachtet wurde. Zu diesem Zweck wurden Profile des Querschnitts 40x10 mm² nach dem Strangpressen entweder direkt abgeschreckt und kaltausgelagert (T4) oder für 1 h bei 530 °C lösungsgeglüht, abgeschreckt und dann für weitere 5 h bei ca. 190 °C warmausgelagert [MER11b] (T6). Anschließend wurden Proben der in Bild 4.41 gezeigten Messstreckengeometrie entnommen und bei einem Lastverhältnis von R = -1 schwingend geprüft. Die Ergebnisse für den Wärmebehandlungszustand T4 sind somit mit jenen von [WEI07c][SCH06e] vergleichbar, die EN AW-6060 ebenfalls im Zustand T4 untersuchten. Bild 4.45 zeigt, dass für EN AW-6082 im Zustand T4 durch die Verstärkung durchgängig eine verstärkende Wirkung erreicht wird – ausgehend von dem an sich höheren Niveau der Wechselfestigkeit des Matrixmaterials.

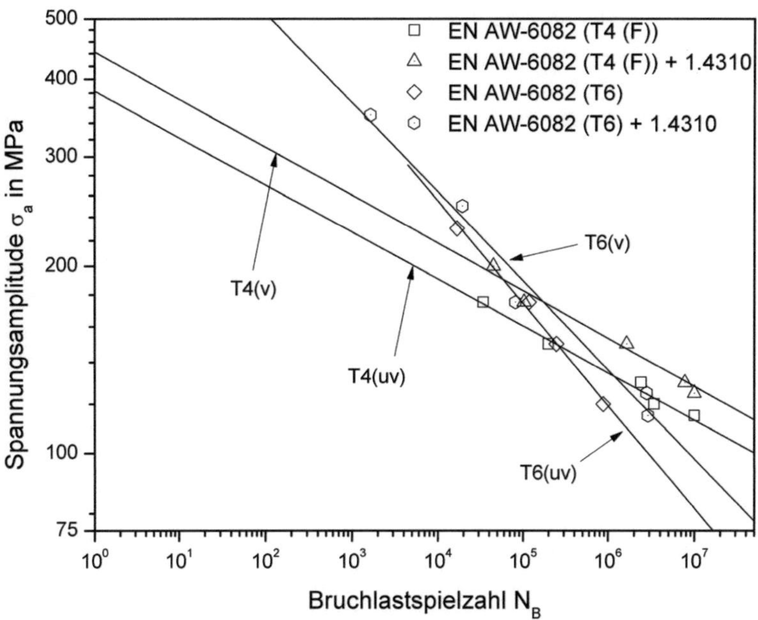

Bild 4.45:   Vergleich der ermittelten Wöhlerkurven im Wärmebehandlungszustand T4 (F) und T6 des federstahldrahtverstärkten (Vf = 11 Vol.-%) und unverstärkten Werkstoffs EN AW-6082 [MER11b]

Die weitere Steigerung der Wechselfestigkeit durch die Verstärkung beträgt jedoch nur rund 10 MPa. Für den Zustand T6 ist ein ungünstigeres Wechselverformungsverhalten im Vergleich zum Zustand T4 zu beobachten [MER11b]: Unterhalb einer Spannungsamplitude von ca. 150 MPa liegt der Zustand T6 schlechter als der Zustand T4. Gleichzeitig deutet sich zwischen der unverstärkten und der verstärkten EN AW-6082 ein Übergang bei ca. 300 MPa an, oberhalb dessen die unverstärkte Matrix ein besseres Wechselverformungsverhalten aufweisen könnte als das verstärkte Material. Grund hierfür könnte ein Übergang im Rissentstehungsmechanismus von der Oberfläche auf die Grenzfläche sein. Leider reicht die bei [MER11b] gegebene Datenbasis nicht aus, um dies endgültig zu belegen. Die bei [MER11b] gezeigten Untersuchungen zur Rissausbreitung zeigen, dass bei den Verbunden im Wärmebehandlungszustand T4 Rissausbreitung von der Matrixoberfläche zum Verstärkungselement hin stattfindet (vgl. Bild 4.46). Daran anschließend kommt es zur Rissinitiierung im Verstärkungselement. [MER11b] macht keine Angaben darüber, ob im Wärmebehandlungszustand T6 generell oder in den veerschiedenen Zeitfestigkeitsbereichen andere Rissausbreitungsmechanismen gefunden werden und liefert auch keinen anderweitigen Erklärungsansatz für die Unterschiede zwischen den Wärmebehandlungszuständen bezüglich des Wechselverformungsverhaltens.

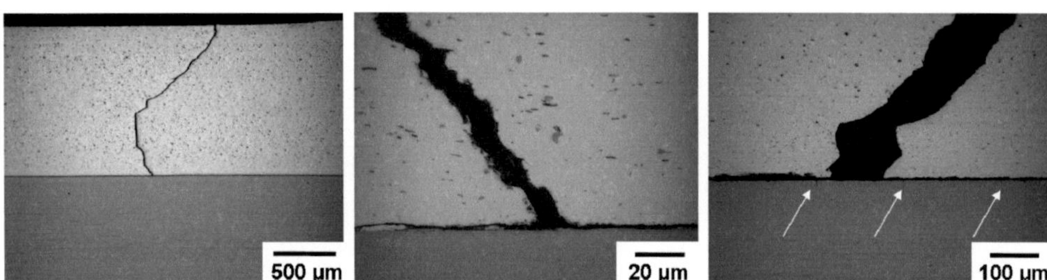

Bild 4.46: Längsschliffe zum Rissausbreitungsverhalten mit zunehmender Lastspielzahl; innerhalb der Matrix (links), mit Grenzflächenablösung (Mitte), Anriss des Verstärkungselementes (rechts) (EN AW-6082 T4 + 1.4310, σa = 175 MPa) [MER11b]

4.4.4.2   Verbunde mit Magnesiummatrix

Bei [MER11b] sind auch Wöhlerkurven (siehe Bild 4.47) für magnesiumbasierte Verbunde des Werkstoffsystems AZ31 + 1.4310 publiziert. Auch hier betrug der Verstärkungsgehalt in der Messstrecke durch die Verwendung eines Volldrahtes mit 1 mm Durchmesser 11 Vol.-%. Als Lastverhältnis wurde ebenfalls R = -1 gewählt.

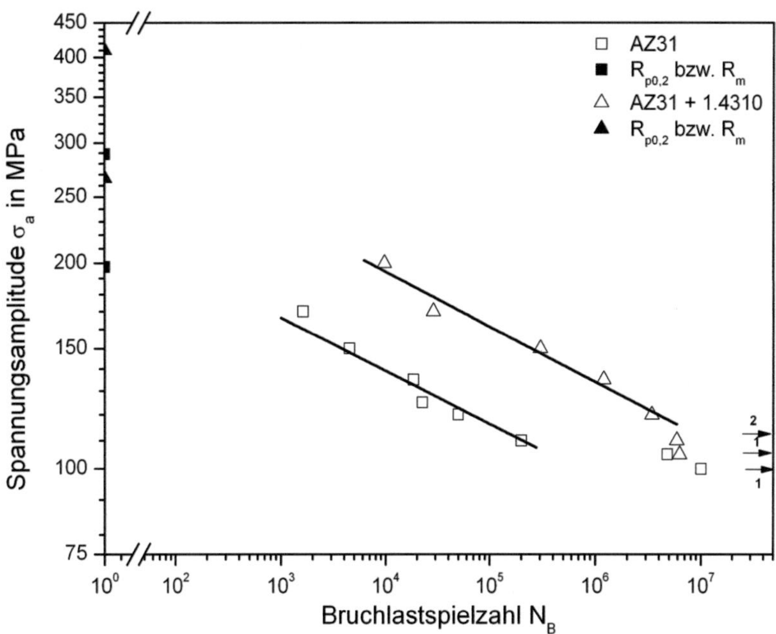

Bild 4.47:   Vergleich der ermittelten Wöhlerkurven des federstahldrahtverstärkten (Vf = 11 Vol.-%) und unverstärkten Werkstoffs AZ31 [MER11b]

Wie bei den Aluminiumverbunden im Zustand T4 (Matrizes: EN AW-6060; EN AW-6082) verlaufen die Wöhlerlinien für die unverstärkten und die verstärkten Proben parallel. Im Zeitfestigkeitsbereich ist bei einer gegebenen Spannungsamplitude die Lebensdauer durch die Verstärkung um ungefähr eine Größenordnung erhöht. Wie in den bisher gezeigten Kurven sind auch hier nur die Mittelwerte der einzelnen Lasthorizonte dargestellt.

4.4.5 Dynamische Beanspruchungen

Die Prüfung unter schlagartiger Beanspruchung kann an Verbundstrangpressprofilen nur vergleichend an identischen Probengoemetrien vorgenommen werden, da durch die Biegebeanspruchung mit ihrer inhomogenen Lastverteilung über den Probenquerschnitt kein wirksamer Faservolumengehalt angegeben werden kann. Bisher erschienene Arbeiten zum Verhalten von Strangpressverbunden unter schlagartiger (dynamischer) Beanspruchung, wurden – sofern nicht als technologische Schlagversuche angelegt (vgl. Kapitel 5.2.1) – mit der in Bild 4.48 gezeigten Probengeometrie durchgeführt [WEI09a][WEI06a].

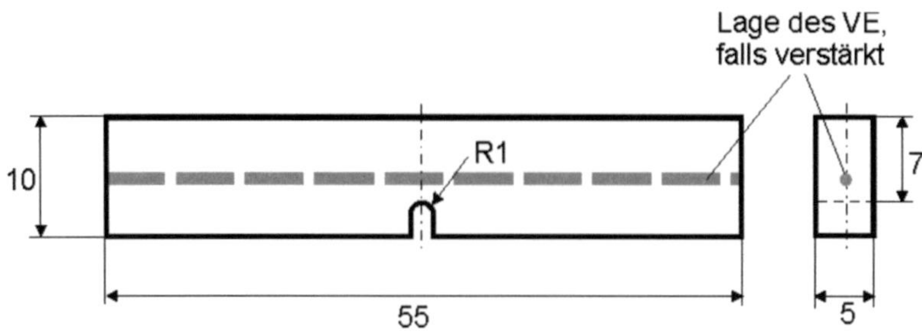

*Bild 4.48:   Geometrie für Kerbschlagbiegeversuche an Proben aus verstärkten
Verbundprofilen nach [WEI06a][WEI09a]*

Es handelt sich dabei hinsichtlich der äußeren Form um DVM-5-Proben nach DIN
50115, die in der zentralen Achse mit einem Verstärkungselement von 1 mm Durchmesser verstärkt sind. Bei [WEI09a] sind Ergebnisse zu drahtverstärkten Verbunden
auf Basis der Matrixlegierung EN AW-6060 veröffentlicht; bei [WEI06a] wurde zusätzlich eine Seilverstärkung mit betrachtet.

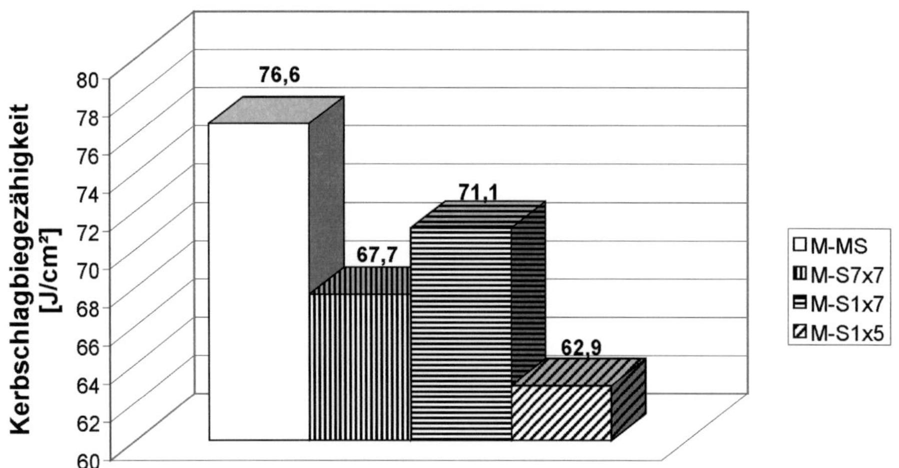

Bild 4.49:   Kerbschlagbiegezähigkeiten seilverstärkter Proben[2] [WEI06a]

---

[2] M-MS: Matrixmaterial (Aluminiumlegierung EN AW-6060 im Zustand T4) aus derselben
Pressung wie die Seilverbunde; M-S7x7: 7x7-seilverstärkter Verbund (Inconel 601); M-S1x7:
1x7-seilverstärkter Verbund (Federstahl); M-S1x5: 1x5-seilverstärkter Verbund (Federstahl,
biegsame Welle)

Bei einer Seilverstärkung mit den bereits vorgestellten Verstärkungselementen (vgl. Kapitel 4.4.2.1) lässt sich nach [WEI06a] keine Verstärkungswirkung gegenüber der unverstärkten Matrix feststellen, wie die Übersichtsdarstellung in Bild 4.49 zeigt. Dies ist vermutlich auf die starke innere Kerbwirkung der kavitätsbehafteten Seilkonstruktionen zurückzuführen, die die Rissausbreitung in der Kerbgrundfläche eher beschleunigen als verlangsamen. Dennoch spiegelt sich bei den Seilverbunden die statische Festigkeit der Verstärkungselemente (vgl. Kapitel 4.4.2.1) auch in der Rangfolge der Kerbschlagzähigkeit der Verbunde wider: Je fester das Verstärkungselement, desto höher die Kerbschlagzähigkeit. Im Vergleich zum unverstärkten Matrixmaterial beträgt der Zähigkeitsverlust im günstigsten Fall allerdings immer noch rund 8 %.

Eine Drahtverstärkung dagegen führt nach [WEI06a][WEI09a] bei Raumtemperatur zu einer erhöhten Kerbschlagbiegezähigkeit der Verbunde gegenüber der unverstärkten Matrix, wie Bild 4.50 zeigt. Dargestellt sind nur Ergebnisse für Verbunde mit unbehandelten Drähten, bei [WEI06a] sind auch Untersuchungen zum Einfluss von Drahtvorbehandlungen veröffentlicht, dabei deutet sich im Fall des Federstahldrahtes ein Einfluss des Grenzflächenzustand an: Die gebeizte und geschliffene Drahtoberfläche erhöhen die Kerbschlagbiegezähigkeit tendenziell etwas gegenüber dem unbehandelten Grundzustand – der Trend ist jedoch schwach.

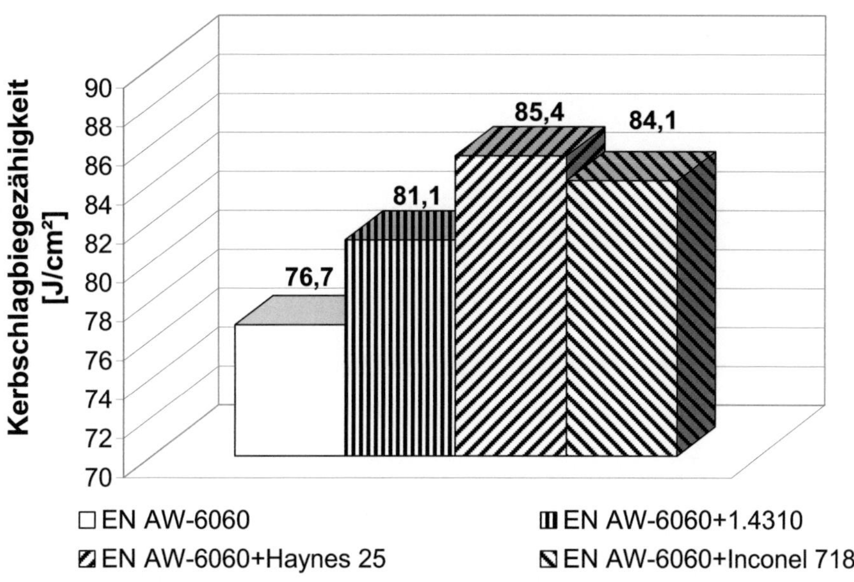

Bild 4.50:   Kerbschlagbiegezähigkeiten drahtverstärkter Proben [WEI09a]

Die Erhöhung der Kerbschlagbiegezähigkeit beträgt im günstigsten Fall (6060 + Haynes 25) rund 11 %. Die geringste Steigerung gegenüber dem unverstärkten Matrixmaterial bietet eine Verstärkung mit einem Federstahldraht 1.4310, dessen Einsatz die Kerbschlagzähigkeit um rund 6 % erhöht. Die Unterschiede in den Zähigkeiten der einzelnen Drahtverbunde unterschiedlicher Verstärkungsmaterialien sind damit gering, aber durchaus signifikant. Jedoch entspricht hier, im Gegenssatz zu den Seilverbunden, die Reihenfolge in den Kerbschlagzähigkeiten nicht jene der statischen Festigkeiten. Es spielt das Verformungsverhalten der Verstärkung ebenfalls eine gewisse Rolle.

Fraktographische Untersuchungen ([WEI06a][WEI09a]) zeigen in allen untersuchten Fällen, dass die Kerbschlagbiegeproben beim Charpy-Test nicht vollständig getrennt werden, wenngleich dies nicht für die Verstärkungselemente selbst gilt. Dies gilt auch für die unverstärkten Proben. Durch die Belastung bildet sich jeweils eine Bruchfläche, in die von links und rechts die nun freiliegenden, durchtrennten Verstärkungselemente hineinragen. Exemplarisch ist dies in Bild 4.51 am Beispiel federstahldrahtverstärkter Proben gezeigt.

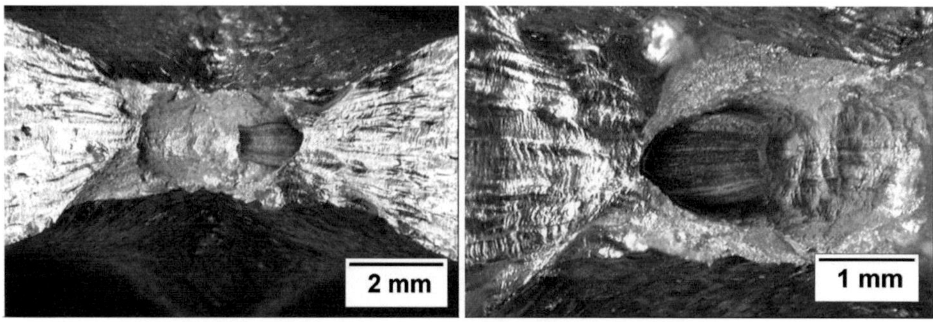

Bild 4.51: Bruchflächen von Kerbschlagproben der mit Federstahldraht verstärkten Probenvariante (EN AW-6060 + 1.4310) [WEI09a][WEI06a]

Als Bruchflächengrund wird im Folgenden der von der duktilen Einschnürung sich deutlich unterscheidende spröde Anteil der Bruchfläche im Kerbgrund bezeichnet. Alle untersuchten Draht- und Seilverbunde zeigen eine ähnliche Bruchmorphologie, wobei die Einzeldrähte vor allem bei den Seilverbunden teilweise ausgezogen werden. Der Federstahldraht ist dabei der einzige Verstärkungsdraht, der trotz der dynamischen Beanspruchung eine starke duktile Einschnürung und eine Teller-Tassen-Bruchmorphologie zeigt. Sowohl der Nickelbasis- als auch der Kobaltbasisdraht versagen spröde, wobei dies bei letztgenanntem Draht stärker ausgeprägt ist. Vor allem so ist es zu erklären, dass die Zähigkeit des Verbundes EN AW-6060 + Haynes 25 schlechter ist als jene des Verbundes EN AW-6060 + Inconel 718, wohingegen die Reihenfolge der statischen Festigkeit der Verstärkungselemente anderes erwarten ließe. Hinsichtlich der Breite des Bruchflächengrundes treten vergleichsweise geringe, aber dennoch messbare, Unterschiede zu Tage. Dabei besteht für die seil- sowie die drahtverstärkten Verbunde jeweils eine näherungsweise lineare Korrelation zwischen der Bruchflächengrundbreite und der Kerbschlagbiegezähigkeit, wie Bild 4.52 belegt.

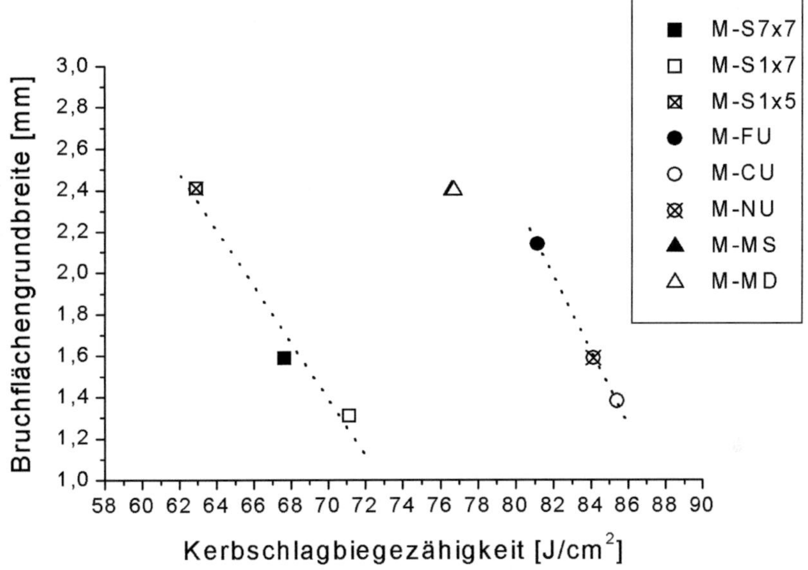

Bild 4.52:   Zusammenhang zwischen Bruchflächengrundbreite und Kerbschlagbiegezähigkeit verstärkter Verbunde[3] [WEI06a] (vgl. [WEI09a])

---

[3] M-S7x7: 7x7-seilverstärkter Verbund (Inconel 601); M-S1x7: 1x7-seilverstärkter Verbund (Federstahl); M-S1x5: 1x5-seilverstärkter Verbund (Federstahl, biegsame Welle): M-FU: Federstahldrahtverstärkter Verbund (Grundzustand); M-CU: Kobaltbasisdrahtverstärkter Verbund (Grundzustand); M-NU: Nickelbasisdrahtverstärkter Verbund (Grundzustand); M-MD: Matrixmaterial (Aluminiumlegierung EN AW-6060 im Zustand T4) aus derselben Pressung wie die Drahtverbunde; M-MS: Matrixmaterial (Aluminiumlegierung EN AW-6060 im Zustand T4) aus derselben Pressung wie die Seilverbunde

Erwartungsgemäß nimmt die Bruchflächengrundbreite, d.h. der Sprödbruchanteil mit abnehmender Kerbschlagzähigkeit zu. Dieser Effekt wäre auch bei unverstärkten Proben prinzipiell zu erwarten. Zu erwähnen ist jedoch, dass es einen Versatz zwischen der Kurve der Draht- und der Seilverstärkung gibt, der einzig durch den Festigkeitsunterschied zwischen Seilen und Drähten zu erklären ist. Damit liefert die Verstärkung einen echten Beitrag zum Energieverzehr beim Bruch.

Hinsichtlich einer späteren Anwendung bei denen schnelle, bauteilnahe Belastungen zu erwarten sind, wie z.B. im Automobilbereich (vgl. Kapitel 5.2.1), bieten drahtverstärkte Verbunde gegenüber seilverstärkten Varianten das höhere Anwendungspotenzial.

4.4.6 Beschreibung der Schädigungsentwicklung mittels Schallemissionsanalyse

Die qualitative Beschreibung der Schädigungsentwicklung von mechanisch charakterisierten Proben aus Verbundstrangpressprofilen mittels fraktographischer oder metallographischer Methoden wurde in den vergangenen Jahren von der Arbeitsgruppe des Autors umfassend genutzt (vgl. z.B. [WEI06a][WEI07b][MER09a][MER11b]). Diese Verfahren ermöglichen jedoch kaum eine Quantifizierung der Schädigungsentwicklung und definitiv keine Möglichkeit, die Schädigungsentwicklung im Versuch schädigungsfrei kontinuierlich zu beobachten.

Die Schallemissionsanalyse (SEA) ist ein wissenschaftlich etabliertes Verfahren zur Analyse der Schädigungsentwicklung und bietet sich insbesondere bei Verbunden an, da die Schädigungsentwicklung in den verschiedenen Komponenten (Matrix und Verstärkung) nicht parallel läuft. Schon die in Bild 4.46 gezeigten Schliffe belegen, dass in verbundstranggepressten Werkstoffproben zunächst die Matrix und dann das Verstärkungselement ermüdet – dies sollte sich auch quantitativ abbilden lassen. Problematisch bei der SEA ist der Einfluss von Störgeräuschen, was den Einsatz in zyklischen Versuchen deutlich erschwert [GRO96][GRO96][GRO06][MAZ05]. Durch die Entwicklung deutlich störungsärmerer Prüfmaschinen auf Basis eines Linearmotorantriebes und speziell entwickelter Probenhalterungen ist es gelungen, die SEA auch unter schwingender Beanspruchung für die Analyse des Schädigungsverhaltens stranggepresster Verbunde einzusetzen [MER08c][WEI10b][MER09a] [MER11b]. Dazu wurde bei [MER08c] zunächst ein Versuchsaufbau entwickelt, der die Installation elektrisch und mechanisch entkoppelter Ultraschallsensoren an den Köpfen von Versuchsproben ermöglicht (vgl. Bild 4.53). Die Probengeometrie wurde aus der in Bild 4.41 dargestellten weiterentwickelt [WEI10b] und verfügt bei derselben Messstreckendimensionierung über glatte Probenköpfe zur Sensorinstallation. Bei [MER08c] sind erste Arbeiten zur Optimierung des Detektionsverfahrens veröffentlicht. Es wurden zunächst die Unterschiede in den emittierten Signalen ohne Belastung der Probe und unter Last verglichen. So war es möglich, ein Frequenzspektrum zu ermitteln, in dem der Ursprung der Schallsignale der Probe und nicht der Versuchseinrichtung zuzuordnen war.

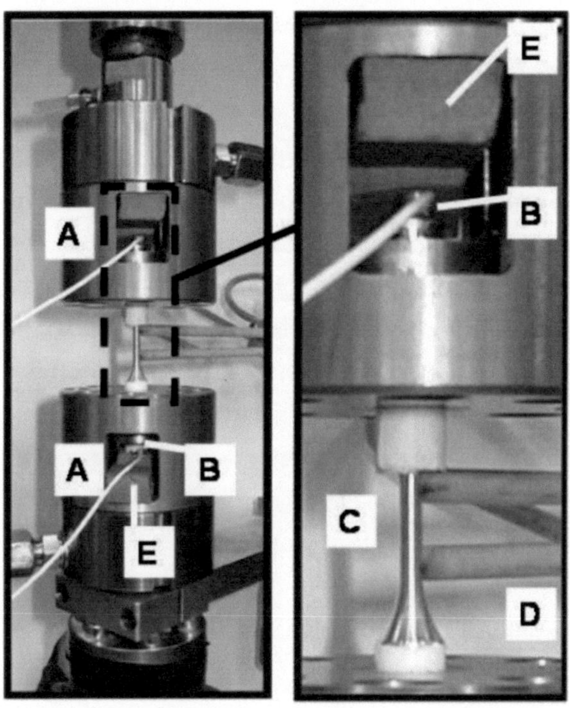

*Bild 4.53:   Versuchsaufbau zur Anwendung der SAE unter schwingender Beanspruchung:
Probeneinspannung (links), Installation der Schallsensoren (rechts)[4] [MER08c]*

Eine Analyse der emittierten akustischen Energie im Vergleich zur Entwicklung der plastischen Dehnung über die Versuchsdauer hat gezeigt, dass die SEA unter zyklischer Belastung belastbare und aussagekräftige Informationen über den Schädigungsfortschritt liefern kann.

---

[4] A: Öffnungen in den Spannzangen; B: Schallsensoren; C: Probe; D: Extensometer; E: Schaumgummi

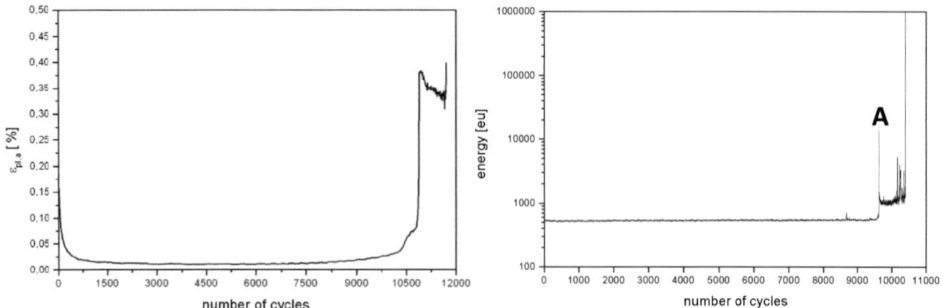

Bild 4.54: Untersuchungen zur Schädigungsentwicklung [MER08c]: Entwicklung der plastischen Dehnungsamplitude (links) im Vergleich zur emittierten Schallenergie (rechts)

Bild 4.54 zeigt dazu einen Vergleich der Schallemissionsanalyse und der mechanischen Dehnungsmessung. Als Versuchswerkstoff wurden Verbunde des Typs EN AW-6060 + 1.4310 verwendet. Der erste Peak (A) in der Energiekurve der SEA ist mit dem Versagen der Matrix korreliert. Der folgende Bereich konnte der Ermüdung des Drahtes zugeordnet werden, das höhere Energieniveau ist jedoch vor allem auf das Zusammenschlagen der Bruchfäche der Matrix zurückzuführen [MER08c]. Erst ab 11250 Zyklen ist von einer deutlichen Schädigung des Drahtes auszugehen, die bei rund 11700 Zyklen zum Bruch führt [MER08c]. Der Vergleich mit der Entwicklung der plastischen Dehnungsamplitude zeigt, dass diese die Schädigungsentwicklung in der Matrix sensitiver erfasst, da bereits vor Versagen der Matrix sowohl deren Verfestigung (bis ca. 1500 Zyklen) und deren Entfestigung (ab ca. 8000 Zyklen) messtechnisch erfasst wird.

Daher wurde bei [MER09a] ein Schädigungsparameter auf Basis der Dehnungsmessung eingeführt, der wie folgt definiert ist

$$D = \frac{S_{Entl\_i} - S_{Entl\_1}}{S_{Entl\_1}} \tag{4.12}$$

und die Steifigkeitsabnahme während des Versuchs beschreibt (s.a. [KOU01]). Dabei entspricht S_{Entl_i} der Entlastungssteifigkeit im Zugbereich des Zyklus i und S_{Entl_1} der mittleren Entlastungssteifigkeit in den ersten 100 Zyklen des Versuchs [MER09a]. Durch die Abnahme der Entlastungssteifigkeit aufgrund der inneren Schädigung des Verbundes steigt der Schädigungsparameter im Laufe des Versuches an. Dies gilt auch für unverstärkte Proben. Daten hierzu sind bei [MER09a] veröffentlicht.

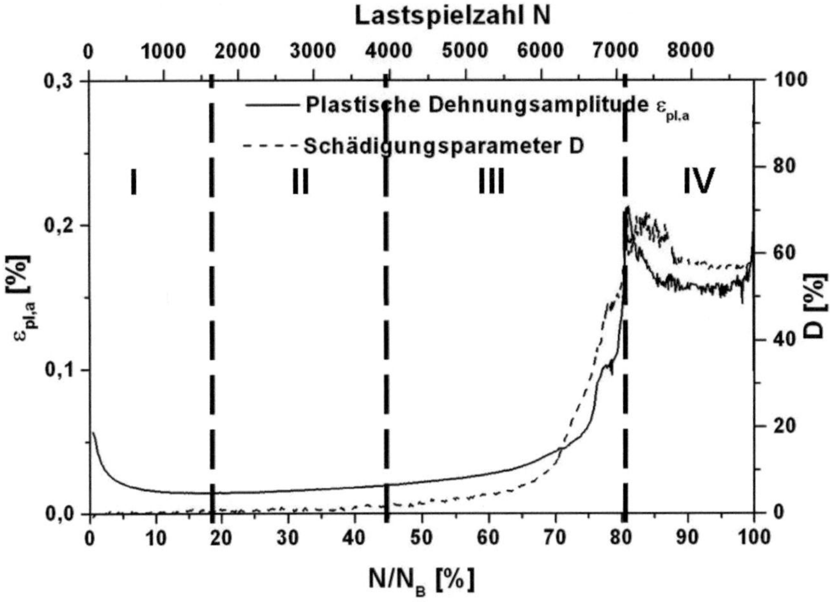

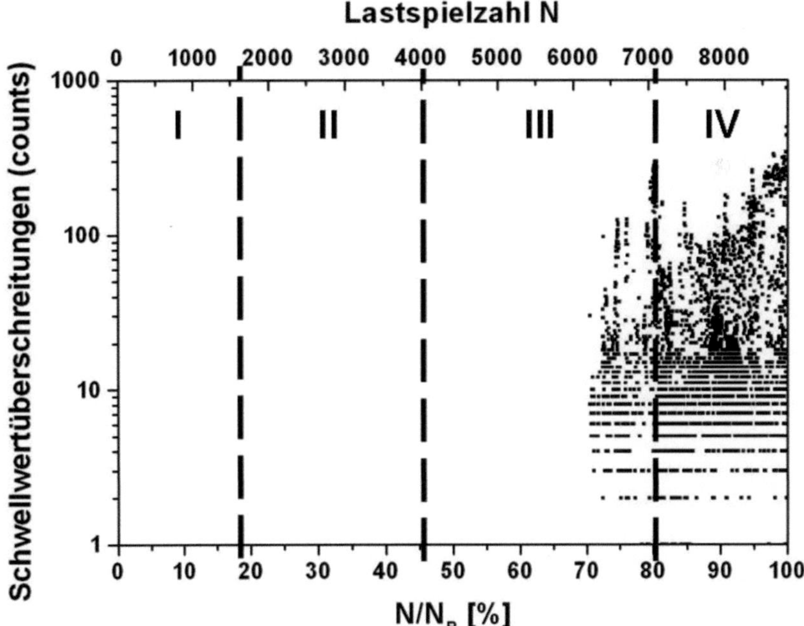

Bild 4.55:   Vergleich der Entwicklung der plastischen Dehnungsamplitude und des Schädigungsparameters D (oben) mit den Schwellwertüberschreitungen (unten) [MER09a]

Der bei [MER09a] bzw. in Bild 4.55 gezeigte Vergleich der plastischen Dehnungsamplitude und des Schädigungsparameters im Versuchsverlauf erlaubt die Einteilung der Schädigungsentwicklung in vier Stadien nach [MER09a].

I. Der Abfall der plastischen Dehnungsamplitude zeigt die Verfestigung des Matrixmaterials an.

II. Das Material verhält sich zyklisch neutral.

III. Sowohl der Anstieg des Schädigungsparameters als auch der plastischen Dehnungsamplitude zeigt den Beginn der Schädigung im Matrixmaterial an. Es kommt zur Rissausbreitung in der Matrix.

Die Matrix ist vollständig gebrochen. In Bereich IV kommt es zur Ermüdung des Verstärkungselementes. Der Vergleich mit den detektierten Schwellwertüberschreitungen in der SEA zeigt, dass ab einem Wert für D von ca. 10 %, was einer relativen Bruchlastspielzahl von 70 % entspricht, die ersten Schwellwertüberschreitungen registriert werden. Damit ist festzustellen, dass die Detektion der Schädigung über die mechanischen Kenngrößen immer noch etwas sensitiver reagiert, wenngleich der Übergang von der Beobachtung der Schallemissionsenergie (vgl. Bild 4.54) zur Analyse der Schwellwertüberschreitungen eine Verbesserung der Aussagekraft in Bereich III des Schädigungsverlaufes bietet. Um die quantitativen Messungen mit dem tatsächlichen Schädigungsbild in der Probe abzugleichen, hat [MER09a] metallographische Untersuchungen an Proben unmittelbar nach Auftreten der ersten Schallemissionsereignisse durchgeführt. Die in Bild 4.56 gezeigten Längsschliffe belegen, dass hier zahlreiche Anrisse an der Probenoberfläche zu finden sind. Die Risslängen betragen nach [MER09a] rund 450 µm, was letztlich die Detektionsgrenze der SEA bei den gewählten Parametern darstellt. Die Schädigungsentwicklung schreitet dann analog zu der in Kapitel 4.4.4 gezeigten Evolution fort, d.h. es kommt zur Rissausbreitung bis zur Grenzfläche zwischen Verstärkung und Matrix, zur Delamination an der Grenzfläche und im Anschluss zur Ermüdung des Verstärkungselementes.

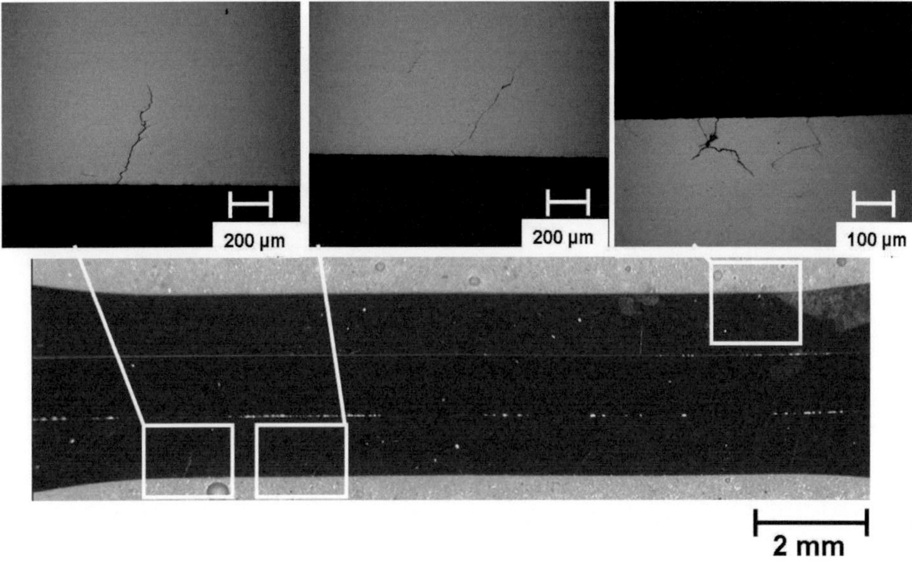

Bild 4.56:   *Längsschliff an einem Verbund des Typs EN AW-6060 + 1.4310 bei Auftreten erster Schallemissionsereignisse unter zyklischer Belastung [MER09a]*

In Bild 4.57 ist dies anhand eines Längsschliffes einer Probe nach Matrixbruch gut zu erkennen.

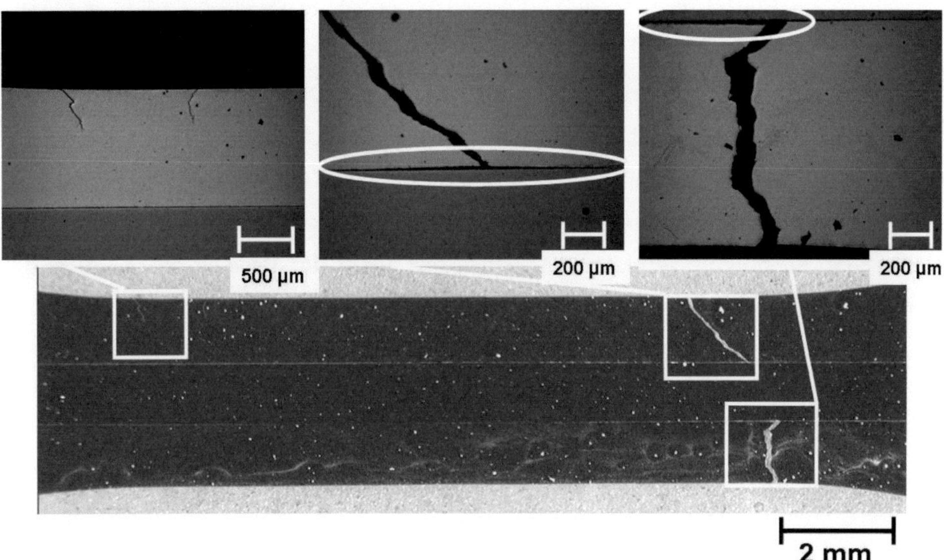

Bild 4.57:   *Längsschliff an einem Verbund des Typs EN AW-6060 + 1.4310 nach Matrixbruch unter zyklischer Belastung [MER09a]*

Vergleichbare Untersuchungen wurden an Verbunden des Typs EN AW-6082 + 1.4310 gemacht, wobei [WEI10b] hier zu denselben Ergebnissen bezüglich der Schädigungsentwicklung unter zyklischer Beanspruchung kommt.

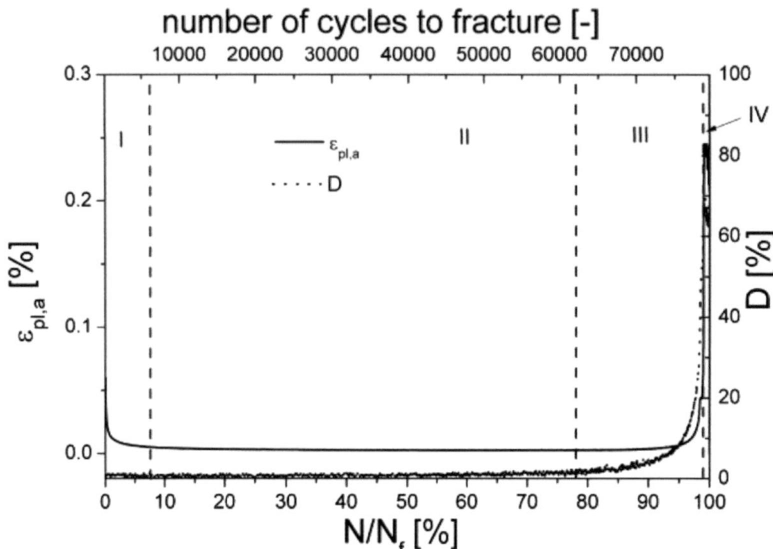

Bild 4.58: Entwicklung der plastischen Dehnungsamplitude und des Schädigungsparameters D im Dauerschwingversuch an Proben des Werkstoffsystems EN AW-6082 + 1.4310 (σa = 175 MPa) [WEI10b]

In Bild 4.58 sind hier die Entwicklung der plastischen Dehnungsamplitude und des Schädigungsparameters D über den gesamten Versuch gezeigt. Auch hier ist eine Einteilung in die bereits genannten vier Bereiche möglich und wurde von [WEI10b] so auch vorgenommen. Interessant hinsichtlich eines Vergleichs der mechanischen und akustischen Schädigunsdetektion ist jedoch vor allem der Bereich ab ca. 70 % der Bruchlastspielzahl, der in Bild 4.59 im Detail dargestellt ist.

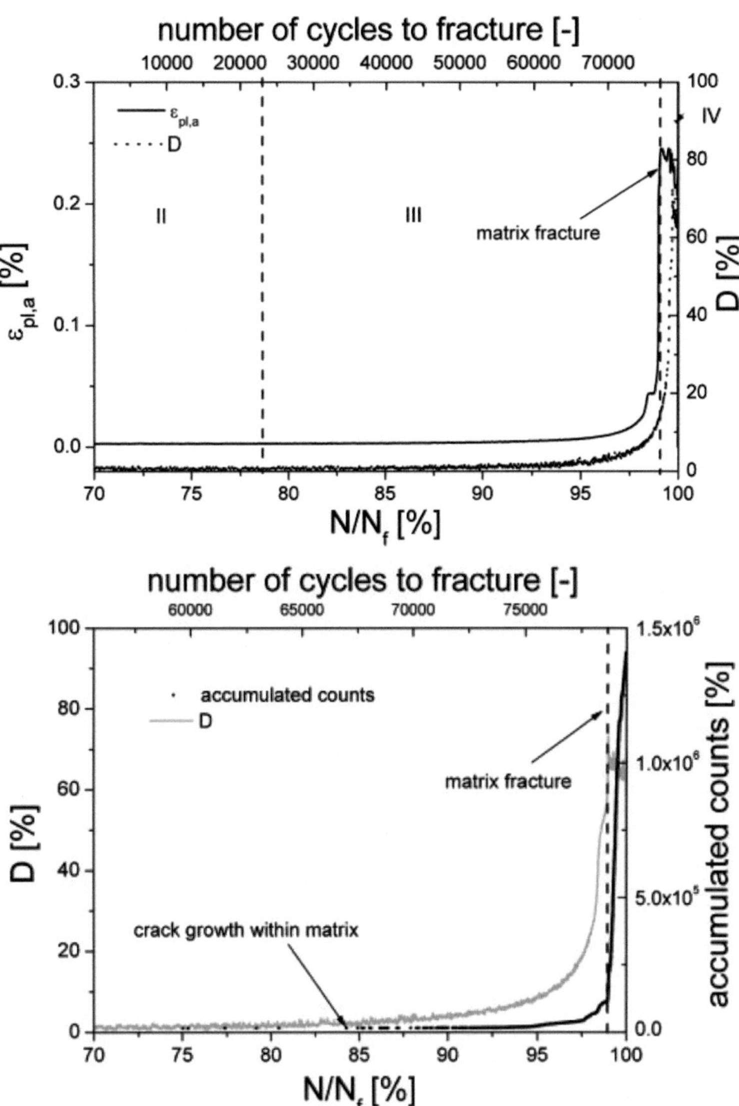

Bild 4.59:   *Vergleich der plastischen Dehnungsamplitude und des Schädigungsparameters D (oben) mit den akkumulierten SEA-Counts (unten) für Proben des Werkstoffsystems EN AW-6082 + 1.4310 (σa = 175 MPa) [WEI10b]*

Durch Unterbrechung der Versuche bei Auftreten bestimmter Schallereignisse konnte mittels Oberflächeninspektion der Proben die Rissentwicklung beobachtet werden. Bei rund 85 % der Probenlebensdauer wurden hier Schallsignale registriert. In Ergänzung zu den bisher gezeigten Untersuchungen kamen hier keine Breitbandsensoren sondern resonante Sensoren und in Ergänzung Hochpassfilter zum Einsatz. Nach [WEI10b] ließ sich die Empfindlichkeit der SEA soweit steigern, dass eine mit der mechanischen Dehnungsmessung vergleichbare Genauigkeit der Rissinitierungsdetektion erzielt werden konnte. Die gezeigten Ergebnisse bei einer Spannungsamplitude von 175 MPa sind als repräsentativ für die gesamte Wöhlerkurve anzusehen [WEI10b].

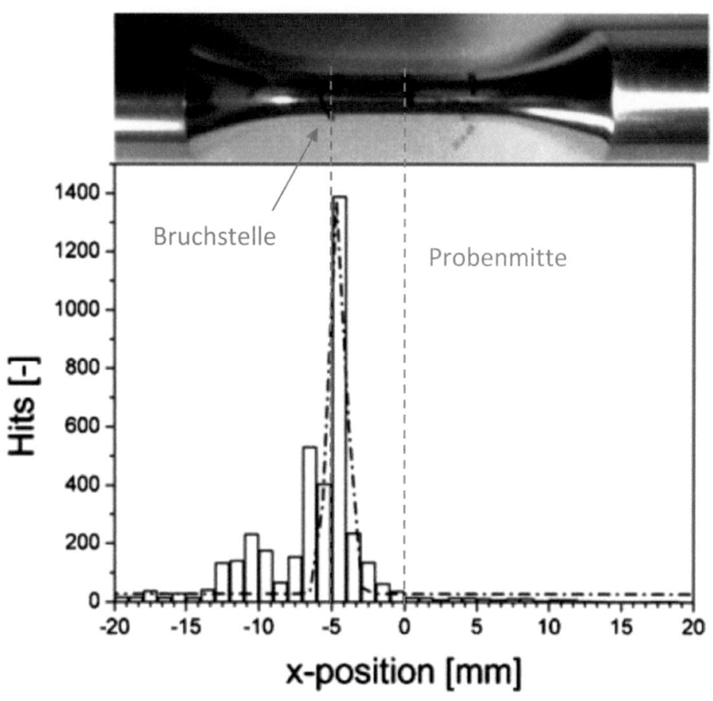

Bild 4.60:   Schädigungsdetektion mittels SEA im Vergleich zum tatsächlichen Versagensort.für eine exemplarische Probe des Werkstoffsystems EN AW-6082 + 1.4310 [WEI10b]

Die Schallemissionsanalyse erlaubt auch die Detektion des Schädigungsortes. Bei unverstärkten Proben wurde die hohe Güte der Ortsauflösung für Proben aus EN AW-6060 bewiesen [MER09a]. Für verstärkte Proben ist dies bei Strangpressverbunden nicht einfach möglich, da die Schallgeschwindigkeiten in der Aluminiummatrix und im Verstärkungselement nicht identisch sind und Reflexionen an der Grenzfläche auftreten können (vgl. [KOL80b][KOL80a]). Daher ist es möglich, dass dasselbe Schallsignal leicht zeitversetzt an den Schallsensoren registriert wird, was zu einer Unschärfe in der Ortsauflösung führt. Dieses Problem lässt sich beheben, wenn die Schallsensoren

180

so exzentrisch am Probenkopf platziert werden, dass sie ausschließlich mit dem Matrixmaterial in Kontakt sind. In Bild 4.60 ist belegt, dass dann der Schwerpunkt der Schallereignisse (Hits) gut mit der tatsächlichen Lage des Matrixbruches (und in Folge auch des Probenbruches) zusammenfällt.

Mit Hilfe der SEA kann also zumindest der Anfangsriss hinsichtlich seiner Enstehung gut detektiert werden, zudem ist auch die örtliche Detektion bei Verwendung von zwei Schallköpfen (notwendige Voraussetzung) bei Ausschaltung des Grenzflächeneinflusses gut möglich.

4.4.7   Einfluss des Verstärkungsgehaltes

Nachdem die bislang zur Fertigung von Verbundstrangpressprofilen veröffentlichten Ergebnisse eher geringere Verstärkungsgehalte als die hier überwiegend gezeigten Proben mit einem Verstärkungsgehalt von 11 Vol.-% erwarten lassen, aber potenziell noch höhere Gehalte denkbar sind, ist eine Untersuchung des Einflusses des Verstärkungsgehaltes auf die Verbundeigenschaften notwendig. Solche Untersuchungen wurden von [MER11b] am Werkstoffsystem EN AW-6082 + 1.4310 systematisch durchgeführt. Dazu wurden verschiedene Verstärkungsgehalte durch die Veränderung des Messstreckendurchmessers eingestellt. Als Verstärkungselement diente stets ein Federstahldraht mit einem Durchmesser von 1 mm, der zentral in der Probenachse lag. Bild 4.61 zeigt die gemessenen Zugverfestigungskurven.

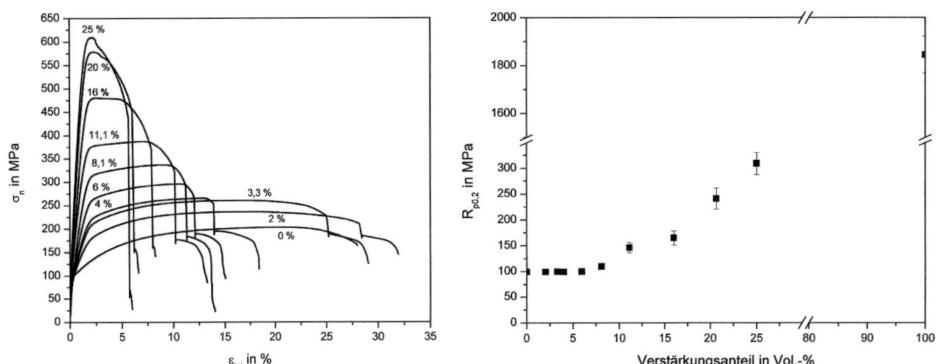

Bild 4.61:   *Einfluss des Verstärkungselementgehaltes auf die Zugverfestigungskurve (links) und auf die Streckgrenze (rechts) für Verbunde des Typs EN AW-6082 + 1.4310 [MER11b]*

Es ist festzustellen, dass mit steigender Stützwirkung der Matrix, d.h. sinkendem Verstärkungselementgehalt die bereits festgestellte überproportionale plastische Dehnung der Verstärkung im Verbund zunimmt. Umgekehrt verschwindet bei hohen Fasergehalten die Stützwirkung, da die Matrix die Einschnürung der Verstärkung nicht mehr wirksam verhindert und so eine mehrfache Einschnürung nicht eintreten kann. Die im Wesentlichen von [MEI10] durchgeführten Arbeiten umfassten auch Untersuchungen zum Einfluss des Verstärkungsgehaltes auf den Elastizitätsmodul im Bereich I (Matrix und Verstärkungselement verhalten sich elastisch) und im Bereich II (Matrix elastisch-plastisch, Verstärkungselement elastisch) der Spannungs-Dehnungs-Kurve der Verbunde (vgl. Bild 4.62). Hierzu wurde festgestellt, dass insbesondere für den Elastizitätsmodul im Bereich II ein linearer Zusammenhang besteht. Vor allem im Bereich I sollte dieser Zusammenhang ebenfalls bestehen, da die Verbunde nach dem Modell von Kelly und Courtney beschrieben werden können (vgl. Kapitel 4.4.1), das eine lineare Entwicklung des Elastizitätsmoduls für einen steigenden Verstärkungsgehalt vorhersagt. Im Bereich II gilt dieser Zusammenhang streng genommen nicht mehr, in der Regel kann jedoch der Spannungsbeitrag der Matrix vernachlässigt werden, was sich dann ebenfalls im bereits geschilderten linearen Verlauf äußert.

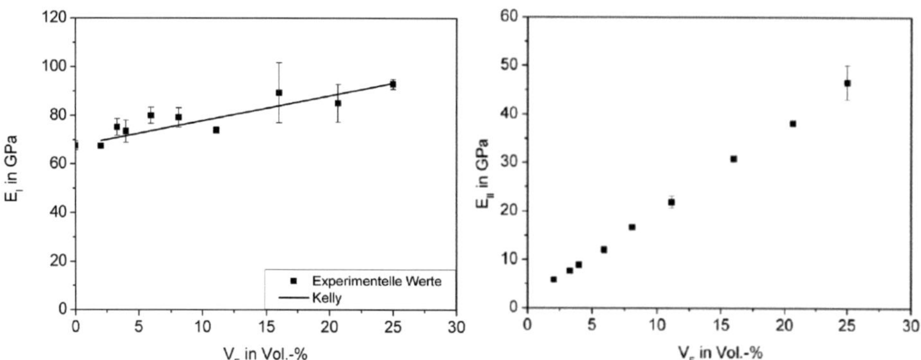

Bild 4.62: *Einfluss des Verstärkungselementgehaltes auf die Elastizitätsmoduln E_I (links) und E_{II} (rechts) für Verbunde des Typs EN AW-6082 + 1.4310 [MEI10]*

Im Bereich I ist zu sehen, dass der Elastizitätsmodul zwar mit dem Verstärkungsgehalt zunimmt, der Verlauf jedoch nur annähernd als linear zu bezeichnen ist. Die Abweichungen der Messwerte von der Vorhersage nach Kelly sind teils erheblich, wie Bild 4.62 zeigt. [MEI10] führt diese Abweichungen von der Modellvorstellung primär auf die Messunsicherheit bei der Bestimmung des Elastizitätsmoduls zurück. In der Tat

genügt schon eine geringe Abweichung des Verstärkungselementes von der Proben-
zentralachse, um durch die so entstehende Biegekomponente im elastischen Verformungsbereich die Messung des Elastizitätsmoduls stark zu beeinflussen.

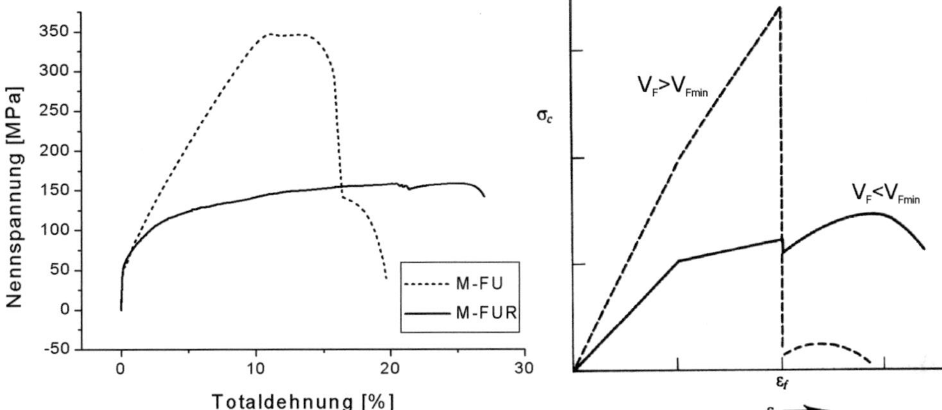

*Bild 4.63:   Vergleich der Zugverfestigungskurven von Verbunden des Typs 6060 + 1.4310
(links) für Werkstoffproben mit 11 Vol.-% Verstärkung (M-FU) und Rohrproben
mit weniger als 1 Vol.-% Verstärkung (M-FUR) mit der Prognose von Courtney
[COU90] für Proben mit VF > VFmin bzw. VF < VFmin (rechts) [WEI06a]*

[WEI06a] hat Rohrproben des Werkstoffsystems EN AW-6060 + 1.4310 untersucht,
die einen Verstärkungsgehalt von weniger als 1 % aufwiesen. Dabei war festzustellen,
dass zwar die Verstärkungen vor der Matrix versagten, die Restfestigkeit des Rohres
jedoch die des Verbundes überschritt. Dieses Phänomen ist typisch für Verbunde,
deren Verstärkungsgehalt unterhalb des minimalen Verstärkungsgehaltes liegt. Der in
Bild 4.63 gezeigte Vergleich zwischen den Messkurven einer Rohrprobe und einer
Verbundprobe mit 11 Vol.-% Verstärkung zeigt in Übereinstimmung mit den Vorhersagen von [COU90] den Effekt eindrücklich.

Insgesamt bestätigen diese Untersuchungen eindrucksvoll die im Rahmen der Untersuchungen an drahtverstärkten Profilen gemachte Annahme der Gültigkeit des Kelly-
Modells für die Beschreibung zumindest des elastischen Bereiches der Verbunde.
Dies war zunächst nicht zu erwarten, da die Probengeometrien mit nur einem Verstärkungselement eher der „Elementarzelle" eines Verbundmaterials entsprechen als
einem tatsächlichen Verbundwerkstoff dessen Fasergehalt auf die Einbringung zahl-
reicher Fasern statt einem zentralen Verstärkungselement zurückzuführen ist. In der

Tat sind alle Abweichungen von diesem Modell im Wesentlichen der Tatsache geschuldet, dass nur ein Verstärkungselement vorhanden ist.

In diesem Zusammenhang hat [WEI07d] ein Modell veröffentlicht, das insbesondere den Bereich nach dem Versagen des Verstärkungselementes (Bereich IV) hilft, besser zu beschreiben. Hier wäre nach Kelly zu erwarten, dass das Versagen des Gesamtverbundes bei der Totaldehnung des Matrixmaterials erfolgt. Dies ist bei Verbunden mit nur einem Verstärkungselement nicht der Fall, da hier nach Versagen desselben eine Dehnungslokalisation stattfindet, die die Dehnung im Bereich IV des Verbundes verkürzt. Das Modell ist in [WEI07d][WEI06a] ausführlich dargestellt. Kernansatz ist die Neuberechnung der Einschnür- und Gleichmaßdehnung, die sich nach dem Versagen auf den Versagensbereich des Verstärkungselementes konzentriert.

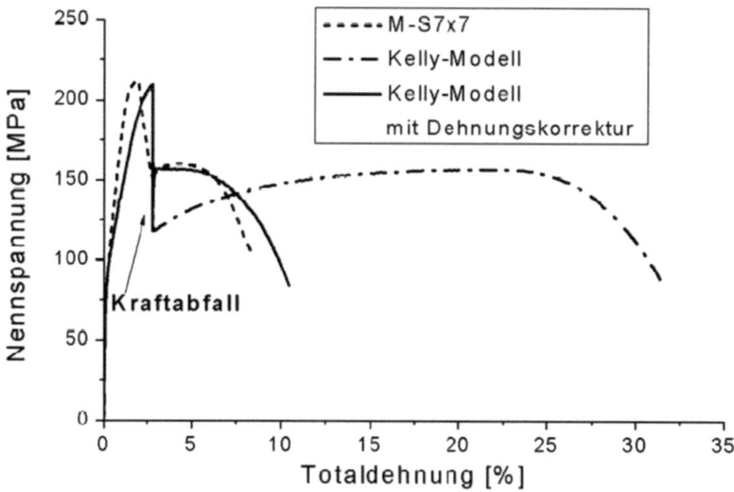

Bild 4.64: Einfluss Vergleich der gemessenen Zugverfestigungskurve des 7x7-seilverstärkten Verbundes (Inconel 601, M-S7x7) mit Vorhersagen nach Kelly und unter Berücksichtigung der bei [WEI07d][WEI06a] vorgestellten Dehnungskorrektur.

Bild 4.64 beweist, dass diese Modellverbesserung für den Bereich IV in Kombination mit dem Ansatz von Kelly für die Bereiche I-III für Verbunde mit einer Seilverstärkung vom Typ 7x7 2.4851 das reale Versagensverhalten gut beschreibt. Es muss jedoch betont werden, dass hier im Gegensatz zu den Drahtverbunden auch kein ausgedehnter Plateaubereich zu finden ist, was vermutlich mit der formschlüssigen Einbindung der Seile zusammenhängt. [MEI10] wendete dieses Modell auf drahtverstärkte Verbunde an und konnte damit das Versagensverhalten besser beschreiben als mit dem

Modell nach Kelly und Courtney. Die Übereinstimmung mit experimentellen Befunden ist jedoch nach wie vor nicht gut. Die gemessene Dehnung in Bereich IV ist kleiner als die Prognose – selbst mit dem korrigierten Modell. Das könnte zum einen an der nicht berücksichtigten Kerbwirkung am gerissenen Draht oder mit der in der Prüfmaschine elastisch gespeicherten Energie zusammenhängen, die beim Reißen schlagartig in die Probe freigesetzt wird und damit eventuell ein schnelleres Versagen im Bereich IV provoziert.

Die Tatsache, dass die Änderung der Verbundzugfestigkeit in Abhängigkeit des Faservolumengehaltes experimentell verifiziert werden konnte, beweist, dass die durchschnittliche Spannung in der Matrix im Vergleich zu der in den Verstärkungselementen deutlich kleiner ist und damit die Belastbarkeit der Fasern als tragende Elemente voll ausgenutzt wird. Damit handelt es sich in der Tat bei dieser Art von Verbundwerkstoff um eine wirkliche Faserverstärkung und nicht um eine Form der Dispersionsverstärkung [KEL65].

4.4.8   Die Rolle der Grenzfläche für die mechanischen Eigenschaften

Da die Lastübertragung zwischen der Matrix und der Verstärkung an der Grenzfläche stattfindet, besitzt diese einen wesentlichen Einfluss auf die mechanischen Eigenschaften. In Bild 4.65 ist eine Zugverfestigungskurve des Verbundes EN AW-6060 + 1.4310 gezeigt. Die Probe enthält dabei genau ein Verstärkungselement (Draht, Ø 1 mm) in ihrer Zentralachse. Nominell beträgt der Verstärkungsgehalt 11 Vol.-%. Es ist sofort augenscheinlich, dass der Federstahldraht im Verbund bei einer Totaldehnung von rund 15 % versagt, beim Zugversuch am freien Draht geschieht dies viel früher. Es gibt damit definitiv einen Unterschied zwischen dem eingebetteten und dem nicht eingebetteten Draht. [WEI06a] hatte postuliert, dass es bei geringen Grenzflächenscherfestigkeiten zu einer mehrfachen Ablösung des Verstärkungselementes im Verbund kommt, was dem Draht dann ermöglicht an mehreren Stellen einzuschnüren, um erst bei höheren Totaldehnungen zu versagen. Tatsächlich hat [WEI06a] eine schwache Korrelation der Länge des „Plateaubereiches" der Spannungs-Dehnungs-Kurve der Verbunde mit der Grenzflächenscherfestigkeit bei sonst gleichen Drahteigenschaften feststellen können, indem er die Kurven von Verbunden mit verschieden vorbehandelten Drähten miteinander verglich.

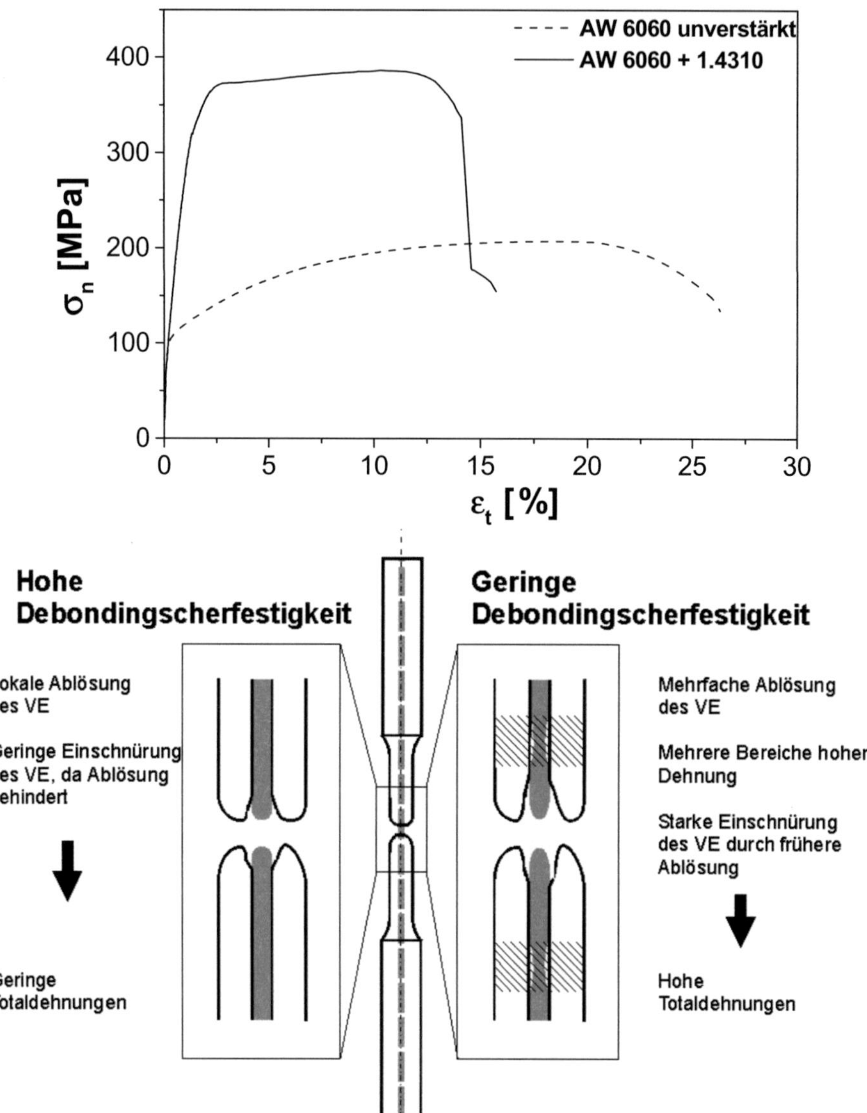

Bild 4.65: Zugverfestigungskurve einer drahtverstärkten Probe im Vergleich zur Matrix (oben, [MER09a]), Modellvorstellung zum Zusammenhang zwischen Totaldehnung und Debondingscherfestigkeit im Zugversuch (unten, [WEI06a])

Zwischenzeitlich ist es auch gelungen, die mehrfache Einschnürung an Verbunden des Typs EN AW-6082 + 1.4310 tatsächlich nachzuweisen, wie Bild 4.66 belegt.

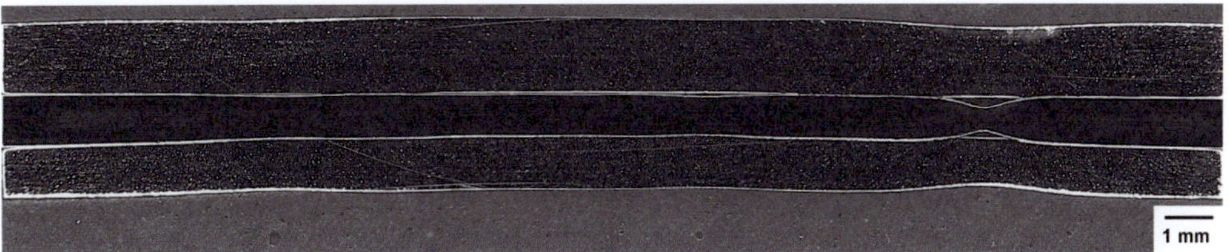

Bild 4.66:   Längsschliff von EN AW-6082 + 1.4310, Zugversuchsprobe (εtot = 9 %)[MER11a]

[MEI10] hat zu diesem Phänomen Simulationsrechnungen durchgeführt, die mit den experimentellen Daten bezüglich des Ortes der stärksten Einschnürung, die sich meist am Rand der Messstrecke ausbildet, gut übereinstimmen. In diesem Zusammenhang ist es auch gelungen, die Zugverfestigungskurve bis zum Bruch der Verstärkung nachzubilden, wobei die Grenzflächenhaftung variiert wurde. Hier konnten nur Werte angenommen werden, da die Messung der Grenzflächenhaftung (d.h. die Haftspannung normal zur Grenzfläche) in drahtverstärkten Verbunden experimentell bislang nicht zugänglich ist, weshalb hierzu auch noch keine Arbeiten veröffentlicht wurden. Messungen der Haftfestigkeit an Stromschienen ergaben Werte von rund 200 MPa (vgl. Kapitel 5.1.1), die Simulation von [MEI10] ergab jedoch nur für deutlich geringere Werte von maximal 8 MPa eine gute Übereinstimmung mit den experimentellen Befunden. Ein Vergleich des in Bild 4.66 gezeigten Längsschliffs mit dem Simulationsmodell zeigt [MEI10].

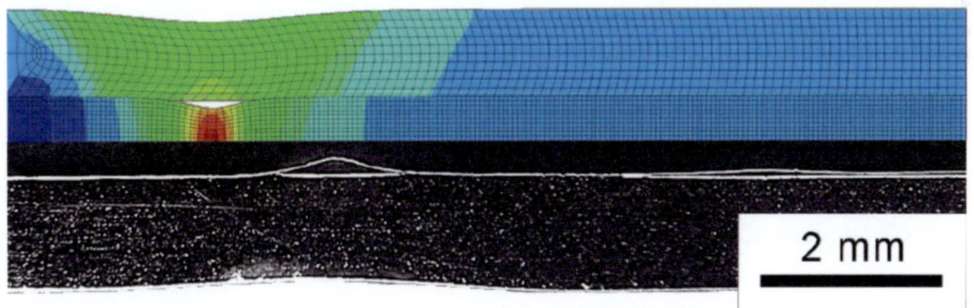

Bild 4.67:   Längsschliff von EN AW-6082 + 1.4310, Zugversuchsprobe (εtot = 9 %), Abgleich mit Viertelschnitt des Simulationsmodells [MEI10]

Bei schwingenden Beanspruchungen ist ebenfalls ein Einfluss des Grenzflächenzustandes wahrscheinlich. So ist nach [WEI10a] der Versagensausgang in Verbunden des Typs EN AW-6056 mit Nanoflex bzw. EN AW-2099 mit Nivaflex (vgl. Kapitel 5.2.2) an der Grenzfläche zu finden, was auf die während der Prozesskette eingebrachten

Schädigungen bzw. Grenzflächenphasen zurückzuführen ist. Bei Verbunden des Typs EN AW-6060 + 1.4310 war bei gleicher Versuchsführung und derselben Probengeometrie der Rissausgang an der Verbundoberfläche zu finden [WEI07c]. Dieser Unterschied ist wahrscheinlich auf Unterschiede im Grenzflächenzustand zurückzuführen. Bei Verbunden des Typs AZ31 + 1.4310 ist teilweise zu beobachten, dass die Matrix im quasistatischen Zugversuch vor der Matrix versagt. Auch hier ist ein Einfluss des Grenzflächenzustandes wahrscheinlich. Die in den Verbunden, die dieses Versagensverhalten aufweisen, vorhandene geringe Grenzflächenscherfestigkeit von 42 MPa (vgl. Tabelle 4.3) ist ein Indiz dafür, dass die Anbindung an die Grenzfläche vermutlich unzureichend ist, weshalb der Draht ausgezogen wird, bevor er bricht [MER11a]. Hinsichtlich des Eigenspannungseinflusses auf die Verbundeigenschaften ist festzuhalten, dass bei allen bisher vom Autor durchgeführten Untersuchungen keine Effekte beobachtet wurden, die sich eindeutig auf den Eigenspannungszustand zurückführen lassen. Vielmehr war immer ein Grenzflächeneinfluss wahrscheinlich oder nachweisbar. Insbesondere war nicht festzustellen, dass die Verstärkungswirkung bei verbundstranggepressten Profilen, wie bereits durch [WEI06a] postuliert, durch die Eigenspannungen negativ beeinflusst wird.

4.5 Korrosionseigenschaften

Die Kombination von Werkstoffen unterschiedlichen Korrosionspotenzials wirft zwangsweise die Frage nach dem Einfluss korrosiver Medien auf den Verbund – insbesondere auf dessen Grenzfläche – auf. Auch bei der Entwicklung der in Kapitel 5.1.1 vorgestellten Verbundstromschienen wurden diese Aspekte betrachtet. Zwar wurden aus Laborexperimenten keine Daten veröffentlicht, die Autoren berichten aber übereinstimmend, dass nach mehreren Betriebsjahren keine Degradation der Grenzflächeneigenschaften zu beobachten war.

4.5.1 Einfluss korrosiver Medien auf die Grenzfläche

[MER08b][MER11b] berichten über Arbeiten zur Untersuchung des Korrosionseinflusses auf die Grenzfläche drahtverstärkter Profile. Um den Effekt zum einen deutlich hervortreten zu lassen und zum anderen auch halbquantitativ bestimmen zu können, wurden Push-out-Proben mit 1 mm Dicke in einem durchlüfteten Bad aus verschiedenen Flüssigkeiten für mehrere Stunden ausgelagert und dann immer wieder Proben entnommen, um an ihnen die Grenzflächenscherfestigkeit zu bestimmen. Der Versuchsaufbau ist in Bild 4.68 dargestellt.

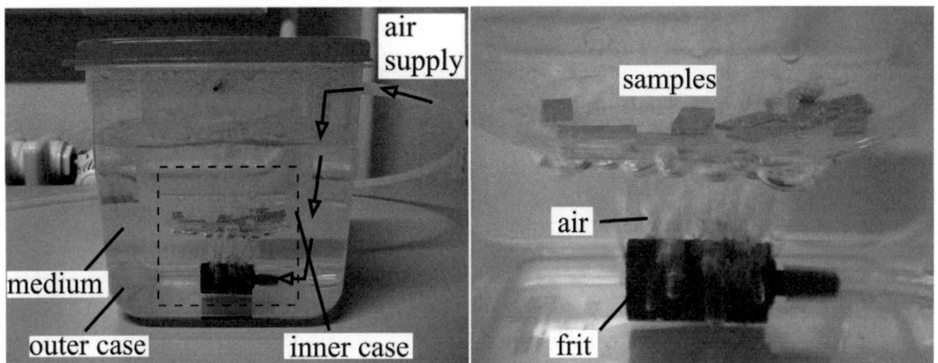

Bild 4.68:   Versuchsaufbau für Auslagerungsversuche: Übersicht (links), Probenperipherie (rechts) [MER08b]

Als korrosive Medien wurden entionisiertes Wasser (H_2O), eine zweiprozentige Kochsalzlösung (NaCl), zweiprozentige Natronlauge (NaOH) und eine Straßenschmutzsuspension (street) nach DIN ISO 9462 verwendet. Letztere enthält ebenfalls 0,6 % Kochsalz. Die Auswahl sollte Medien enthalten, von denen eher eine Wirkung auf den Stahldraht (Kochsalz) und eher auf die Aluminiummatrix (NaOH) erwartet wurde. Die Proben wurden 10, 100 oder 1000 h den Medien ausgesetzt, die während dieser Zeit mit einem Luftstrom von 3 l/min durchflossen wurden.

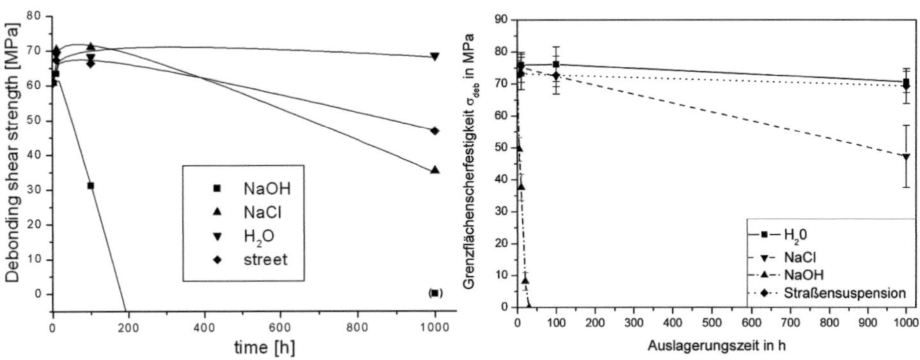

Bild 4.69:   Gemessene Grenzflächenscherfestigkeiten in Korrosionsmedien ausgesetzten Push-Out-Proben: Werkstoffsystem EN AW-6060 + 1.4310 (links, [MER08b]); EN AW-6082 + 1.4310 (rechts, [MER11b])

Der Push-out-Versuch wurde mit der in Bild 4.14 gezeigten Apparatur durchgeführt. Die untersuchten Verbunde waren jeweils aluminiumbasiert. Zum einen kam der Verbundtyp EN AW-6060 + 1.4310 [MER08b] und der Typ EN AW-6082 + 1.4310 zum Einsatz [MER11b]. Die in Bild 4.69 gezeigten Kurven belegen, dass für beide Verbundvarianten die Grenzflächenscherfestigkeit durch die Korrosionsbelastung – je nach Medium – verschieden stark abnimmt.

Beide Untersuchungen zeigen jedoch, dass die Wirkung auf die Grenzflächenscherfestigkeit in der Reihe Wasser – Straßenschmutzsuspension – Kochsalzlösung – Natronlauge zunimmt. Für die Legierung EN AW-6082 ist jedoch die Schädigung durch die Straßenschmutzsuspension weniger ausgeprägt als für EN AW-6060, die Wirkung der Natronlauge ist jedoch stärker. Auch berichten die Autoren übereinstimmend, dass für alle Medien außer Natronlauge nach 10 h eine leichte Zunahme der Grenzflächenscherfestigkeit festzustellen ist [MER08b][MER11b]. Es wurde vermutet, dass sich zunächst passivierende Schichten bilden könnten, die hier die Scherfestigkeit steigern. Metallographisch war ein Nachweis solcher Schichten jedoch nicht möglich, wenngleich die Proben bereits nach 10 h Verfärbungen an der Oberfläche zeigen, wie Bild 4.70 für das Werkstoffsystem EN AW-6060 + 1.4310 belegt.

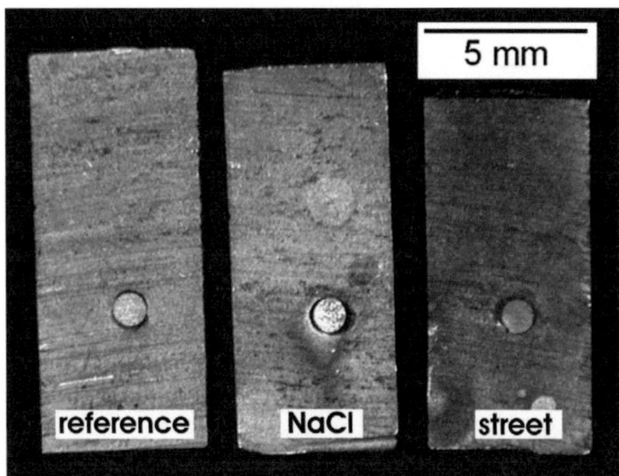

Bild 4.70:   Makroskopische Aufnahme der Oberflächen von Push-Out-Proben des Werkstoffsystems EN AW-6060 + 1.4310 nach 10 h Auslagerung in den gezeigten Medien [MER08b] (reference = nicht ausgelagert)

Beide Autoren haben detaillierte Untersuchungen zur schädigenden Wirkung der korrosiven Medien auf die Verbundgrenzfläche durchgeführt. Am Deutlichsten lässt sich der Effekt an der Kochsalzlösung zeigen. Vergleicht man Querschliffe der Proben nach 1000 h Auslagerung lassen sich bei beiden Werkstoffsystemen starke Korrosionsangriffe an den Grenzflächen nachweisen, die dort die lastübertragende Fläche deutlich reduzieren.

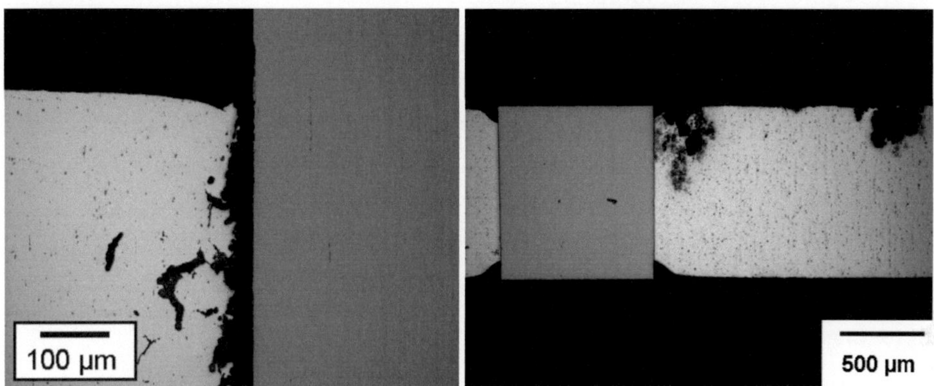

Bild 4.71:   Metallographische Schliffe an Proben nach 1000h Auslagerung in Kochsalzlösung: Werkstoffsystem EN AW-6060 + 1.4310 (links, [MER08b]); EN AW-6082 + 1.4310 (rechts, [MER11b])

Im System EN AW-6082 + 1.4310 zeigt sich neben interkristalliner Korrosion im Grenzflächenbereich auch noch Lochkorrosion fernab der Grenzfläche. Letzterer Effekt lässt sich durch die von [MER08b] gemachten Aufnahmen nicht belegen oder widerlegen. Eindeutig belegt werden konnte jedoch, dass die Abnahme der Grenzflächenscherfestigkeit mit einer Reduktion der intakten Grenzfläche einhergeht. Für die in NaOH ausgelagerten Proben konnte [MER08b] diesen Zusammenhang sogar quantitativ berechnen: Hier führte eine Reduktion der lastübertragenden Fläche um rund 50 %, was aus den Querschliffen abgeschätzt werden konnte, zu einer Reduktion der Grenzflächenscherfestigkeit um dieselbe Größenordnung (ca. 60 MPa → ca. 30 MPa). Nachteilig bei diesem Verfahren ist die Tatsache, dass das Korrosionsphänomen zwar dokumentiert werden kann, jedoch das Korrosionspotenzial selbst nicht bestimmt wird. Daher hat [MER11b] Versuche zur Bestimmung der Stromdichte-Potenzial-Kurve durchgeführt, die im Folgenden dargestellt sind. Auf diese Weise kann eine direkte Ermittlung des Korrosionspotenzials erfolgen.

4.5.2 Untersuchungen zum Korrosionspotenzial

[MER11b] hat zur Bewertung der Kontaktkorrosion im Werkstoffsystem EN AW-6082 + 1.4310 Strom-Dichte-Potenzial-Kurven mit einem Drei-Elektroden-System bestimmt und dabei potentiodynamische Messungen mit der Linear-Sweep-Voltammetry bei Raumtemperatur durchgeführt. Bei diesem Verfahren wird ausgehend von einem Startpotenzial das Potenzial linear schrittweise gesteigert und jeweils die gemessene Stromstärke registriert. Als Referenzelektrode wurde eine Ag/AgCl-Elektrode mit einer Potenzialdifferenz von 0,198 V gegenüber der Normalwasssserstoffelektrode verwendet. Die Ankopplung an die Arbeitselektrode – d.h. den zu untersuchenden Probenwerkstoff – erfolgte über eine Haber-Luggin-Kapillare [MER11b]. Als Gegenelektrode wurde ein Platindraht eingesetzt. Die Versuchsanordnung definierte eine kreisförmige Fläche von 24,56 mm² als untersuchten Bereich. Bild 4.72 zeigt die Versuchsanordnung.

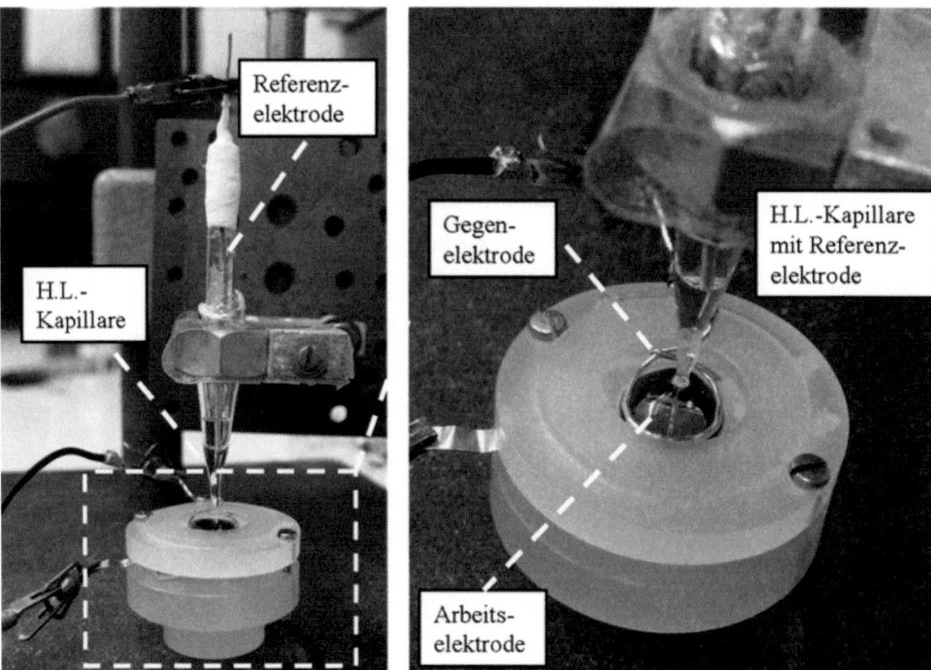

Bild 4.72:   Versuchsanordnung zur Ermittlung von Stromdichte-Potenzial-Kurven (links), Messzelle (rechts)[MER11b]

Diese Messanordnung ermöglichte die Messungen am Verbund und am unverstärkten Matrixmaterial von verbundstranggepressten Profilen. Für den ebenfalls charakterisierten Federstahldraht wurde dieser in die Messzelle hineingehalten und der Messbereich durch Teflonisolation abgegrenzt. Aus den so jeweils definierten Arbeitsflächen und der gemessenen Stromstärke wurde die Stromdichte bestimmt. Als Elektrolyten wurden Kochsalzlösung (2 %) und Schwefelsäure (5 %) verwendet. [MER11b] wählte als Startpotenzial ein um 0,1 V kleinerer Wert als das werkstoffspezifische freie Korrosionspotenzial (Ruhepotenzial). Die Versuche wurden nach Einsetzen heftiger Reaktionen in der Messzelle, die sich durch Blasenbildung äußerten gestoppt.

Die Ergebnisse der Messungen sind in Bild 4.73 zusammengefasst. Dazu hat [MER11b] festgestellt, dass die Korrosionsbeständigkeit des Verbundes in Kochsalzlösung durch das Durchbruchspotenzial der Matrixlegierung EN AW-6082 bestimmt ist. Derselbe Befund gilt nach [MER11b] auch für das Werkstoffsystem EN AW-6060 + 1.4310, wobei hierzu keine Messkurven veröffentlicht wurden. Dies ist auf das nahezu identische Korrosionspotenzial der beiden untersuchten Matrixlegierungen zurückzuführen. Für die Messungen in Schwefelsäure wurden von [MER11b] die Werte für den Federstahldraht mit dem Flächenanteil des Drahtes in den Verbundproben korrigiert, da dieser im Gegensatz zu den Messungen in Kochsalzlösung die dominierende Komponente ist. Gleichzeitig wurde eine additive Überlagerung der Kurven des Federstahldrahtes und des Verbundmaterials durchgeführt.

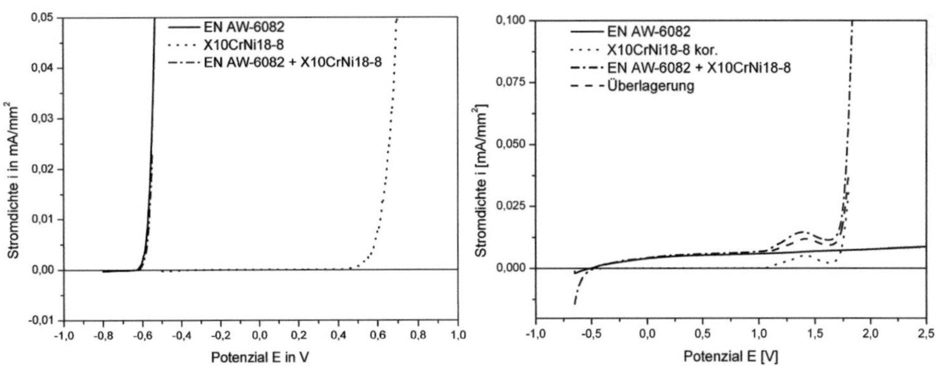

Bild 4.73:   *Stromdichte-Potenzial-Kurven im Werkstoffsystem EN AW-6082 + 1.4310 (X10CrNi18-8): Messungen in Kochsalzlösung (links) und in Schwefelsäure (rechts)[MER11b]*

Bild 4.73 zeigt, dass diese Überlagerung tendenziell im Bereich der Messungen für das gesamte Verbundsystem liegt. Damit setzt sich nach [MER11b] das Korrosionsverhalten des Verbundsystems additiv aus jenem der Einzelkomponenten zusammen. Dass die berechnete Kurve der Überlagerung jedoch etwas unterhalb der Verbundkurve liegt, zeigt auch an, dass das Durchbruchspotenzial im Verbund tatsächlich etwas niedriger liegt und somit der direkte Kontakt der Verbundkomponenten Einfluss auf die Korrosion des Verbundes hat. Der Effekt ist jedoch nur schwach ausgeprägt und so nicht direkt zu bestimmen. [MER11b] versuchte auf dieselbe Weise Messungen am Werkstoffsystem AZ31 + 1.4310 vorzunehmen, was an der beschleunigten Korrosion der Magnesiumlegierung scheiterte. Stattdessen sind Ergebnisse zu einfachen Tröpfchen-Versuchen im stromlosen Zustand publiziert [MER11b].

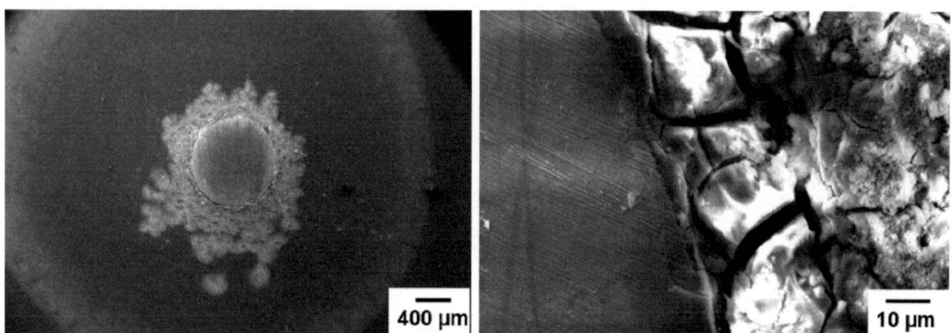

Bild 4.74:   Korrosion im Werkstoffsystem AZ31 + 1.4310 nach 1minütiger Auslagerung in Kochsalzlösung (2 %): Übersicht (links); REM-Aufnahme der Grenzfläche (rechts) [MER11b]

Metallographische Untersuchungen zeigen hier, dass der Korrosionsangriff in der Umgebung des Federstahldrahtes an der Magnesiummatrix stattfindet. Ein Angriff des Federstahldrahtes findet hingegen nicht statt (Bild 4.74).

Zusammenfassend kann also festgestellt werden, dass bei allen untersuchten Werkstoffkombinationen für die verschiedenen untersuchten Umgebungsbedingungen Korrosionserscheinungen festgestellt werden können. Es muss jedoch beachtet werden, dass die sowohl Medien als auch Probengeometrien gezielt gewählt wurden, um solche Effekte zu untersuchen. Im Großprofil sind diese Effekte als vernächlässigbar zu bezeichnen, wie die folgende Näherungsberechnung am Beispiel des Systems Aluminium + 1.4310 zeigt. Die metallographischen Schliffe in Bild 4.71 zeigen, dass der Rückgang der Grenzflächenscherfestigkeit im Wesentlichen auf einen Rückgang der tragenden Fläche zwischen Matrix und Verstärkungselement zurückgeht. Der

Rückgang der Grenzflächenscherfestigkeit beträgt in Kochsalzlösung, die sicherlich als der aggressivste Fall unter Einsatzbedingungen angesehen werden kann, rund 33% nach 1000 h (vgl. Bild 4.69). Umgerechnet auf die Probenhöhe von rund 1 mm sind das ca. 0,16 mm auf beiden Seiten der Probe. Geht man von ähnlichen Verhältnissen in einem Großprofil aus, so wären das nach 100.000 h, d.h. nach 10 Betriebsjahren des Profils eine Grenzflächenschädigung von rund 16 mm an jeder Seite eines Profils. Da Profillängen von rund 1 m nicht unüblich sind, entspräche dies einer geschädigten Grenzfläche von insgesamt rund 3 %. Es ist daher nicht davon auszugehen, dass die hier untersuchten Effekte einen wesentlichen Einfluss auf die mechanischen Eigenschaften unter betriebsnahen Beanspruchungen besitzen. Tatsächlich zeigen Untersuchungen zur Korrosionsbeständikeit von Verbundstromschienen, dass sich Aluminium und Stahl normal verhalten und ein bevorzugter Angriff an der Grenzfläche nicht stattfindet [WAG83]. Basis dieser Aussage waren nicht näher dargestellte Ergebnisse von Kesternich-, Salzsprüh-, Canning- und Feuchtklima-Test an Verbundprofilen. Bei diesem Profiltyp ist die Gefahr eines Korrosionsangriff relativ groß im Vergleich zu verstärkten Strukturprofilen, da bei Verbundstromschienen die Grenzfläche durchgängig für das Korrosionsmedium zugänglich ist. Da dies bei Strukturprofilen die Lage des Verstärkungselementes im Inneren des Profiles ohnehin verhindert, ist die Korrosionsgefahr noch weiter gemindert. Von einem relevanten Korrosionsangriff im Dauereinsatz über die oberflächliche Korrosion des Matrixmaterials hinaus ist abschließend nicht auszugehen.

5 Anwendungen des Verbundstrangpressens mit modifizierten Kammerwerkzeugen

5.1 Bereits etablierte Anwendungen

In den 1970er und 1980er Jahren sind aus dem Kreis der Patenthalterin Alusingen (Patente s. [AME84][GLÜ96][WAG87][WAG75]) zahlreiche Veröffentlichungen zu den Anwendungen des Verbundstrangpressens mit Spezialwerkzeugen erschienen [THE76][FUR81][GIT89][WAG83] [MIE80b][MIE82][MIE80a], wobei in erster Linie die Produktgruppe der so genannten Verbundstromschienen dargestellt wurde. Weitere Bauteile, die durch Verbundstrangpressen gefertigt werden oder wurden, sind Schweißverbinder, Raupenstege und Opferanoden. Häufig ist jedoch unklar, ob es sich bei diesen Anwendungen um kommerzielle Produkte oder um Technologiedemonstratoren bzw. sogar nur um Anwendungsideen handelte oder handelt.

5.1.1 Verbundstromschienen

Verbundstromschienen wurden ab 1978 bei der Hamburger S-Bahn und der Berliner U-Bahn unter realen Einsatzbedingungen erprobt, nachdem vorab Prototypen bei Erprobungsanlagen für Magnetschwebebahnen und Kabinenbahnen (Cabinentaxi) eingesetzt wurden [MIE80b][MIE80a]. Hintergrund ihrer Entwicklung und ihres Einsatzes sind die stetig gestiegenen Antriebsleistungen urbaner Schienentransportsysteme, die eine entsprechend dimensionierte Energiezufuhr benötigten. Sowohl in Berlin als auch in Hamburg wurden ab 1940 Ganzstahlstromschienen zu diesem Zweck verwendet [MIE80a]. Durch den nur in Grenzen veränderbaren elektrischen Widerstand von Stahl, hatte die Forderung nach steigenden Stromtragfähigkeiten einen Anstieg der Schienenmetergewichte zur Folge, die schließlich Werte von 75kg/m erreichten [MIE80a]. Nach [MIE80c] ist ein elektrischer Widerstand der Stromschienen angestrebt, der einen Wert von maximal 0,0067 Ω/km erreicht, um die Zahl für Transformatoren und Einspeisungen möglichst gering zu halten. Dieser Wert wiederum ist nach [MIE80a] mit Ganzstahlstromschienen nicht erreichbar. Andere Konzepte, wie angeschraubte oder eingegossene Aluminiumprofile, angeklemmte Edelstahlbänder oder parallel geschaltete Kupferseile haben nach [MIE82] [MIE87] folgende Nachteile:

o Der Stahlanteil ist höher als die schleifende Stromabnahme an sich erfordert, was das Schienengewicht erhöht.

o Stahl und Aluminium sind teilweise nicht innig miteinander verbunden, der elektrische Übergang ist damit schlecht und Spaltkorrosion droht.

o Die Herstellung gebauter Stromschienen ist vergleichsweise kostenintensiv.

Durch hohe Metergewichte können Ganzstahlstromschienen nur noch mit erhöhtem Personalaufwand und/oder technischen Hilfsmitteln montiert oder gewechselt werden. Gleichzeitig müssen diese Gewichte konstruktiv über eine steigende Zahl von Stützen und anderen Infrastrukturbauteilen (Isolatoren, Verbindern) abgefangen werden. Aluminium selbst kann nicht als Vollmaterial für Stromschienen eingesetzt werden, da die Oxidschicht die schleifende Stromabnahme nicht ermöglicht [MIE80a] [MIE87].

Die von Alusingen entwickelten Verbundstromschienen besitzen im Vergleich zu den diskutierten Lösungen mehrere Vorteile: Der Übergangswiderstand ist rund 1000mal geringer als bei gebauten Varianten, gleichzeitig sinkt das Metergewicht auf ein Siebtel einer Ganzstahlstromschiene gleichen spezifischen Widerstands [MIE80a]. Der geringe Stahlanteil erlaubt den wirtschaftlichen Einsatz von Edelstählen, somit spielt auch die Korrosion in Binnenatmosphären nur eine untergeordnete Rolle. Eine solche Verbundstromschiene im Einsatz bei der U-Bahn Berlin zeigt Bild 5.1. Der geringere elektrische Widerstand ermöglicht auch einen Dreh- bzw. Wechselstrombetrieb, während dies die hohen magnetischen Verluste bei einer Ganzstahlstromschiene vereiteln [MIE80a].

Neben den betriebstechnischen Vorteilen ergeben sich auch Kostenreduktionen bei der Montage, da durch die leichteren Schienen Personal- und Technikaufwand beim Einbau sinken. Entsprechende Verbindungselemente für Schraubstoß, Schweiß- und Dehnverbindungen sowie Schienenaufläufe wurden ebenfalls entwickelt [MIE80b][MIE80a]. Erste Wirtschaftlichkeitsprognosen zeigten, dass bei einer Reduktion der Verluste in der Stromschiene um 50% eine Energieeinsparung von rund 1 MWh/km/Monat resultieren würde [MIE80a]. Diese Annahme ist sicherlich als konservativ zu bewerten, nachdem [MIE87] von einer Verbesserung der Stromtragfähigkeit von je nach Verkehrssystem um einen Faktor von 2,5 bis 5 ausgeht.

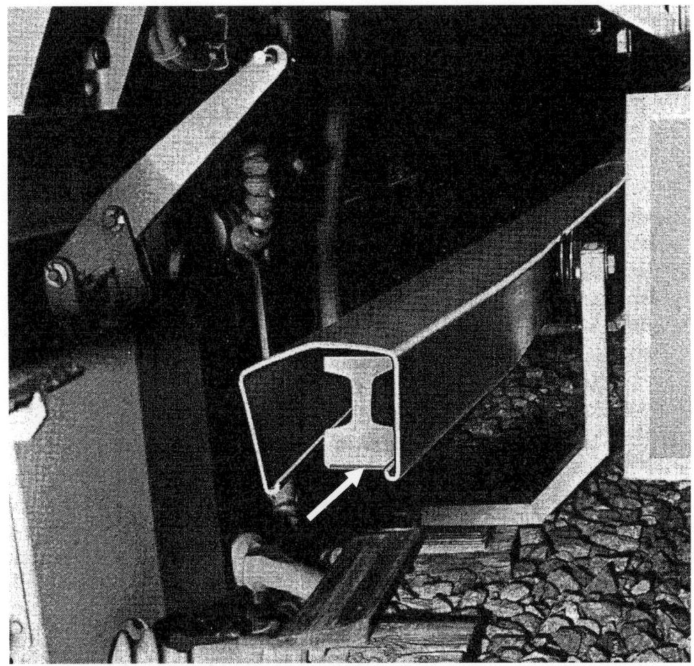

Bild 5.1:   Verbundstromschiene bei der U-Bahn Berlin: Deutlich hebt sich das Stahlband (Pfeil) von der Aluminiumschiene ab [MIE82]

Auch hinsichtlich der mechanischen Eigenschaften und der Gefügecharakterisierung wurden Untersuchungen angestellt. Entscheidender Faktor für die aus werkstofftechnischer Sicht sehr guten Eigenschaften ist sicherlich das Auftreten einer metallischen Bindung zwischen den Verbundkomponenten [MIE82][FUR81][GIT89].

Untersuchungen zur Haftfestigkeit ergaben Werte für die Haftfestigkeit von rund 200 MPa, bzw. von rund 140 MPa für die Scherfestigkeit an der Grenzfläche [THE76]. Ersterer Wert entspricht dabei der Zugfestigkeit des Aluminiums, die Scherfestigkeit rund 70 % dieses Wertes. Diese Werte bleiben nach [HER00] auch nach zwei Jahrzehnten des Betriebs erhalten. Ähnliche Scherfestigkeiten (70 % der Zugfestigkeit) wurden nach [WEI06a] auch bei drahtverstärkten Verbunden erreicht, sofern entsprechende Vorbehandlungen durchgeführt wurden – diese finden auch bei der Verbundstromschienenfertigung Anwendung. Verschiedene Grenzflächenanalysen an Verbundstromschienen zeigen Partikel von weniger als 1 μm Größe [MIE82][FUR81]. Genauere Analysen ergaben für diese Teilchen relevante Gehalte von Aluminium, Eisen und Chrom. [WEI06a] fand Teilchen derselben Zusammensetzung in einem Verbund aus EN-AW 6060 und 1.4310 Drähten. Bild 5.2 zeigt einen Vergleich von TEM-

Aufnahmen von [FUR81] und [WEI06a]. Die Parallelität in der Morphologie der Teilchen unterstützt die Vermutung, dass es sich um dieselbe Phase handelt.

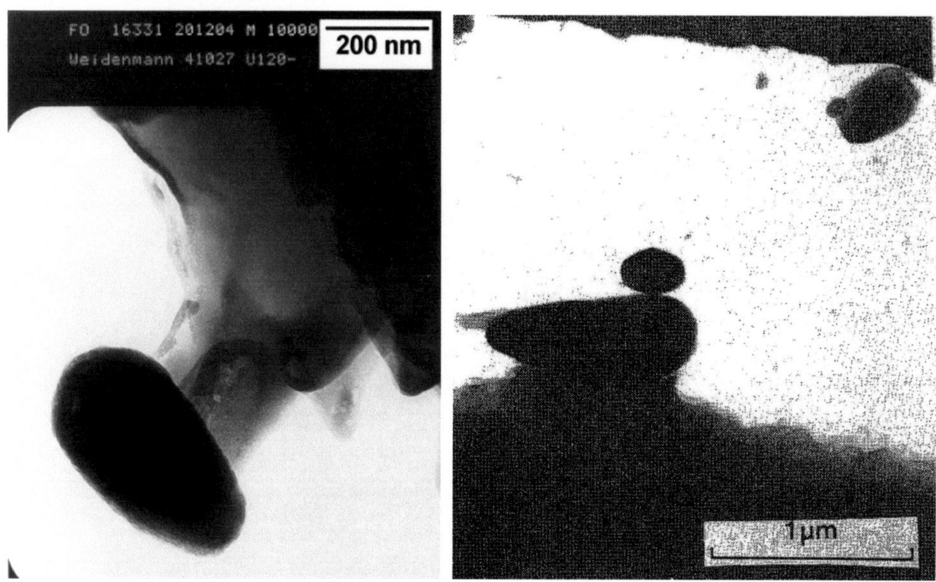

Bild 5.2:   *TEM-Bilder der von [WEI06a] (links) und [THE76] (rechts) gefundenen Partikel an der Stahl-Aluminium-Grenzfläche*

Mechanische Tests wurden an speziell entwickelten Proben unter quasistatischer und schwingender Beanspruchung vorgenommen. Dabei wurden sowohl Scher- als auch Kopfzugbelastungen nachgestellt [WAG83][FUR81].

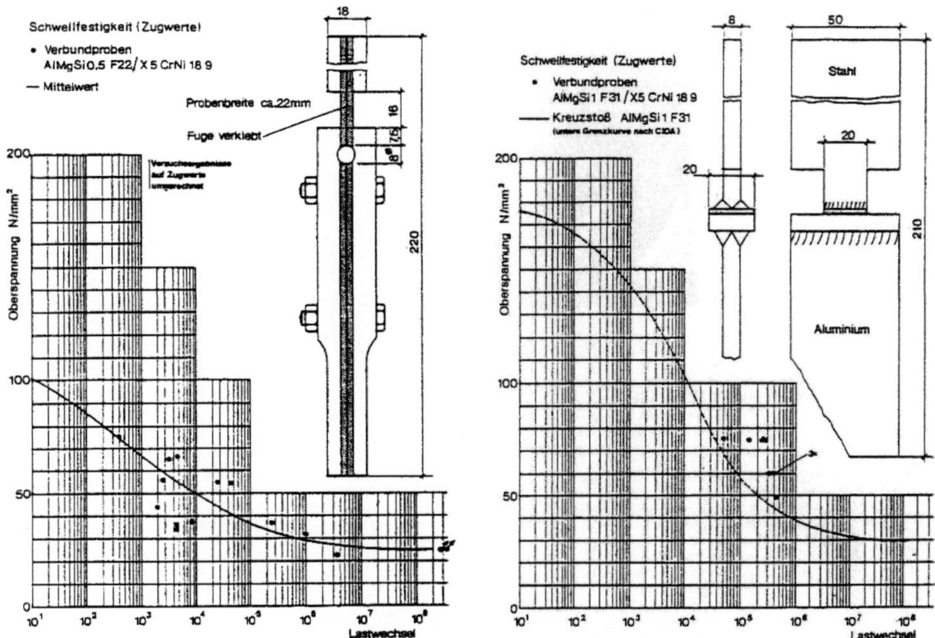

Bild 5.3:   Ergebnisse der Schwingfestigkeitsprüfung unter Scherbeanspruchung (links) und Zugbeanspruchung (rechts) [THE76][WAG83]

Bei letzterer mussten Zuglaschen angeschweißt werden, so dass die Schweißwärme eventuell Auswirkungen auf die Ergebnisse der Prüfungen hatte. Für beide Fälle wurden untere Grenzkurven bzw. Grenzwerte für die Schwellfestigkeit (vermutlich R = 0,1) ermittelt. Im ersten Fall lagen die Werte der ertragenen Oberspannungen bei 25, im zweiten bei 50 MPa. Die Ergebnisse der Zugversuche entsprechen den Darstellungen bezüglich der Grenzflächenfestigkeit, da die Proben zur Messung derselben ausgelegt waren. Bild 5.4 zeigt Bilder zweier Prüflinge aus verschiedenen Arten von Verbundstromschienen mit angeschweißten Zugankern. Untersuchungen zur Korrosionsbeständigkeit auf Basis von Kesternich-, Salzsprüh-, Canning- und Feuchtklima-Test lassen [WAG83] zu dem Ergebnis kommen, dass sich Aluminium und Stahl normal verhalten und kein bevorzugter Angriff an der Grenzfläche stattfindet (vgl. hierzu zusammenfassende Betrachtung in Kapitel 4.5).

Bild 5.4:   Verbundstromschienenprüflinge mit kombinierter metallischer und mechanischer Bindung [HER00]

Daraus abgeleitete Prognosen ergaben, dass die Lebensdauer der Verbundstromschienen ausschließlich durch den Verschleiß des Stahlbandes und nicht durch Korrosionserscheinungen oder elektrische Belastungen des Systems vorbestimmt ist. Nach drei Jahren Einsatz bewiesen erste Betriebserfahrungen die Leistungsfähigkeit der Verbundstromschienen: Die durch Betrieb oder Kurzschlüsse entstandenen Verschleißerscheinungen bewegten sich im selben Umfang wie bei Ganzstahlstromschienen [MIE82]. In Folge dieser Ergebnisse wurden ab 1979 verbundstranggepresste Stromschienen zum Standard für die schleifende Stromabnahme im Nahverkehr. Nach [MIE87] waren 1987 mehr als 400 km Verbundstromschienen im Einsatz und diese Technologie Marktführer im Sektor der hybriden Stromschienen. Anfang des 21. Jahrhunderts war die Länge der mit Verbundstromschienen ausgerüsteten Schienenwege auf rund 850 km angewachsen [HER00].

Von [GLÜ96] wurde Mitte der 90er Jahre eine weiterentwickelte Stromschiene zum Patent angemeldet, die neben der bereits nachgewiesenen metallischen Bindung auch eine mechanische Verklammerung der Komponenten bietet. Damit wurde dem Wunsch nach einfacherer Bearbeitung und noch längerer Standzeit Rechnung getragen [Her00]. Das eingesetzte Stahlband besitzt Zähne an der Außenkante, die sich beim Verbundstrangpressen mit Aluminium füllen. So wird neben einer metallischen Bindung zusätzlich eine mechanische Verklammerung erreicht (vgl. Bild 5.4). Tests ergaben für die Belastbarkeit der mechanischen Verklammerung einen Wert von 12 kN bzw. nach simulierten Belastungstests von 10 kN pro Zahn [HER00].

Jedoch besitzen die seit Jahren bewährten, durch Strangpressen gefertigten Verbundstromschienen auch technische Nachteile [MAH03]. Vor allem bei der Montage müssen wegen Maßungenauigkeiten mechanische Nachbehandlungen vorgenommen werden, die zu „Schanzen" zwischen den Schienenabschnitten führen. Dies verursacht im Betrieb einen höheren Verschleiß an der Schiene und am Stromabnehmer [MAH03]. Grund für die Maßungenauigkeiten sind vielfältig: Als Hauptgrund werden Unterschiede in den Profilhöhen zwischen linker und rechter Schiene im Duplexverfahren angegeben. Das könnten Artefakte der im Kapitel 2.3 genannten Effekte auf den Werkstofffluss im Presswerkzeug sein. Ähnlich wie eine Asymmetrie der Längspressnaht bei drahtverstärkten Profilen, ist auch eine Verschiebung der Stahlbänder aus der Mitte des Werkstoffflusses möglich. Zusätzlich enthält die Verbundstromschiene Querpressnähte als Folge des Block-auf-Block-Pressens.

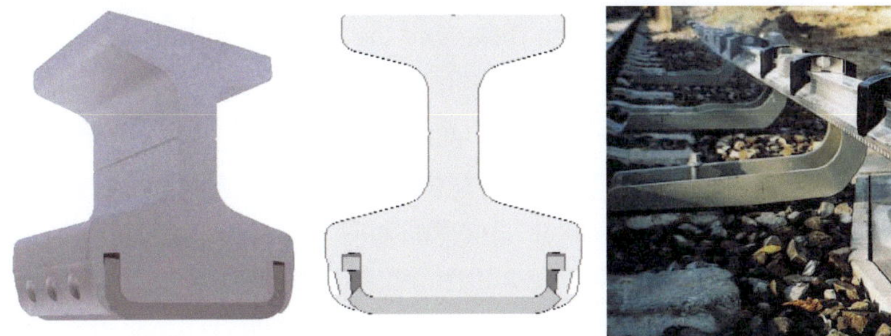

Bild 5.5:   *Gebaute Aluminium-Stahl-Verbundstromschiene mit ausschließlich mechanischer Bindung [MAH03]*

Als Alternative wurden daher gebaute Verbundstromschienen vorgeschlagen [MAH03]: Bei der Fertigung des Aluminiumprofils können vorgegebene Toleranzen einfach eingehalten werden, Querpressnähte können aus dem gefertigten Strang einfach herausgetrennt werden. Das Edelstahlband besitzt an seinem umgebogenen

Rand Löcher, in die beim Zusammenbau der Schiene Aluminium eingepresst wird. So entsteht eine mechanische Verklammerung (Bild 5.5). Allerdings wurde bei der Entwicklung der verbundstranggepressten Stromschienen stets die entscheidende Rolle des Übergangswiderstands betont, dazu sind für diese gebaute Variante bislang keine Veröffentlichungen erschienen. Es erfolgte hier jedoch ebenfalls eine versuchsweise Einführung in den Regelbetrieb [MAH03].

5.1.2 Aluminium-Stahl-Schweißverbinder

Nachdem die vorgestellten mechanischen Tests an Verbundstromschienen teilweise die schweißtechnische Anbindung von Zuglaschen erforderte (vgl. Kapitel 5.1.1), ist es naheliegend, verbundstranggepresste Profile als Schweißverbinder einzusetzen. Ein direktes thermisches Fügen von Aluminium und Stahl ist bekanntermaßen zwar prinzipiell möglich, jedoch entstehen dabei intermetallische Phasen des Typs Al_xFe_y, die spröden Charakter besitzen [TIL76], weshalb die mechanische Belastbarkeit der Fügestelle herabgesetzt ist. Bei Verbundstromschienen werden jedoch Festigkeiten an der Grenzfläche erreicht, die den Werten der Aluminiummatrix entsprechen. Gleichzeitig erlaubt die gute Wärmeleitfähigkeit des Aluminiums, auch auf verhältnismäßig dünnen Stahlauflagen problemlos Schweißverbindungen herzustellen [GIT89]. Zwar erlaubt beispielsweise auch Sprengplattieren das Fügen artfremder Werkstoffe, nach [GIT89] ergeben sich jedoch durch die fertigungsbedingte Gleichmäßigkeit der Haftung, die großen Lieferlängen, die geringe Dicke und die daraus resultierende leichte Biegsamkeit der Verbunde beim Verbundstrangpressen klare Vorteile.

Alternativ ist auch der Einsatz mechanischer Fügeverfahren wie Nieten oder Schrauben denkbar. Es gibt jedoch Anwendungen, wo diese Verfahren Nachteile, wie z.B. erhöhte Korrosionsanfälligkeit durch Lokalelementbildung mit sich bringen. Beim Bau von Schiffen werden beispielsweise häufig Aufbauten aus Aluminium eingesetzt, die dauerhaft mit dem Stahlrumpf verbunden werden müssen. Beim mechanischen Fügen muss hier die Fügestelle vollständig mit Inserts isoliert werden, um jeglichen elektrischen Kontakt zwischen den Metallen zu vermeiden [GÜR59]. Da die isolierenden Inserts aus Kunststoff gefertigt sind, kommt es über die Dauer des Einsatzes durch die anliegende Spannung in der Schraubverbindung zum Kriechen der isolierenden Hülsen und in Folge zum Abplatzen von Schutzanstrichen. Dies hat nicht selten wieder Korrosionsschäden zur Folge.

Schweißverbinder kommen immer dann zum Einsatz, wenn mechanisches Fügen aufwändig und thermisches Fügen nicht möglich ist [GIT89]. Aus den Erfahrungen bei den Verbundstromschienen ist bekannt, dass zwischen Aluminium und Stahl keine Spalte vorhanden sind und daher der Korrosionsangriff erschwert ist. Gleichzeitig ermöglicht das spaltfreie Fügeelement die dauerhafte Anbringung von Schutzanstrichen [GIT89].

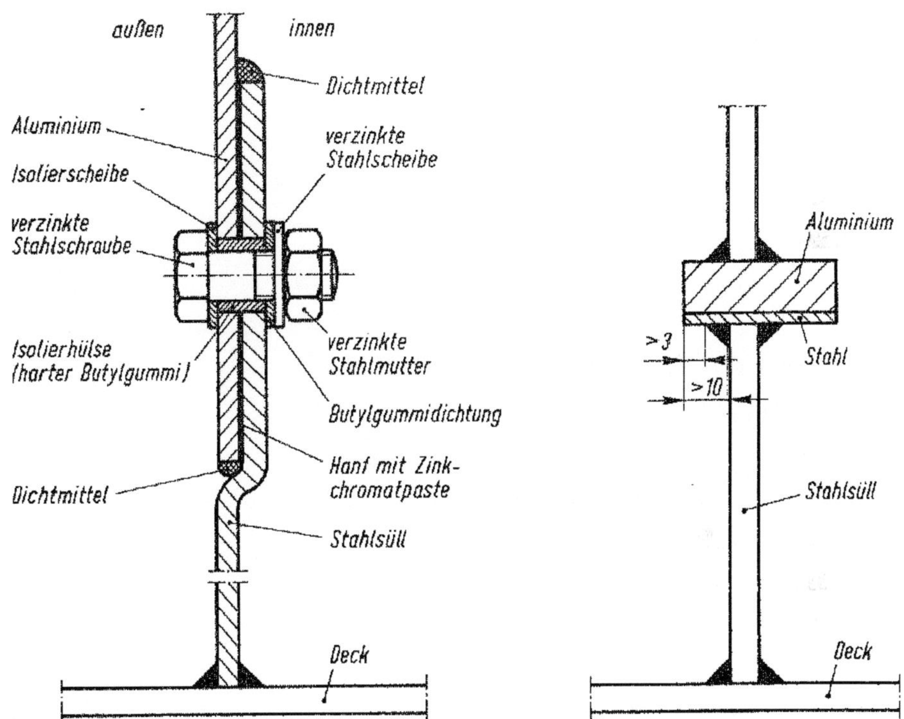

Bild 5.6:   Verbindung zwischen Aluminium- und Stahlkomponenten mittels Schrauben (links) oder Schweißverbinder (rechts) [GIT89]

Der in Bild 5.6 gezeigte Vergleich zwischen einer geschraubten Fügestelle und einer mittels Schweißverbinder gefügten zeigt auch, dass der Entfall von Fügeelementen und Überlappstößen wirtschaftliche Vorteile haben kann.

Ein häufiges Problem, dass durch den Einsatz von Schweißverbindern ebenfalls gelöst werden kann, ist die Verbindung von Aluminium und Stahl im Apparatebau, beispielsweise bei der Anbindung von Stahlverrohrungen an Aluminiumbehältern [GIT89]. Mögliche Einsatzgebiete sind die Lebensmittel- oder die Chemieindustrie.

Auch bei der Aluminiumelektrolyse könnte die Verbindung zwischen der Aluminiumstromschiene und den stählernen Anodenspanten durch Schweißverbinder gelöst werden [FUR81] [WAG83].

Auch das Multi-Material-Design im Automobilbau führt zu Verbindungsproblemen zwischen Aluminium und Stahl. Im Fall des BMW 5er (Baujahr 2004) besteht der Vorderwagen aus Aluminium und muss vom Rest des Fahrzeugspaceframes elektrisch aufwändig entkoppelt werden [DRA04], um Spaltkorrosion am Übergang zu verhindern. Statt isolierendem Kleber in Kombination mit Punktschweißen wäre hier auch der Einsatz von Schweißverbindern denkbar.

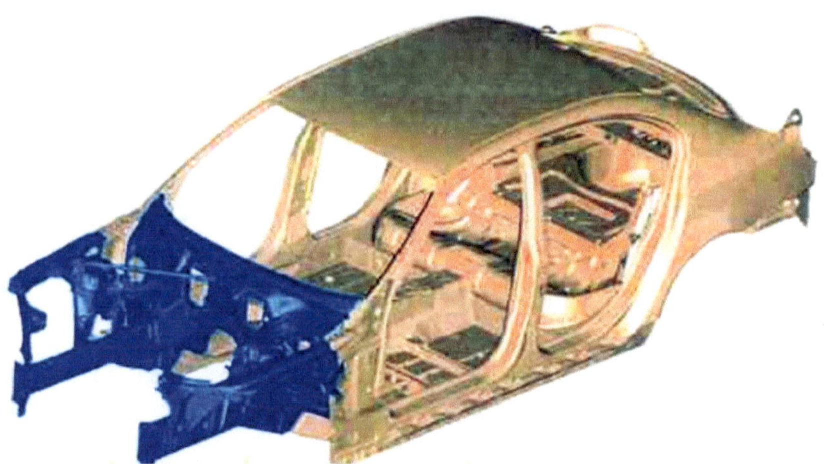

Bild 5.7: *Rohbau des BMW E60 (5er-Reihe) mit einem Aluminiumvorderbau und Stahlstruktur (Bildquelle: BMW AG)*

Ähnliche Verhältnisse gelten beim Bau von Panzerfahrzeugen, wo eine Schweißverbindung zwischen der Stahlwanne und Aluminiumanbauteilen ermöglicht wird [FUR81]. Von [GIT89] wurden quasistatische Faltversuche zur Prüfung der Bindungsfestigkeit von an Schweißverbindern angebrachten Laschen geprüft, wobei eine hohe Verformbarkeit ohne Versagen der Schweißverbindung oder der Stahl-Aluminium-Grenzfläche festgestellt wurde. Schwingversuche wurden an speziell entwickelten Proben durchgeführt. Bild 5.8 fasst hierzu die Ergebnisse zusammen.

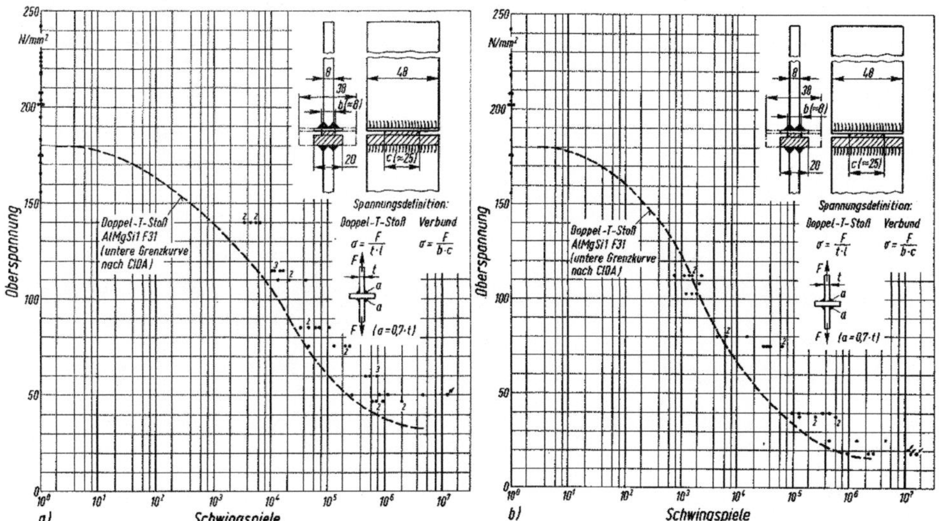

Bild 5.8:   Schwingversuche an Schweißverbindern: a) zugschwellend, R = 0,1, b) wechselnd,
R = -1 [GIT89]

Die Tests wurden zugschwellend (R = 0,1) und wechselnd (R = -1) durchgeführt. Im
ersteren Fall wurden Daueroberspannungen von rund 50 MPa, im zweiten Fall Werte
von ca. 20 MPa erreicht. Die Ergebnisse decken sich mit den von [FUR81] veröffentlichten Ergebnissen an den Verbundstromschienen, die unter denselben Versuchsbe-
dingungen durchgeführt wurden. Daher ist davon auszugehen, dass die von [GIT89]
vorgestellten Schweißverbinder hinsichtlich ihrer Bindung zwischen Aluminium und
Stahl mit den Verbundstromschienen absolut vergleichbar sind. Der Vergleich mit
einem Doppel-T-Stoß aus Aluminium zeigt, dass die Werte im Wesentlichen der Festigkeit des Aluminiums entsprechen, d.h. auch hier die Werte des Grundmaterials
erreicht werden.

5.1.3 Raupenstege

Laut [GIT89] wurden auch Raupenstege für Skipistenfahrzeuge aus Verbundprofilen
hergestellt und befanden sich 1987 im Einsatz. Die verstärkende Einlage liegt hier im
Unterschied zu den bislang vorgestellten Anwendungsbeispielen im Wesentlichen im
Inneren des Querschnitts. Gleichzeitig handelt es sich um ein Hohlprofil (Bild 5.9).
Sowohl das Verschleißverhalten als auch die Dauerschwingfestigkeit werden durch
die Einlagen deutlich gesteigert. Ersteres ist im Anwendungsfall dann relevant, wenn

bei Einsatzfahrten auch schneefreie Passagen überwunden werden müssen. Eine höhere Dauerfestigkeit ist nach [GIT89] deshalb wichtig, da wiederholte Belastungen bei hohen Schwingspielzahlen bei Raupenstegen eine typische mechanische Einflussgröße sind. Skizzen der vorgestellten Anwendungsbeispiele sind in [GIT89] und Bild 5.9 dargestellt.

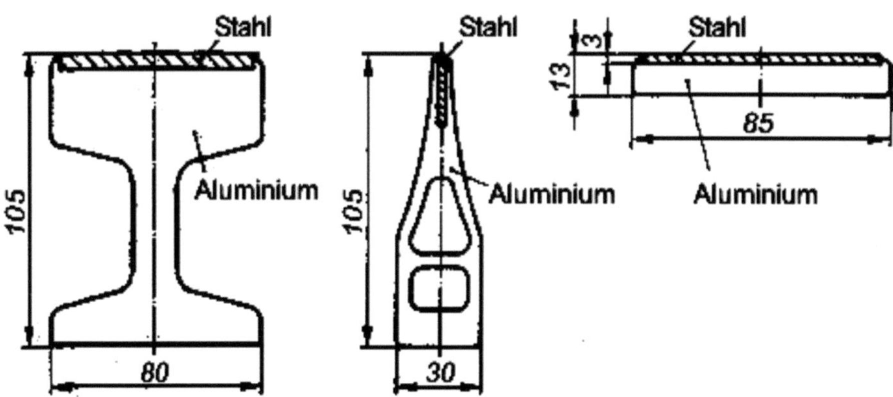

Bild 5.9:   Anwendungen für Verbundprofile: Stromschiene (links), Raupensteg (Mitte) und Schweißverbinder (rechts) [GIT89]

5.1.4 Opferanoden

Opferanoden werden in passiven Korrosionsschutzanlagen eingesetzt, wobei es auch Hersteller gibt, die dafür verbundstranggepresste Anoden anbieten [GEN11]. Als Matrixmaterial wird hierbei Magnesium eingesetzt, das einen Stahldraht umhüllt. Stranggepresste Opferanoden werden beispielsweise in Brauchwassererwärmern eingesetzt [FAR11], diese sind in Bild 5.10 gezeigt.

Bild 5.10:   Magnesiumopferanoden mit Stahlkern [FAR11]

5.2 Leichtbaurelevante Anwendungen

Die in Kapitel 4.1 vorgestellten Überlegungen zur Werkstoffauswahl wurden mit dem Ziel das Leichtbaupotenzial des Verbundstrangpressens mit modifizierten Kammerwerkzeugen zu nutzen, angestellt. Letztlich zielen darauf die gesamten Forschungsanstrengungen der letzten Jahre ab. In der Tat, sind diese Überlegungen nicht neu: Schon [FUR81] stellte Überlegungen an, die spezifischen Vorteile der beiden Verbundkomponenten Stahl und Aluminium für den Zweck des Leichtbaus zu nutzen. Er bezeichnete es als „naheliegend, Anwendungen dort zu suchen, wo durch Stahleinlagen die Steifigkeit von Aluminium-Profilen verbessert werden könnte"[FUR81]. Doch wurde auch richtig erkannt, dass die spezifische Steifigkeit E/ρ für beide Komponenten quasi identisch sind, weshalb im Allgemeinen keine nennenswerte Gewichtsreduktion zu erwarten ist. Das gilt nicht, wenn Beanspruchungen relevant werden, bei denen das einfache Verhältnis von E/ρ nicht entscheidend ist (z.B. Biegebeanspruchung) oder wenn ein beschränkter Bauraum der Möglichkeit zur freien Gestaltung Grenzen setzt (s.a. [FUR81]). Bild 5.11 zeigt ein Beispiel gewichtsgleicher Profile unterschiedlicher Steifigkeit.

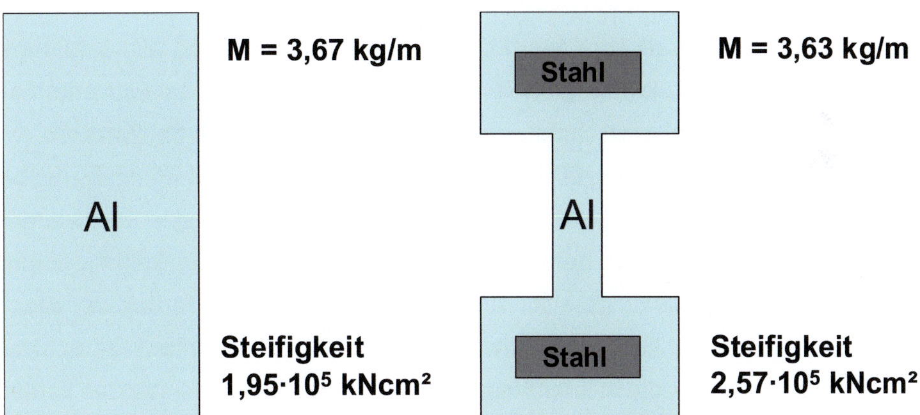

Bild 5.11:   Nahezu gewichtsgleiche Profile unterschiedlicher Steifigkeit (nach [FUR81])

Leichtbau ist daher nicht alleine eine Frage der Unterschiede in den werkstoffspezifischen Steifigkeiten, sondern im Falle deren Gleichheit, vor allem ein konstruktives Problem, also eine Frage des konstruktiven Leichtbaus.

5.2.1 Potenzielle Anwendungen im Automobilbau

Im Automobilbau werden zur Reduktion des Karosseriegewichts mehrere Konzepte verfolgt, die im Wesentlichen in die beiden Leichtbaukonzepte Schalenbauweise und Tragwerkstruktur unterschieden werden können. Bild 5.12 zeigt im Vergleich den Unterschied in diesen Strukturkonzepten am Beispiel zweier Karosserieentwürfe.

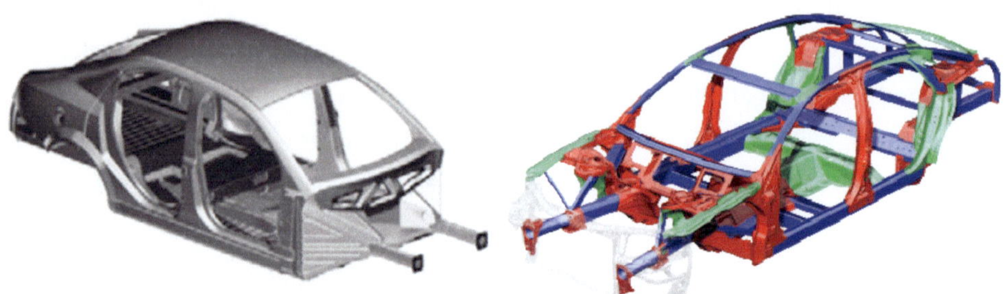

Bild 5.12:   Zwei Leichtbaukonzepte im Vergleich: Schalenbauweise (links) und Tragwerkstruktur (rechts) [KLA04b]

Bei der Schalenbauweise kommen großflächige Halbzeuge zum Einsatz, während die Tragwerkstruktur im Wesentlichen aus Profilen gefertigt wird. Dabei handelt es sich in erster Linie um gerade und gekrümmte Strangpressprofile, die neben Guss- und Blechbauteilen zum Einsatz kommen [KLA04b]. Strangpressen bietet als Verfahrenstechnik die Möglichkeit, Profile großen und komplexen Querschnitts endkonturnah und in großer Stückzahl wirtschaftlich zu fertigen. Das Verbundstrangpressen mit modifizierten Kammerwerkzeugen bietet diesen Vorteil prinzipiell ebenfalls, wobei hinsichtlich des Verstärkungsgehaltes, wie bereits diskutiert gewisse Restriktionen bestehen. Andererseits wurde bereits in Kapitel 4 belegt, dass eine Größenordnung von 10-15 Vol.-% Verstärkungsgehalt zu einer deutlichen Verbesserung der Werkstoffeigenschaften führt. Potenzielle Anwendungen könnten verstärkte Seitenschweller oder Querträger sein, die in ihrer Biegesteifigkeit gegenüber unverstärkten Bauteilen optimiert sind. Weiters ist auch eine Steigerung der dynamischen Beanspruchbarkeit für den Crashfall potenziell möglich. Der Nachweis scheiterte bislang in erster Linie an den zu geringen umgesetzten Verstärkungsgehalten [WEI09a] – Bild 5.13 zeigt lediglich eine tendenzielle Steigerung des Energieverzehrs verstärkter Profile im Vergleich zu unverstärkten derselben Geometrie.

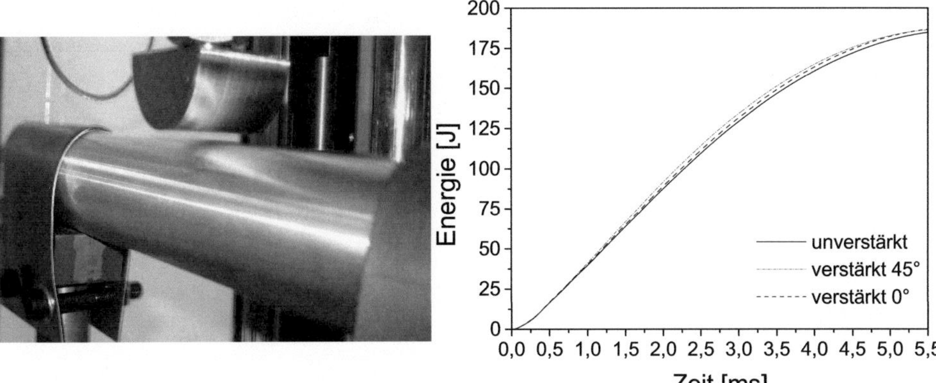

Bild 5.13:   Dynamische Versuche an verstärkten Profilen: Probenumgebung (links) und Energie-Zeit-Verläufe (rechts) für die Schlagversuche an partiell verstärkten Hohlprofilen (vgl. Bild 2.43) im Vergleich zu unverstärkten Hohlprofilen derselben Geometrie [WEI09a]

Für Kerbschlagbiegeproben mit hohen lokalen Verstärkungsgehalten konnte ein positiver Verstärkungseffekt unter schlagartiger Beanspruchung nachgewiesen werden [WEI09a][WEI06a] (vgl. Kapitel 4.4.5).

Des Weiteren kann Leichtbau auch systemisch betrachtet werden: Durch die Verwendung der in Kapitel 2.3.6.3 vorgestellten funktionsintegrierten Profile können Befestigungselemente oder ähnliche Bauteile eventuell entfallen, was das Gewicht des Gesamtsystems ebenfalls reduziert. Ein ähnliches Beispiel sind die in Kapitel 2.1.1 vorgestellten hochsiliziumhaltigen Zylinderlaufbuchsen [HUM97]. Diese sind nicht unbedingt leichter, helfen aber durch ihre höhere Beanspruchbarkeit im Gesamtsystem Motor das Gewicht zu reduzieren und/oder die Leistungsfähigkeit zu erhöhen.

Auch bei der Reduktion des Gewichtes ungefederter Massen wurden bereits Konzepte auf Basis des Verbundstrangpressens entwickelt. [WAG83] schlug die Fertigung einer Verbundfelge vor, die aus einem Stahlprofil und einem Verbundprofil durch Schweißen gefügt ist. Hierbei wird ausgenutzt, dass das Verbundprofil gleichzeitig als Schweißverbinder eingesetzt werden kann. Das Verbundkonzept reduziert das Trägheitsmoment und das Gewicht ungefederter Massen [WAG83], was den Fahrkomfort steigert.

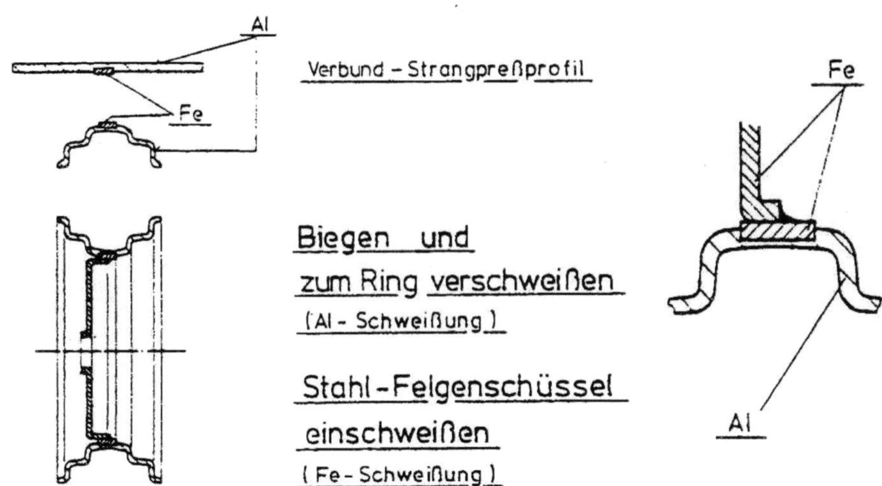

Bild 5.14:   Konzept zur Herstellung einer Verbundfelge aus Stahl und Aluminium [WAG83]

5.2.2 Stringerprofile für die Luftfahrt

Ein weiteres Anwendungsszenario aus dem Bereich der Mobilität entstammt dem Luftfahrtsektor. Hier wurde ab 2007 damit begonnen, gezielt Verbundstrangpressprofile für den Einsatz als Luftfahrtstringer zu entwickeln [SCH07d]. Im Rahmen der Untersuchungen zur Fertigungstechnik wurde ein Z-Profil entwickelt, dem die verstärkten Stringer spanend entnommen wurden. Grund hierfür waren Restriktionen durch die verwendete 10MN-Strangpresse bzw. die Pressbarkeit der untersuchten Matrixwerkstoffe EN AW-2099 und EN AW-6056 [SCH07d]. Vorversuche mit dem bereits vorgestellten 56x5-Profil ergaben, dass der Prozess wegen steigender Prozesskräfte nicht kontinuierlich durchgeführt werden konnte [HAM09a]. Zu diesen Fertigungsrestriktionen wurden umfangreiche Betrachtungen zur fertigungstechnischen Realisierung der Stringerherstellung vorgenommen. Die im selben Zusammenhang durchgeführten Messungen zur Stabilität der Längspressnaht, bzw. Verstärkungselementlage ergaben auch hier lediglich geringe Schwankungen um wenige Zehntel Millimeter, so dass gewährleistet war, dass die Drähte stets innerhalb der entnommenen Stringerbauteile lagen [KLO08a] [HAM09a]. Ein wichtiges Problem war die Temperaturführung beim Pressen. Wärmeabfluss aus dem Presswerkzeug hatten anfangs erfolgreiche Pressversuche vereitelt. Erst die Isolation des Presswerkzeugs mit Zirkoniumdioxidplatten stabilisierte die Prozesswärme und verbesserte die Pressbarkeit der verwendeten hochfesten Aluminiumlegierungen [HAM09a].

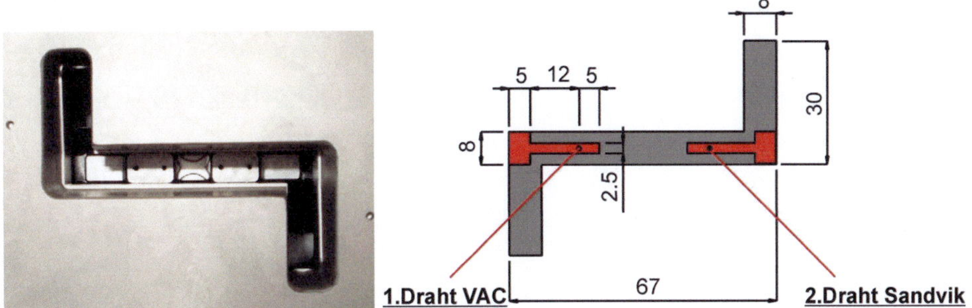

Bild 5.15:   Strangpressmatrize [SCH07d] und gefertigtes Z-Profil für Untersuchungen an verstärkten Stringern (Stringerkontur rot im rechten Bild)

Analysen zur Querpressnahtlänge wurden metallographisch durchgeführt. Diese ergaben, dass mehr als 1600 mm querpressnahtfreies Profil hergestellt werden konnte [HAM09a]. Metallographische Analysen zur Einbettung der Verstärkungen ergaben anfangs, dass die Drähte nur unzureichend eingebettet und teilweisedeformiert waren [KLO08a]. Abhilfe schaffte hier eine Änderung der Führungsflächenlänge [KLO08a].

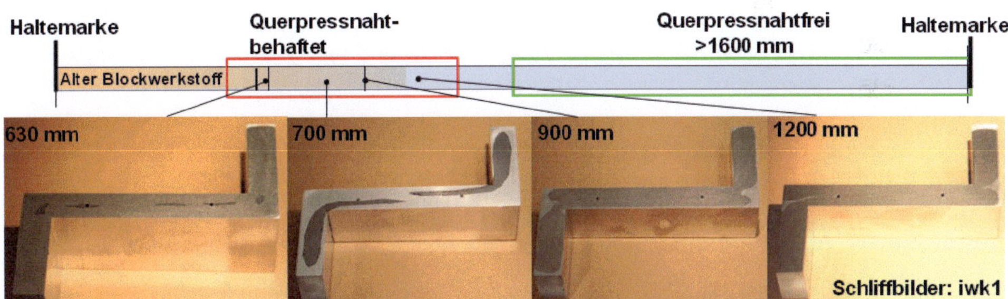

Bild 5.16:   Metallographische Analyse der Querpressnahtlänge [HAM09a]

Die gesamte Prozesskette, zu der nach dem Strangpressen das Lösungsglühen, Recken und Warmauslagern der Profile gehörte wurde werkstoffkundlich evaluiert. Als wesentlicher Befund ergab sich dabei, dass in Abhängigkeit des Werkstoffsystems die Grenzflächenfestigkeit zwischen dem Zustand direkt nach dem Strangpressen und am Ende der Prozesskette, d.h. nach dem Warmauslagern bei der Verwendung der Matrixlegierung EN AW-2099, um rund 50 % abnimmt, während dies bei der Legierung EN

AW-6056 nicht der Fall ist, sondern vielmehr eine Steigerung der Grenzflächenscherfestigkeit um rund 30 % zu beobachten ist (Bild 5.17). Grund für diesen Unterschied ist die Entstehung einer spröden Grenzflächenschicht bei der Verwendung der Matrixlegierung EN AW-2099. Als Verstärkungen kamen Drähte aus der Kobaltbasislegierung 2.4782 (Nivaflex 45/18, Co) und aus der Federstahllegierung X2CrNiMo12-9-4 (Nanoflex, S) zum Einsatz.

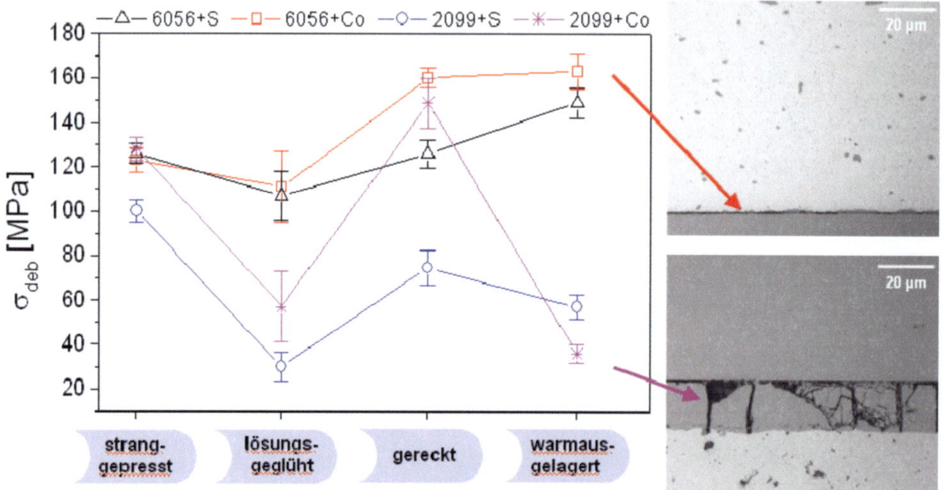

Bild 5.17:   *Übersicht über die gemessenen Grenzflächenscherfestigkeiten entlang der Prozesskette nach [HAM09a], Zwischenschritte 2 und 3 unter Laborbedingungen nachgestellt*

Die Steigerung der quasistatischen Festigkeiten wurde an Proben mit 11 Vol.-% Drahtanteil nachvollzogen (vgl. Probengeometrie Bild 4.26). Bei beiden Drähten lassen sich im Verbund sowohl mit EN AW-2099 als auch mit EN AW-6056 Steigerungen der Zugfestigkeit und des Elastizitätsmoduls experimentell nachweisen, die mit Abschätzungen nach dem Modell nach Kelly und Courtney gut übereinstimmen [HAM09a] [HAM09b]. Bild 5.18 zeigt zusammenfassend die Versuchsergebnisse der Zugversuche.

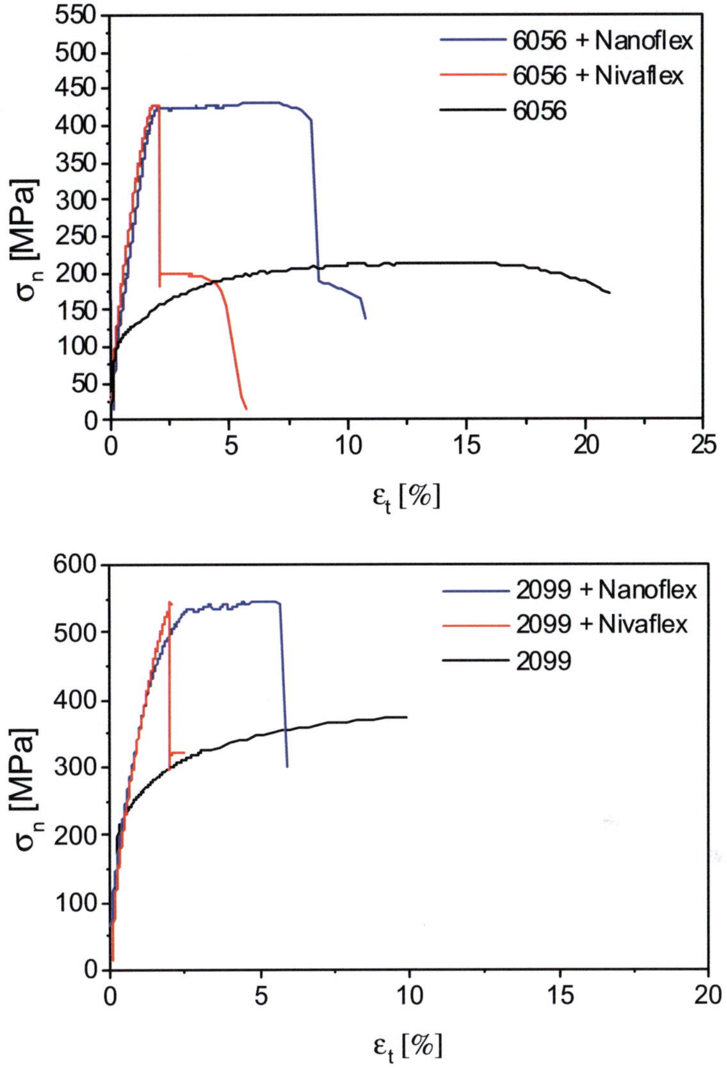

Bild 5.18:   *Zugverfestigungskurven für Probentest zur Untersuchung der Werkstoffsysteme für verstärkte Stringerbauteile [HAM08a] [HAM09a]*

Dabei zeigten fraktographische Untersuchungen, dass der Stahldraht im Gegensatz zum Kobaltbasisdraht nach dem Bruch der Probe eine Einschnürung aufwies [HAM09a]. Bezüglich der Dauerfestigkeit konnte ebenfalls eine Steigerung der Lebensdauer durch eine Drahtverstärkung mit 11 Vol.-% nachgewiesen werden, wobei die Steigerung für EN AW-2099 aufgrund der schlechteren Grenzflächenscherfestigkeit geringer ausfällt [WEI10a]. Wurden umgekehrt Proben untersucht, deren Drahtverstärkung beim Recken gerissen war, verringerte sich die Lebensdauer. Dieser Effekt ist allerdings ausschließlich auf die Reduktion des tragenden Querschnitts zurückzuführen und nicht auf eine Kerbwirkung der gerissenen Verstärkung.

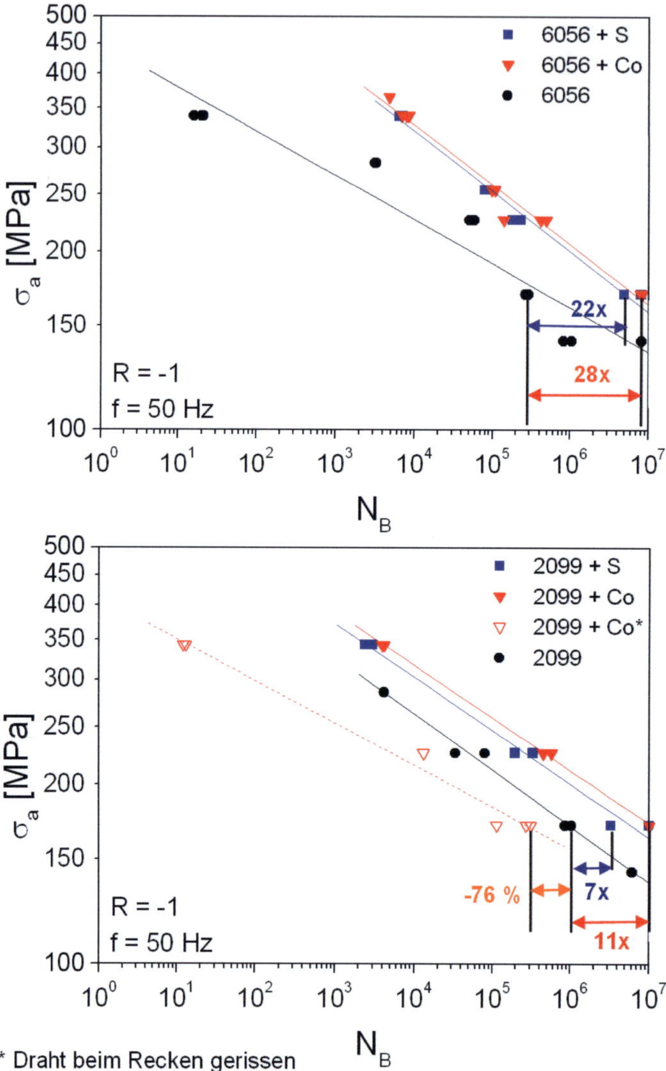

Bild 5.19: Ergebnisse von zyklischen Tests bei R = -1: Durch die Drahtverstärkung steigt in allen Fällen die Lebensdauer an [WEI10a]

Eine Übertragung der gewonnenen Ergebnisse auf Hautfeldtests ergab leider keinen positiven Nachweis für die verstärkende Wirkung der eingesetzten Verstärkungen.

Dabei wurden Proben aus Hautfeldblechen mit verstärkten Stringern versteift und unter schwingender Beanspruchung der Rissfortschritt bis zum Bruch gemessen.

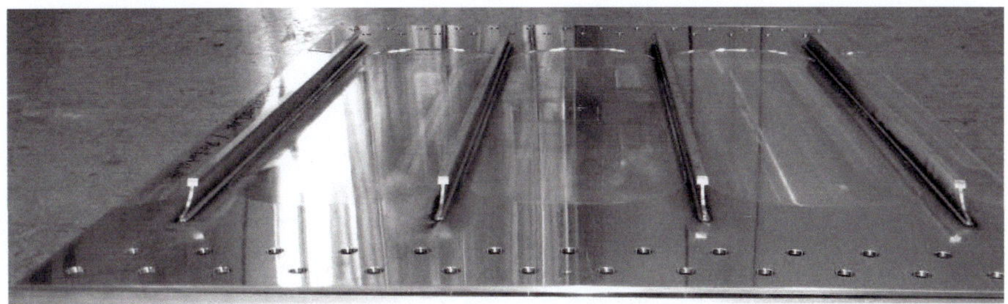

Bild 5.20:   Mit verstärkten Stringern versteifte Hautfeldprobe für Rissfortschrittstests (Bildquelle: EADS Innovation Works)

Festgestellt werden konnte im Fall von Hautfeldern aus EN AW-2024 ein Unterschied im Rissfortschritt zwischen Stringern, die mit Nanoflex oder Nivaflex verstärkt waren. Dieser Befund ist aber keinesfalls repräsentativ, da jeweils nur eine Hautfeldprobe untersucht wurde.

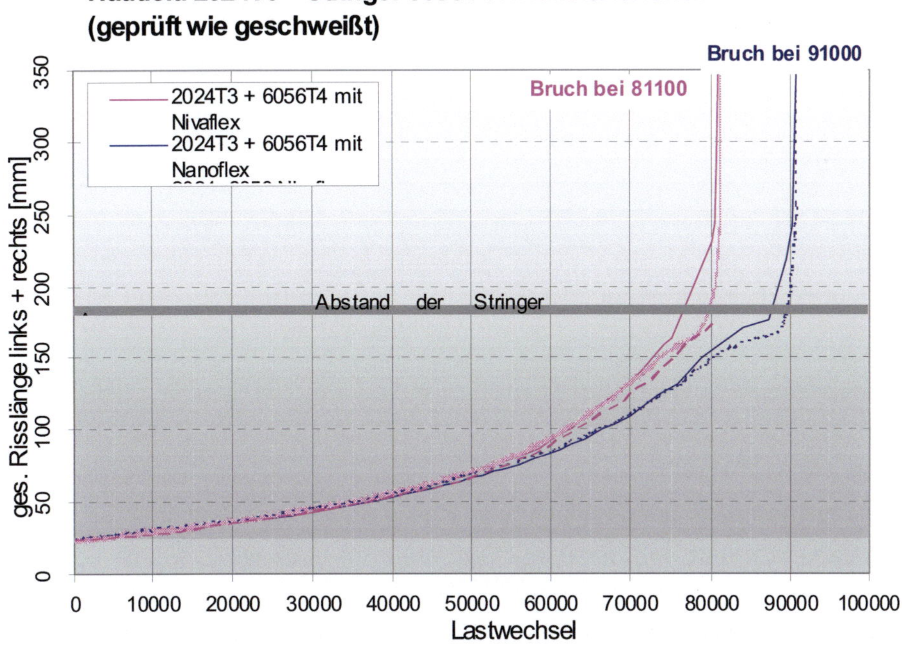

Bild 5.21:   Ergebnisse der Rissfortschritttests an Hautfeldproben (Bildquelle: EADS Innovation Works)

Gleichwohl belegten anderweitig durchgeführte Rissfortschrittsuntersuchungen an Verbundprofilen (EN AW-6082 mit 1.4310 Drähten), dass eindeutig ein Einfluss der Verstärkung auf das Risswachstum existiert.

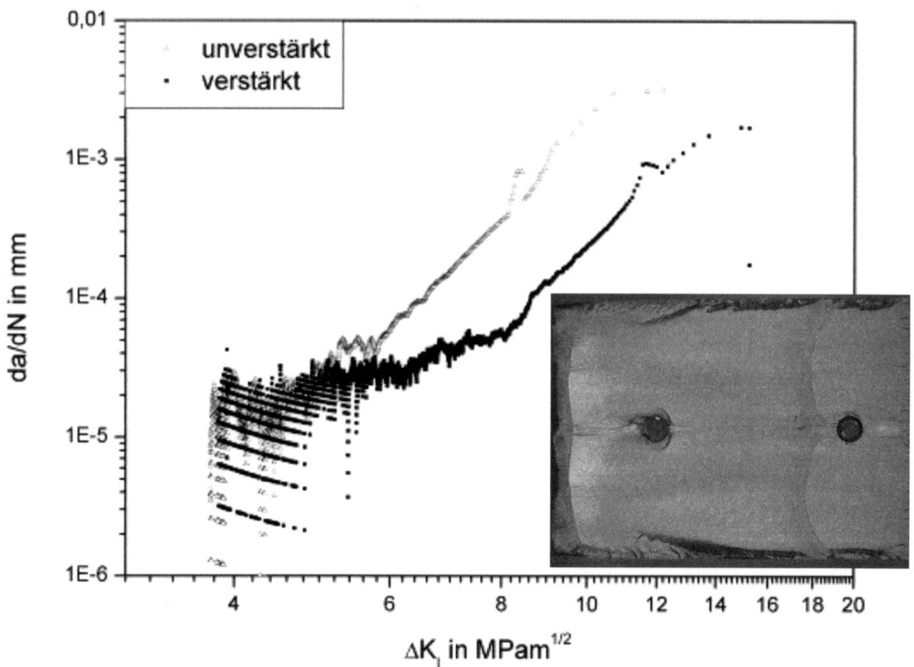

Bild 5.22: Rissfortschrittstests an verstärkten Profilen: Rissfortschrittskurven und Bruchfläche

Der Unterschied in den Befunden lässt sich auf mehrere Effekte zurückführen. Im Falle des Systems Stringer/Hautfeld ist der Drahtanteil äußerst gering gemessen am insgesamt zurückgelegten Rissweg. Gleichzeitig liegt der Startriss im Hautfeld, der Draht jedoch im Stringer, der auf dem Hautfeld aufgesetzt ist, d.h. der verstärkende Draht sitzt nicht direkt auf dem Weg des Risses und die rissüberbrückende Wirkung des Stringers ist ohnehin gegeben. Ein Zusatzeffekt durch den Draht im Stringer ist daher zu gering, um nachweisbar zu sein. Bei den in Bild 5.22 gezeigten Ergebnissen liegen die Verhältnisse anders: Der Drahtquerschnitt ist nicht vernachlässigbar im Verhältnis zum Probenquerschnitt und der Draht liegt direkt im Rissweg. Durch die überbrückende Wirkung des Drahtes wird die Rissfront entlastet und in ihrem Verlauf deutlich beeinflusst. Der Effekt lässt sich durch Messung des Rissfortschrittes quantifizieren.

Konzeptionell ist daher die Möglichkeit verstärkte Stringer zur Hemmung des Rissfortschrittes in Hautfeldern einzusetzen nicht gescheitert, auch hier muss der Anteil an Verstärkung vor allem weiter gesteigert werden, um die auf Probenmaßstab nachgewiesenen positiven Effekte der Verstärkung auf den Bauteilmaßstab übertragen zu können.

6 Abschließende Betrachtung

6.1 Zur Technologie des Verbundstrangpressens

Das Verbundstrangpressen mit modifizierten Kammerwerkzeugen konnte in den vergangenen Jahren ausgehend von den in den 1970/80er Jahren erteilten Patente wesentlich weiterentwickelt werden, so dass heute die Fertigung kontinuierlich verstärkter Leichtbauprofile prinzipiell möglich ist. Jedoch besteht in folgenden Bereichen noch erheblicher Forschungsbedarf, um das Leichtbaupotenzial dieses Fertigungsverfahrens voll auszuschöpfen:

- **Verstärkungsgehalt:** Bisher realisierbare Gehalte liegen selbst mit Flachbandverstärkung weit jenseits der prognostizierten 10 Vol.-%. Nachdem die prinzipiellen Voraussetzungen verstanden sind, zeichnet sich ab, dass für die weitere Steigerung des Verstärkungsgehaltes Pressen großer Kapazität mit großen Werkzeugpaketvolumina aber großen Pressverhältnissen, die mehrstufig realisiert werden müssen , notwendig sein werden. Alternativ ist anzudenken – ähnlich wie beim Kabelpressen – die Matrix von der Seite und die Verstärkungselemente 0° zur Profilaustrittsachse zuzuführen. So könnte Volumen im Werkzeugpaket zur Umformung genutzt werden, das bislang vor allem zur Zuführung der Verstärkungen verwendet wird. Auch der Einsatz durchbohrter Rezipienten wird dann unnötig.

- **Werkstoffsysteme:** In den vergangenen Jahren ist es gelungen, sowohl Aluminium- als auch Magnesiummatrixverbunde durch Strangpressen zu verstärken. Lediglich hinsichtlich der Legierungszusammensetzungen, die jeweils Einfluss auf die Pressbarkeit haben, ist hier noch geringer Forschungsbedarf vorhanden, der sich jedoch auf die Anpassung der Pressparameter beschränkt. Bei den Verstärkungselementen ist die Verstärkung mit metallischen Verstärkungen heute so prozessicher, dass dies als Stand der Technik angesehen werden kann. Die Einbindung keramischer Verstärkungen ist hinsichtlich des Leichtbaupotenzials ein zwingend notwendiger Schritt, da nur so spezifische Steifigkeiten werkstofftechnisch verbessert werden können. Dazu werden aber vermutlich ähnlich grundsätzliche Verfahrensmodifikationen notwendig sein, wie im letzten Abschnitt dargestellt, um zu einem prozesssicheren, wirtschaftlichen und flexiblen Verfahren zu kommen.

o **Hybridisierung:** Selbst bei einer optimalen Weiterentwicklung des Verbundstrangpressens hin zu höheren Verstärkungsgehalten ist das Erreichen werkstofftechnisch interessanter Verstärkungsgehalte (d.h. 20-50 Vol.-%) nur durch Einsatz modifizierter Kammerwerkzeuge schwierig. Großes Potenzial steckt hier in der Hybridisierung des Verfahrens, wodurch mit einer partikelverstärkten Matrix in Kombination mit einer lokalen Drahtverstärkung insgesamt höhere Verstärkungsgehalte erzielt werden können. Neuere Entwicklungen beim Strangpressen, wie z.B. das Pressen von Spänen [KHA09], die ggf. mit Partikeln gemischt oder in Anlehnung an [JAN75] voroxidiert sein könnten, wären ein guter Ausgangspunkt, die Hybridisierung voranzutreiben. Die thermische Vorbehandlung würde auch organische Kontaminationen der Späne abbauen – wenngleich [KHA09] behauptet, keine störende Effekte im Gefüge festgestellt zu haben. Dabei müssen natürlich die dem Verbundstrangpressen partikelverstärkter Matrizes intrinsisch gegebenen Nachteile wie ein höherer Werkzeugverschleiß einkalkuliert werden. Die höheren Materialkosten hingegen ließen sich durch die Verwendung von Spänen abfedern.

o **Funktionalisierung:** Durch die hinsichtlich des Volumengehalts gegebenen Restriktionen erscheint die Ausstattung von Strangpressprofilen mit Funktionselementen zum heutigen Zeitpunkt der Forschung sinnvoller als die Ausstattung mit strukturellen Verstärkungen, da bereits ein einziges Funktionselement eine Funktionalisierung ermöglicht. Letztlich bietet die Funktionalisierung durch Funktionsintegration ebenfalls einen wesentlichen, jedoch indirekten Beitrag zum Leichtbaupotenzial.

o **Kombination mit anderen Fertigungsverfahren:** Die Einbringung von Verstärkungselementen in Strangpressprofile wirft weitere fertigungstechnische Fragestellungen auf. Eine sinnvolle, nachgeschaltete Umformung ist z.B. nur durch Runden beim Strangpressen zu realisieren, sollen Eigenspannungen oder Beschädigungen im Profil vermieden werden. Auch fügetechnische Fragestellungen sind bislang im Wesentlichen ungeklärt: Welche Fügeverfahren erlauben ein möglichst stoffschlüssiges Fügen verstärkter Profile? Wie kann der Steifigkeitsverlust in der Fügestelle abgefangen werden? Ist es möglich, die Verstärkungen durchzubinden? Diese und ähnliche Fragen sind bis dato Stand der Forschung und bewegen sich in jenem Spannungsfeld, das das Fügen nichtartverwandter Werkstoffe generell mit sich bringt.

6.2 Zur Simulation des Verbundstrangpressens

Das Strangpressen selbst ist ein in den vergangenen Jahrzehnten maßgeblich empirisch entwickltes Verfahren. Die Simulationsmethoden sind erst in den letzten Jahren für das Strangpressen im Allgemeinen entwickelt worden. Grund hierfür ist nicht alleine die Empirie der Forschungsansätze, sondern vor allem die Komplexität der beim Strangpressen ablaufenden Vorgänge. Aus werkstofftechnischer Sicht handelt es sich um eine Kombination elastischer, elastisch-plastischer und viskoplastischer Prozesse deren Erfassung und Berechnung in ihrer Gesamtheit große Rechenkapazitäten erfordert. Hinzu kommt, dass es sich nicht durchgängig um stationäre Prozesse handelt. In folgenden Bereichen sehe ich in den kommenden Jahren weiteren Forschungsbedarf.

- o **Berücksichtigung aller werkstoffmechanischen Mechanismen:** Aus Gründen der Datenreduktion wurden bei der FEM-Simulation entweder eine 2D-Simulation oder ein Euleransatz verwendet, der elastisch-plastische Mechanismen im Gegensatz zur Langrange-Simulation nicht mitbetrachtet. Mit steigender Kapazität der Simulationsrechner ist davon auszugehen, dass künftig die transiente, d.h. nicht ausschließlich stationäre, Simulation auf Basis des realistisch modellierten Werkstoffverhaltens unter Berücksichtigung aller genannten Werkstoffmechanismen möglich sein wird.

- o **Verbundentstehung:** Die bisherige FEM-Simulation des Verbundstrangpressens ist noch nicht ausreichend in der Lage, die eigentliche Verbundentstehung zu erfassen. Große Fortschritte wurden parallel zum Strangpressen ohne Verstärkung hinsichtlich der Vorhersagbarkeit der Längspressnahtlage erzielt. Welche Vorgänge jedoch exakt bei der Verbundenstehung ablaufen und welches Spannungsniveau daraus im fertigen Profil nach der Abkühlung resultiert, ist noch nicht umfassend beschrieben. Diese Informationen sind jedoch notwendig, um von der reinen Prozesssimulation zur ergebnisorientierten Simulation der Profileigenschaften – dem eigentlich wesentlichen Aspekt für den Anwender – überzugehen.

- o **Prozessdatenerfassung:** Selbst moderne Strangpressen verfügen noch nicht über ausreichende Sensorik hinsichtlich der Prozessdatenerfassung. Hier sind noch umfassende grundlegende Arbeiten notwendig, um die realen Verhältnisse beim Verbundstrangpressen nicht mit aufwändigen Modellversuchen nachzustellen, sondern diese direkt im Prozess zu erfassen. Daraus müssen dann Gesetzmäßigkeiten abgeleitet werden, die eine gewisse Allgemeingültigkeit besitzen, um die Übertragbarkeit der (Verbund-)Strangpresssimulation auf verwandte Fragestellungen zu ermöglichen. Diese Thematik ist im Moment intensiver Gegenstand der Forschung, so dass zu erwarten ist, dass die Zuverlässigkeit und die Breite der Datenbasis in den kommenden Jahren verbessert werden kann.

o **Optimierungsmethoden:** Die FEM-Simulation muss künftig so parametrisiert sein, dass eine Optimierung des Presswerkzeuges automatisiert ablaufen kann. Mit der Morphing-Methode existiert hier ein erster Ansatz, der jedoch weitere Anforderungen an die Rechenleistungen stellt. Letztlich sind jedoch für den Anwender zwei Fragen zu klären: Wie sieht meine Werkzeuggeometrie aus und welche Werkstoffeigenschaften resultieren aus dem Strangpressprozess? Da beide Fragen miteinander kombiniert sind, muss die Strangpresssimulation vorwärts (d.h. auf die resultierenden Werkstoffeigenschaften) aber auch rückwärts (hin zur Werkzeuggeometrie) erweitert werden. Damit besteht die Verbundstrangpresssimulation aus drei Bereichen: Der Prozesssimulation, d.h. die Abbildung der Vorgänge und Spannungsverhältnisse im Presswerkzeug, der Vorhersage der Lage der Verstärkungen, d.h. der Längspressnahtlage und der Werkzeuggeometrieoptimierung. Wenngleich für den Anwender die beiden letztgenannten Aspekte sicherlich am ehesten greifbar sind, sind weitere Forschungen auf allen drei Gebieten notwendig und bieten v.a. im Bereich der Längspressnahtsimulation auch Anknüpfungspunkte zur Simulation des konventionellen Strangpressens.

o **Ganzheitlichkeit:** Die FEM-Simulation muss künftig über die gesamte Prozesskette verknüpft werden, da auch nachgeschaltete Fertigungsschritte (Trennen, Wärmebehandlung) Auswirkungen auf die Profileigenschaften haben. Diese Fragestellung ist nicht spezifisch für das (Verbund-)Strangpressen aber auch hier existiert ebenfalls ein wesentlicher Forschungsbedarf

6.3 Zu den werkstoffkundlichen Aspekten

Die werkstoffkundlichen Arbeiten der vergangenen Jahre haben gezeigt, dass verbundstranggepresste Verbunde prinzipiell hinsichtlich ihrer mechanischen und korrosiven Eigenschaftsprofile ein hohes Leichtbaupotenzial besitzen. Dies gilt insbesondere dann, wenn hohe Verstärkungsgehalte vorliegen – höher als jene, die bislang erzielt werden können. Selbst mit einfachen analytischen Modellen ist heute schon eine Abschätzung der Werkstoffeigenschaften sinnvoll möglich. Weitere offene Fragen ergeben sich jedoch in den folgenden Bereichen:

o **Werkstoffsysteme:** Mit den Aluminiumlegierungen und den Magnesiumlegierungen sind die interessanten und fertigungstechnisch sinnvoll zugänglichen Matrixwerkstoffsysteme charakterisiert. Von einer Variation der spezifischen Legierung selbst werden sicherlich keine wesentlichen Änderungen in den werkstoffkundlichen und werkstoffmechanischen Mechanismen zu erwarten sein. Ein wesentlicher Aspekt ist die Mitbetrachtung von Wärmebehandlungen. Die zu erwartende Steigerung der Matrixfestigkeit und die damit verbundene Steigerung der werkstoffmechanischen Eigenschaften können bei Verbunden mit nachteiligen Mechanismen einhergehen. Dazu sind im Rahmen dieser Arbeit erste Ergebnisse dargestellt worden. Bei den Verstärkungselementen sind eher noch Innovationen zu erwarten: Keramische Verstärkungen besitzen noch ein wesentliches Potenzial zur Steigerung der spezifischen Werkstoffeigenschaften, bringen aber auch weitere Fragestellungen im Berech der Grenzflächenverhältnisse mit sich. Hier wurden jedoch in den vergangen Jahren Methoden entwickelt, um sich diesen Fragen wissenschaftlich zu nähern. Mit dem Aspekt der Funktionalisierung treten weitere Fragestellungen auf, die auch die Werkstoffkunde betreffen. Diese betreffen dann weniger mechanische als vielmehr Funktionsaspekte. Hierzu müssen geeignete Prüfverfahren zumindest adaptiert werden.

Eine wesentliche Innovation wäre der Einsatz von thermoplastischen Kunststoffmatrizes. Hier ist durch den großen Unterschied in den spezifischen Elastizitätsmoduln zwischen Verstärkung und Matrix ein hohes Leichtbaupotenzial vorhanden. Das Verfahren erweitert das Werkstoffspektrum der klassischen Pulltrusion oder Extrusion, bei denen der Einsatz metallischer Verstärkungen eher unüblich ist. Erste Forschungsansätze dazu sind im Bereich der Warmumformung der Kunststoffmatrix als Analogon zum metallischen Strangpressen zu suchen. Der Übergang zu den Flüssigphasenverfahren Pulltrusion und Extrusion wäre dann der nächste Schritt.

o **Bauteil- und Struktureigenschaften:** Bislang wurden die Verstärkungsgehalte von rund 10 Vol.-% auf Probenmaßstab durch die Dimensionierung der Proben eingestellt. Dies führt zwangsweise dazu, dass die gemachten Aussagen nicht einfach auf den Bauteilmaßstab übertragbar oder dort überprüfbar sind. Dies betrifft insbesondere bauteilnahe Belastungen mit überlagerten oder inhomogenen Beanspruchungen. Erst wenn es der fertigungstechnische Fortschritt beim Verbundstrangpressen zulässt, können Bauteilversuche Gewissheit über die Skalierbarkeit der festgestellten werkstofftechnischen Gesetzmäßigkeiten bringen und die Strukturauslegung über die Kenntnisse der Eigenschaften größerer Baugruppen ermöglichen.

o **Werkstoffmodellierung:** Die Werkstoffmodellierung verbundstranggepresster Verbunde ist kein spezifisches Problem des Verbundstrangpressens selbst. Wesentlich ist hier die Simulation entlang der Prozesskette, um alle Einflüsse auf den Bauteilzustand zu erfassen. Spezieller ist die Situation, dass die Verstärkung mit wenigen, grob verteilten Verstärkungen zu starken Inhomogenitäten im Spannungsfeld innerhalb des Verbundes führt. Dies lässt sich mit analytischen Modellen nur sehr vereinfacht abbilden. Die bisherigen Ansätze auf Basis der Modelle von Kelly bzw. Courtney zeigen jedoch, dass eine sinnvolle Abschätzung für die quasi-statischen Eigenschaften möglich ist. Die Beschreibung anderer Lastfälle bzw. Belastungsarten oder die Vernetzung zwischen mikroskopischen Vorgängen an der Grenzfläche und makroskopischen Bauteileigenschaften sind noch zu erforschen. Dazu sind noch genauere Kenntnisse mikromechanischer Eigenschaften an der Grenzfläche zu erwerben.

o **Eigenspannungszustand:** Die Eigenspannungen können in Verbunden mit teilzerstörenden Verfahren nicht sinnvoll bestimmt werden, da die Spannungsumlagerung nicht einfach zu beschreiben ist. Hier muss die Diffraktometrie mit hochenergetischen Strahlen (Synchrotron- oder Neutronenstrahlung) künftig verstärkt Einsatz finden, wenngleich die Texturierung metallischer Verstärkungselemente bzw. die kleine Dimension keramischer Verstärkungsfasern große Herausforderungen für die experimentelle Vorgehensweise darstellen. Zumindest eine Bestimmung des Eigenspannungszustandes in der Matrix, der aufgrund der niedrigeren Streckgrenze der hinsichtlich der Belastung kritischere Fall darstellt, sollte mit diesen Verfahren möglich sein.

o **Schädigungsentwicklung:** Mit der Schallemissionsanalyse wurde eine erste in-situ-Methode gefunden, um den Schädigungsverlauf in Strangpressverbunden zerstörungsfrei und kontinuierlich – auch unter Langzeitbelastung – zu dokumentieren. Mit der Computertomographie wurde im Rahmen dieser Arbeit bereits ein Verfahren vorgestellt, das in dieser Hinsicht ein großes Potenzial hat. Zwar ist hier sicherlich die Kontinuität der Beobachtung durch den großen Aufwand beim Tomographieren eingeschränkt, vorteilhaft sind jedoch die hohe Ortsauflösung und die direkte Bildinformation über Art und Ausmaß der Schädigung. Diese Methode wird sich in den kommenden Jahren für die Analyse des Schädigungsverhaltens von Verbundwerkstoffen weiter etablieren.

6.4 Zum Anwendungspotenzial

Bislang sind nur wenige Anwendungen des Verbundstrangpressens mit modifizierten Kammerwerkzeugen etabliert. Dazu ist Folgendes anzumerken:

- o **Verbundstromschienen:** Sicherlich die erfolgreichste aller etablierten Anwendungen, wenngleich zwischenzeitlich der Trend zu erkennen ist, dass gebaute Verbundstromschienen als kostengünstige und leistungsfähige Variante in den Markt drängen. Es bleibt abzuwarten, inwiefern die stranggepresste Verbundstromschiene noch weiteres Entwicklungspotenzial besitzt, um ihrer Verdrängung vom Markt entgegen zu wirken.

- o **Luftfahrtstringer:** Diese Anwendung befindet sich im Stadium der Grundlagenforschung. Es ist nach wie vor nicht belegt, dass durch den Einsatz von Verbundstringern im Hautfeld Steigerungen der mechanischen Eigenschaften gegeben sind. Zudem stehen metallische Lösungen im Flugzeug vor dem Hintergrund der forcierten Entwicklung von Lösungen in CFK unter Druck.

- o **Automobilleichtbau:** Hier gilt ähnliches wie für die Luftfahrtbranche. Das Leichtbaupotenzial wird eher in verstärkten Kunststoffen als in verstärkten Metallen gesehen. Lediglich in strukturellen Anwendungen, z.B. in Tragwerkstrukturen ist eine Anwendung möglich, sofern die hier bereits aufgeworfenen fertigungstechnischen Fragestellungen gelöst sind.

7 Zusammenfassung

Die vorliegende Arbeit fasst den Stand der Forschung zu den werkstoff- und fertigungstechnischen Aspekten des Verbundstrangpressens mit modifizierten Kammerwerkzeugen zusammen. Dies umfasst zunächst den fertigungstechnischen Teil, in dem gezeigt werden konnte, dass das bereits vor rund 40 Jahren entwickelte Verfahren durch die in der zurückliegenden Dekade vorangetriebenen Forschungsaktivitäten maßgeblich weiterentwickelt werden konnte. Ausgehend von einer systematischen Werkstoffauswahl stehen heute eingehend charakterisierte Werkstoffsysteme zur Verfügung, die die prozessichere Herstellung verbundstranggepresster Leichtbauprofile ermöglichen. Einziges Manko ist im Moment der noch nicht ausreichende Verstärkungsgrad, der jedoch fertigungstechnisch noch vergrößert werden kann. Die Kenntnisse hierzu, insbesondere bezüglich des Werkzeugdesigns, konnten wesentlich erweitert werden. Mit ein wesentlicher Aspekt war hierbei die Weiterentwicklung von FEM-Simulationsmethoden, die ausgehend von der konventionellen Strangpresssimulation soweit entwickelt werden konnten, dass eine einfache Presswerkzeugoptimierung Stand heute schon möglich ist.

Die werkstoffkundlichen Untersuchungen haben gezeigt, dass Verbundstrangpressprofile ein werkstoffmechanisch interessantes und analytisch gut erfassbares Verbundwerkstoffkonzept sind. Die Charakterisierung umfasst schon heute ein gewisses Spektrum an möglichen Werkstoffsystemen sowie eine große Bandbreite an mechanischen Belastungsarten. Der Nachweis der Übertragbarkeit der gefundenen Gesetzmäßigkeiten vom Proben- auf den Bauteilmaßstab steht jedoch noch aus und ist primär von den noch zu erbringenden Fortschritten im Bereich der Fertigungstechnik abhängig. Dasselbe gilt auch für die Auswertung der Werkstoffpalette hinsichtlich der Verwendung keramischer Verstärkungen.

Nur wenige Anwendungen sind heute bereits etabliert, insbesondere Anwendungen im Bereich des Leichtbaus konnten noch nicht in die industrielle Praxis gebracht werden, da die Verstärkungswirkung noch nicht ausreichend ist. Größeres Potenzial bieten mittelfristig funktionsintegrierte Verbundprofile, bei denen das endlos eingebrachte Element keine verstärkende Wirkung, sondern eine physikalische Funktion besitzt. Aus einem systemischen Ansatz heraus bietet jedoch auch die Funktionsintegration ein gewisses Leichtbaupotenzial

8 Literatur

[AKE92]   R. Akeret, Strangpressnähte in Aluminiumprofilen. Teil 1: Technologie, Teil 2: Mikrostruktur und Qualitätsmerkmale, Aluminium 68 [11] 877-974 (1992)

[AME84]   A. Ames, A. Wagner, J. J. Theler, Deutsches Patent Nr. DE 2511301 C2. Deutsches Marken- und Patentamt München (1984)

[ARN85]   V. Arnhold, J. Baumgarten, Dispersion Strengthened Aluminium Extrusions. Powder Metallurgy Intl., 17 168-172 (1985)

[BAU01a]   M. Bauser, Strangpressen von Pulvermetallen. In: M. Bauser, G. Sauer, K. Siegert, Strangpressen. Aluminium-Verlag, Düsseldorf (2001)

[BEC03]   D. Becker, A. Klaus, M. Kleiner, Innovative Fertigung von 3D-gekrümmten Strangpressprofilen. ZWF 98 [10] 476-479 (2003)

[BRE67]   P. Brenner, Stand und Aussichten der Entwicklung hochfester Verbundwerkstoffe. Z. Metallkunde, 58 [9] 585-600 (1967)

[BRO09]   A. Brosius, M. Hermes, N. Ben Khalifa, M. Trompeter, A. E. Tekkaya, INNOVATION BY FORMING TECHNOLOGY: MOTIVATION FOR RESEARCH, International Journal of Material Forming, 2 29-38 (2009)

[BWE11]   Homepage der Firma BEW [online] www.bwe.co.uk, aufgerufen am 4.3.2011

[CHT00]   R. D. Chtcherbel, E. R. Korjavina Extrusion of Shapes and Tubes in Dissimilar Alloys. Proceedings of the 7th International Aluminium Extrusions Technology Seminar, 337-341, Aluminium Council and the Aluminium Association, Chicago, USA (2000)

[COU85]   C. A. Coulomb, Mémoires de Mathématique et de Physique de l'Académie Royales des Sciences 161-331 (1785)

[COU90]   T. H. Courtney, Mechanical Behavior of Materials. McGraw-Hill, New York, 1990

[CRA65]   D. Cratchley, Experimental Aspects of Fibre-Reinforced Metals. Metallurgical Reviews. 10 [37] 79-144 (1965)

[CRA88]   A. W. Cramb, New Steel Casting Processes for Thin Slabs and Strip – A Historical Perspective. Iron and Steelmaker, 7 40-60 (1988).

[DAV95]   C. H. J. Davies, W. C. Chen, E.B. Hawbolt, I. V. Samarasekera, J. K. Brimacombe, Particle fracture during extrusion of a 6061/alumina composite. Scripta Metallurgica et Materialia, 32 [3] 309-314 (1995)

[DAW96]   J. R. Dawson, Conform Machinery for the manufacture of round and multipart aluminium-tube. Aluminium Today, 11-17 (1996)

[DEG92]   H. P. Degischer, Schmelzmetallurgische Herstellung von Metallmatrix-Verbundwerkstoffen. In: K. U. Kainer (Hrsg.), Metallische Verbundwerkstoffe. DGM Informationsgesellschaft, Oberursel (1992)

[DON04]   L. Donati, L. Tomesani, the prediction of seam weld quality in aluminium extrusions, J. Mat. Proc. Tech. 153-154 366-373 (2004)

[DRA04]   K. Draeger, Leichtbau in der Struktur des neuen BMW- 5er, Prakt. Metallographie Sonderband 36 3-8 (2004)

[FAR11]   Farwest corrosion control company, Extruded rod and ribbon magnesium anodes for cathodic protection [online]. März 2011, erhältlich im Internet unter www.farwestcorrosion.com/fwst/anodgalv/timminco01.htm

[FLI03]   I. Flitta, T. Sheppard, Nature of friction in extrusion process and its effect on material flow, Mat. Sci. Tech. 19 [6] 837-846 (2003)

[FUR81]   P. Furrer, R. Gitter, J. Maier, Stranggepreßte Verbundprofile. In: Verbundwerkstoffe. DGM-Verlag, Oberursel, 141-155 (1981)

[GAO99]   F. Gao, B. Y. Song, C. B. Jia, Y. H. Wang, A Study of Continuous Extrusion-Cladding Process for Production of Aluminium-Cladding Steel Wires, Acta Met. Sinica, 12 [5] 802-806 (1999)

[GAS00]   J. Gasiorczyk, J. Richert, Application to FEM Modelling to Simulate Metal Flow Through Porthole Dies. Proc. of the 7th International Aluminum Extrusion Technology Seminar (ET2000), Chicago (USA), 195-202 (2000)

[GEN11]   GENA, Extruded magnesium anode [online]. März 2011, erhältlich im Internet unter www.genamg.com/cphtm/Cathodic%20Production%20Systems-1-4.htm

[GIT89]   R. Gitter, Verbundstranggepresste Aluminium-Stahl-Schweißverbinder und ihre Schwingfestigkeit. Schweißen und Schneiden, 41 [7] 323-327 (1989)

[GLÜ96]   J. Glück, U. Bock, Deutsches Patent Nr. DE 4422533 A1 Offenlegungs-schrift. Deutsches Marken- und Patentamt München (1996)

[GRI09]   N. Grittner, H. von Senden gen. Haverkamp, O. Stelling, D. Bormann, K. Schimanski, M. Nikolaus, A. von Hehl, Fr.-W. Bach, H.-W. Zoch, Verbund-strangpressen von Titan-Aluminium-Verbindungen, Mat.-wiss. u. Werkstofftech. 2009, 40 [12] 901-906 (2009)

[GRO06]   C. U. Grosse, A. Wanner, J. H. Kurz, L. Linzer, Acoustic emission. In: G. Busse (ed.), Damage and its Evolution in Fiber-Composite Materials: Simulation and Non-Destructive Evaluation, ISD Verlag, 37-60 (2006)

[GRO96]   U. Grosse, Quantitative zerstörungsfreie Prüfung von Baustoffen mittels Schallemissionsanalyse und Ultraschall, Dissertation am Institut für Bau-ingenieur- und Vermessungswesen, Universität Stuttgart (1996)

[GÜR59]   Gürtler, Symposium „Aluminium im internationalen Schiffbau". Schiff und Hafen, 11 [1] 27-30 (1959)

[HAM08a]   T. Hammers, E. Kerscher, M. Schikorra, D. Löhe, Mechanical Properties of Compound Extruded Stringer Profiles. In: Proc. 1st Eucomas, VDI-Berichte 2028, 445-446 (2008)

[HAM09a]   T. Hammers, D. Pietzka, T. Kloppenborg, K. Weidenmann, E. Kerscher, M. Schikorra, A. E. Tekkaya, D. Löhe, D, Verbesserung der Werkstoff- und Bauteileigenschaften von Luftfahrtstringern durch Verbundstrangpres-sen. In: Fortschr. Ber. VDI Reihe 2 Nr. 668, VDI-Verlag Düsseldorf, 351-369 (2009)

[HAM09b]   T. Hammers, M. Merzkirch, K. A. Weidenmann, E. Kerscher, Mechani-sches Verhalten ausgewählter Werkstoffsysteme verbundstranggepress-ter Leichtbauprofile unter quasistatischer Belastung. In: Krenkel W.: Ver-bundwerkstoffe, 155-161 (2009)

[HER00]   S. Herrmann, Verbundstromschienen – Betriebserfahrungen und Weiter-entwicklung. Elektrische Bahnen, 98 [1-2] 52-56 (2000)

[HIL63]   R. Hill, Elastic Properties of Reinforced Solids: Some Theoretical Princi-ples. J. Mech. Phys. Solids, 11, 357-372, 1963

[HOR70]   N. Hormark, D. Ermel, Kupferumhülltes Aluminium – ein neuer Werkstoff für die industrielle Fertigung von Kompoundleitern. Drahtwelt, 56 424-426 (1970)

[HUM97]   K. Hummert, PM-Aluminium als Hochleistungswerkstoff – Entwicklung, Herstellung und Anwendung. Neuere Entwicklungen in der Massivumformung, Verlag DGM Informationsgesellschaft, Oberursel (1997)

[JAN75]   G. Jangg, F. Kutner, G. Korb, Herstellung und Eigenschaften von dispersionsgehärtetem Aluminium. Aluminium, 51 641-645 (1975)

[JAN95]   J. Janczak, L. Rohr, P. Schulz, and H. P. Degischer, Grenzflächenuntersuchungen an endlosfaserverstärkten Aluminiummatrix-Verbundwerkstoffen für die Raumfahrt. Oberflächen Werkstoffe, 36 16-19 (1995)

[JO03]   H. H. Jo, C. S. Jeong, S. K. Lee, B.M. Kim, Determination of welding pressure in the non-steady-state porthole die extrusion of improved Al7003 hollow sections tubes, J. Proc. Tech. 139 428-433 (2003)

[KAI03]   K.U. Kainer, Grundlagen der Metallmatrix-Verbundwerkstoffe. In: K. U. Kainer (Hrsg.), Metallische Verbundwerkstoffe. Wiley-VCH Verlag, Weinheim (2003)

[KAL02]   S. Kalz, Numerische Simulation des Strangpressens mit Hilfe der Methode der finiten Elemente, Dissertation, Shaker-Verlag, Aachen (2002)

[KAN00]   C. G. Kang, N. H. Kim, B. M. Kim, The effect of die shape on the hot extrudability and mechanical properties of 6061 Al/Al_2O_3 composites. J. Mat. Proc. Tech., 100 53-62 (2000)

[KAN94]   C. G. Kang, S. S. Kang, Effect of Extrusion on Fiber Orientation and Breakage of Alumina Short Fiber Composites. J. Comp. Mat., 28 [2] 155-165 (1994)

[KEL65]   A. Kelly, G. J. Davies, The Principles of the Fibre Reinforcement of Metals. Metallurgical Reviews, 10 [37] 1-78 (1965)

[KHA09]   N. Ben Khalifa, D. Becker, D. Pietzka, A. E. Tekkaya, Strangpressen – Innovative Verfahren für Leichtbau und Ressourcenschonung. International Aluminium Journal, 85 (1-2) 95-100 (2009)

[KLA02]   A. Klaus, Verbesserung der Fertigungsgenauigkeit des Rundens beim Strangpressen, Dissertation, Shaker-Verlag, Aachen (2002)

[KLA04a] A. Klaus, M. Schomäcker, M. Kleiner, First Advances in the Manufacture of Composite Extrusions for Lightweight Constructions. Light Metal Age, 62 [8] 12-21, 2004

[KLA04b]   A. Klaus, M. Schomäcker, M. Kleiner, Verbundstrangpressen – Perspektiven für den automobilen Leichtbau. In: Tagungsband 11. Sächsiche Fachtagung Umformtechnik (SFU), Freiberg, 281-297 (2004)

[KLE04a]   M. Kleiner, M. Schomäcker, M. Schikorra, A. Klaus, Herstellung verbundverstärkter Aluminiumprofile für ultraleichte Tragwerke durch Strangpressen. Mat.woss. und Werkstofftech., 35 [7] 431-439 (2004)

[KLE04b]   M. Kleiner, A. Klaus, M. Schomäcker, Verbundstrangpressen. Aluminium, 80 [12] 1370-1374 (2004)

[KLE04c]   M. Kleiner, M. Schomäcker, M. Schikorra, M. Klaus, Manufacture of Continuously Reinforced Profiles Using Standard 6060 Billets. Proc. 8th Int. Aluminum Extrusion Technology Seminar, Orlando, USA, 2 461-468 (2004)

[KLE04d]   M. Kleiner, M. Schikorra, Simulation des Verbundstrangpressens. Aluminium, 80 [12] 1400-1404 (2004)

[KLE04e]   M. Kleiner, M. Schikorra, M. Schomäcker, A. Klaus, Numerical Analysis of Continuously Reinforced Extrusion Annals of the WGP, Production Engineering XI/2, 143-146 (2004)

[KLE06a]   M. Kleiner, A. Klaus, M. Schomäcker, Composite Extrusion – Determination of the Influencing Factors on the Positioning of the Reinforcing Elements. In: Advanced Materials Research: Flexible Manufacture of Lightweight Frame Structures, 10 13-22 (2006)

[KLE06b]   M. Kleiner, M. Schomäcker, A. Klaus, Influencing Factors on the Manufacture of Composite Extrusions. In: Annals of the German Academic Society for Production Engineering, WGP, Vol XIII/1 (2006)

[KLE06c]   M. Kleiner, M. Schikorra, Simulation of Welding Chamber Conditions for Composite Profile Extrusion. In: Proc. of the 11th International Conference on Metal Forming / Journal of Materials Processing Technology, 177 [1-3] 587-590 (2006)

[KLE09a]   M. Kleiner, A. E. Tekkaya, D. Becker, D. Pietzka, M. Schikorra, Combination of curved profile extrusion and composite extrusion for increased lightweight properties, Prod. Eng. Res. Devel. 3 63-68 (2009)

[KLO07]   T. Kloppenborg, M. Schikorra, M. Schomäcker, A. E. Tekkaya, Numerical Optimization of Bearing Length in Composite Extrusion Processes, In: Proceedings of International Workshop and Extrusion Benchmark, Bologna, Italy (2007)

[KLO08a]   T. Kloppenborg, T. Hammers, M. Schikorra, E. Kerscher, A. E. Tekkaya, D. Löhe, Prototype Manufacturing of Extruded Aluminum Aircraft Stringer Profiles with Continuous Reinforcement. In: Advanced Materials Research: Flexible Manufacture of Lightweight Frame Structures – Phase II: Integration , 43 167-174 (2008)

[KLO08b]   Th. Kloppenborg, M. Schikorra, A. E. Tekkaya, Numerical Optimization of the Reinforcement Position in Aluminum Composite Extrusion, In: Proc. of the International Conference on Aluminium Alloys – ICAA, Aachen (2008)

[KLO09a]   Th. Kloppenborg, A. Brosius, A. E. Tekkaya, Simulation des Verbundstrangpressens. In: Fortschr. Ber. VDI Reihe 2 Nr. 668 3-25 (2009)

[KLO10a]   T. Kloppenborg, N. B. Khalifa, A. E. Tekkaya, Accurate Welding Line Prediction in Extrusion Processes, Key Engineering Materials 424 87-95 (2010)

[KLO11]   Th. Kloppenborg, A. Brosius, A. E. Tekkaya, Simulation des Verbundstrangpressens. In: Fortschr. Ber. VDI Reihe 2 Nr. 678, 233-254 (2011)

[KOL80a]   J. Kolerus, Schallemissionsanalyse. Teil 1: Schallemission: Enstehung, Ausbreitung und Anwendung, Technisches Messen 47 [11] 389-394 (1980)

[KOL80b]   J. Kolerus, Schallemissionsanalyse. Teil 2: Verfahren und Geräte, Technisches Messen 47 [12] 427-434 (1980)

[KOU01]   M. Kouzeli, L. Weber, C. San Marchi, A. Mortensen, Influence of damage on the tensile behaviour of pure aluminium reinforced with >40 vol. pct alumina particles Acta Materialia 49, 3699-3709 (2001)

[KRY91]   J. Kryze, P. Bebran, D. Baptiste, D. Francois, Elaboration of a coextruded graphite-fibers – aluminium MMC experimental and analytical relationship between microstructure and sensitivity to damage iteration. In: Metal Matrix Composites – Processing, Microstructure and Properties, Proc. Of the 12th Risø Int. Symp. On Mat. Science, Risø Nat. Lab. 455-460 (1991)

[LAN85]   J. Langerweger, B. Maddock, Sviluppi nell' estrusione continua: il processo conform. Tecnologie del Filo, 3 [2] 56-59 (1985)

[LOF00a]   J. Lof, Developments in finite element simulations of aluminium extrusion, Dissertation, Universität Twente (NL) (2000)

[LOF00b]   J. Lof, J. Huétink, K. E. Nilsen, FEM Simulation of Aluminium Extrusion Using an Elasto-Viscoplastic Material Modell. Proc. 7th Intl. Aluminium Extr. Tech. Seminar, Chicago (USA) 157-168 (2000)

[LÖH04]   D. Löhe, V. Schulze, C. Fleck, K. A. Weidenmann, Verbundstranggepresste Aluminiummatrixverbunde – Werkstoffauswahl und Charakterisierung ausgewählter Metall-Metall-Systeme, Aluminium, 80 [12] 1374-1378 (2004)

[MAH03]   D. Mahlke, J. Glück, Aluminium-Stahl-Stromschiene ASS 5100, EI – Eisenbahningenieur 54 [2] 32-35 (2003)

[MAR84]   D. B. Marshall, An Indentation Method for Measuring Matrix-Fibre Frictional Stresses in Ceramic Composites. J. Am. Ceram. Soc., 67 C259-260 (1984)

[MAZ05]   P. Mazal, L. Pazdera, L. Kolar, Advanced acoustic emission signal treatment in the area of mechanical cyclic loading, Proc. Of the International Conference of the Slovenian Society for non-destructive testing, 283-292 (2005)

[MEI10]   M. Meissner, Experimentelle und CAE gestützte Untersuchung des Schädigungsverhaltens der unidirektional federstahldrahtverstärkten Aluminiumlegierung EN AW-6082 bei variierendem Verstärkungsgehalt, Studienarbeit, KIT Karlsruhe (2010)

[MER08a]   M. Merzkirch, K.A. Weidenmann, E. Kerscher, D. Löhe, D. Pietzka, M. Schikorra, A. E. Tekkaya, Mechanical Properties of Hybrid Composite Extrusions of an Aluminum-Alumina Wire Reinforced Aluminum Alloy, Proceedings, Materials Science and Technology 2008, October 5-9, 2008, Pittsburgh,Pennsylvania, 2552 – 2562 (2008)

[MER08b]   M. Merzkirch, K. A. Weidenmann, E. Kerscher, D. Löhe, Documentation of the Corrosion of Composite-Extruded Aluminium Matrix Extrusions using the Push-Out Test. In: Advanced Materials Research: Flexible Manufacture of Lightweight Frame Structures – Phase II: Integration 43 17-22 (2008)

[MER08c]   M. Merzkirch, K.A. Weidenmann, E. Kerscher, D. Löhe, The use of acoustic emission to determine damage evolution during cyclic loading of wire reinforced AlSiMg0.5 In: P. D. Portella, T. Beck, M. Okazaki, Proceedings of 6th Int. Conference on Low Cycle Fatigue – LCF6, Berlin, 649-654 (2008)

[MER09a]   M. Merzkirch, K. A. Weidenmann, E. Kerscher, D. Löhe, Werkstoffsysteme für verstärkte Leichtbauprofile. In: Fortschr. Ber. VDI Reihe 2 Nr. 668, VDI-Verlag Düsseldorf 45-64 (2009)

[MER11a]   M. Merzkirch, A. Reeb, K. A. Weidenmann, V. Schulze, Charakterisierung des Verformungs- und Schädigungsverhaltens unidirektional drahtverstärkter Aluminium- und Magnesiummatrixverbunde unter Zug- und Druckbeanspruchung. In: B. Wielage (Hrsg.), Proceedings of the 18 DGM Verbundwerkstoffe Symposium: Verbundwerkstoffe und Werkstoffverbunde, Chemnitz 103-108 (2011)

[MER11b]   M. Merzkirch, K. A. Weidenmann, V. Schulze, Werkstoffkundliche Charakterisierung verbundstranggepresster Leichtmetallmatrix-Verbundwerkstoffe. In: Fortschr. Ber. VDI Reihe 2 Nr. 678, 49-72 (2011)

[MIE80a]   G. Mier, Aluminium-Verbundstromschienen für die S-Bahn Hamburg und die U-Bahn Berlin. Metall, 34 [10] 933-936 (1980)

[MIE80b]   G. Mier, Aluminium-Verbundstromschienen im S- und U-Bahnbetrieb. Schweizer Aluminium Rundschau, 1 9-13 (1980)

[MIE80c]   G. Mier, Stromeinsparung durch Aluminium-Verbundstromschienen für S- und U-Bahnen, ETZ 101 6 (1980)

[MIE82]   G. Mier, Erfahrungen mit Aluminium-Verbundstromschienen bei elektrischen Bahnen. Schweizer Aluminium Rundschau, 6 250-256 (1982)

[MIE87]   G. Mier, Verbundstromschienen Aluminium-Stahl für S- und U-Bahnen. Schweizer Aluminium Rundschau, [5] 12-17 (1987)

[MÖH04]   W. Möhler, H.-U. Menzel, Strangpressen von Werkstoffverbunden. In: R. Kawalla (Hrsg.), Proc. MEFORM 2004 – Technologie der Werkstoffverbundherstellung durch Strangpressen, Freiberg (2004)

[MOR85]   T. Morooka, Ch. Kawamura, E. Yuasa, T. Suzuki, Influence of volume fraction and shape of fibre on tensile strength in the short stainless steel fibre reinforced aluminium composites prepared by powder extrusion. Aluminium, 61 [9] 666-669 (1985)

[MÜL03]   K. Müller, Strangpressen metallischer Verbundwerkstoffe. In: K. Müller, Grundlagen des Strangpressens. expert-Verlag, Renningen (2003)

[MÜL91]   K. Müller, Neuere Entwicklungen in der Massivumformung. In: K. Siegert (Hrsg.), Neuere Entwicklungen in der Massivumformung. DGM Informationsgesellschaft Verlag (1991)

[MÜL95]   K. Müller et. al., Grundlagen des Strangpressens, Kontakt und Studium, 286, Expert-Verlag, Renningen (1995)

[OST98]   F. Ostermann, Anwendungstechnologie Aluminium. Springer-Verlag Heidelberg (1998)

[PIE08a]   D. Pietzka, M. Schikorra, A. E. Tekkaya, Embedding of Alumina Reinforcing Elements in the Composite Extrusion Process, Advanced Materials Research: Flexible Manufacture of Lightweight Frame Structures – Phase II: Integration , 43 9-16, (2008)

[PIE08b]   D. Pietzka, M. Schikorra, A. E. Tekkaya, Experimental Investigations of Embedding Alumina Reinforcing Fibers in the Composite Extrusion Process, Proc. XI. Seminar of Students and Young Mechanical Engineers, Gdansk (Poland), 107-110 (2008)

[PIE09a]   D. Pietzka, A. E. Tekkaya, Verbundstrangpressen. In: Fortschr. Ber. VDI Reihe 2 Nr. 668, VDI-Verlag Düsseldorf (2009)

[PIE11]   D. Pietzka, A. E. Tekkaya, Herstellung von Verbundprofilen durch Strangpressen. In: Fortschr. Ber. VDI Reihe 2 Nr. 678, 27-47 (2011)

[PIW00]   J. Piwnik, M. Plata, Theoretical and Experimental Analysis of Seam Weld Formation, Proc. of 7th Aluminium Extrusion Technology Seminar, Chicago, 205-211 (2000)

[RUP81]   D. Ruppin, K. Müller, Fertigungsmöglichkeiten von Faserverbundwerkstoffen des Types Metall-Graphit durch Strangpressen. Z. f. Werkstofftechnik, 12 263-271 (1981)

[SAE70]   K. E. Saeger, Faserverstärkte Verbundstoffe mit Aluminium-Matrix. Aluminium, 46 [10] 681-686 (1970)

[SAU01]   G. Sauer, A. Ames, Werkzeuge zum Strangpressen. In: M. Bauser, G. Sauer, K. Siegert, Strangpressen. Aluminium-Verlag, Düsseldorf (2001)

[SCH00]   K. Schemme, Strangpressen von Magnesium. In: Magnesium-Taschenbuch. Aluminium-Verlag, Düsseldorf (2000)

[SCH01]   M. Schomäcker, Entwicklung und Konstruktion einer Sondervorrichtung zum faserverstärkten Strangpressen, Studienarbeit, Universität Dortmund (2001)

[SCH04a]   M. Schikorra, M. Schomäcker,M. Kleiner, Numerical Analysis of Material Flow in Continuously Reinforced Extrusion of Profiles. In: Tagungsbeitrag auf der Konferenz NAFEMS: Simulation of Complex Flows (CFD) – Application and Trends, 3rd-4th May 2004, Niedernhausen b. Wiesbaden, www.nafems.de (2004)

[SCH05a]   M. Schikorra, M. Kleiner, Simulation of Aluminium-Steel Composite Extrusion. In: Proceedings of the Nafems World Conference, 17.05.-20.05. 2005, Malta

[SCH05b]   M. Schikorra,M. Kleiner, Extrusion benchmark: Steady state and transient 3D-Simulation with Altair HyperXtrude, Proc. of the Extrusion Conference, 10.03.-11.03. 2005, ETH Zürich, Switzerland (2005)

[SCH06a]   M. Schikorra, Modellierung und simulationsgestützte Analyse des Verbundstrangpressens. Dissertation, Universität Dortmund (2006)

[SCH06b]   M. Schikorra, L. Donati, L. Tomesani, M. Kleiner, Role of Friction in Extrusion of AA6060 Aluminium Alloy: Process Analysis and Monitoring (Part I), Electronic proceedings of AMPT 2006 Conference, Las Vegas, USA (2006)

[SCH06c]   M. Schikorra, L. Donati, L. Tomesani, M. Kleiner, Role of Friction in Extrusion of AA6060 Aluminium Alloy: FEM Simulations (Part II), Electronic proceedings of AMPT 2006 Conference, Las Vegas, USA (2006)

[SCH06d]   M. Schikorra, M. Kleiner, Seam Weld Positioning for Composite Extrusion. In: Advanced Materials Research: Flexible Manufacture of Light Weight Frame Structures 10 100-110 (2006)

[SCH06e]   Th. Schwind, K. A. Weidenmann, E. Kerscher, K.-H. Lang, D. Löhe, Werkstoffverhalten drahtverstärkter Verbundstrangpressprofile mit Aluminiummatrix unter zyklischer Beanspruchung In: Borsutzki, M.; Geisler, S.: Tagungsband "Werkstoffprüfung 06" – Fortschritte der Kennwertermittlung für Forschung und Praxis, Stahleisen-Verlag, Düsseldorf, 325-332 (2006)

[SCH07a]   M. Schomäcker, M. Schikorra, M. Kleiner, 4 YEARS OF RESEARCH ON COMPOSITE EXTRUSION. In: Konferenzbeitrag Aluminium Two Thousand, Florenz (2007)

[SCH07b]   M. Schomäcker, M. Schikorra, M. Kleiner, Verbundstrangpressen In: Fortschr. Ber. VDI Reihe 2 Nr. 661, VDI-Verlag Düsseldorf (2007)

[SCH07c]   M. Schomäcker, Verbundstrangpressen von Aluminiumprofilen mit endlosen metallischen Verstärkungselelementen. In: Shaker Verlag, Reihe Dortmunder Umformtechnik, Dissertation, Universität Dortmund (2007)

[SCH07d]   M. Schikorra, M. Schomäcker, T. Kloppenborg, E. Tekkaya, K. Weidenmann, E. Kerscher, D. Löhe, Improved Properties of Aircraft Stringer Profiles by Composite Extrusion, Proceedings APT07 – International conference on Applied Production Technology, Bremen, 285-292 (2007)

[SCH07e]   M. Schikorra, M. Kleiner, Simulation-Based Analysis of Composite Extrusion Processes, CIRP Annals 56 [1] 317-320 (2007)

[SCH07f]   M. Schikorra, L. Donati, L. Tomesani, M. Kleiner, The role of friction in the extrusion of AA6060 aluminum alloy, process analysis and monitoring, Journal of Materials Processing Technology, 191 [1-3] 288-292 (2007)

[SCH07g]   M. Schikorra, M. Kleiner, Simulation des Verbundstrangpressens. In: Fortschr. Ber. VDI Reihe 2 Nr. 661, VDI-Verlag Düsseldorf (2007)

[SCH08a] M. Schikorra, A.E. Tekkaya, M. Kleiner, Experimental investigation of embedding high strength reinforcements in extrusion profiles, CIRP Annals – Manufacturing Technology, 57 [1] 313-316 (2008)

[SCH08b] M. Schikorra, M. Schomäcker, Th. Kloppenborg, A. E. Tekkaya, Simulation and Experimental Investigations on Composite Extruded Processes, Proc. of Ninth International Aluminum Extrusion Technology Seminar, Orlando, USA, 297-307 (2008)

[SEL11] A. Selvaggio, A.E. Tekkaya, Mehrachsiges Runden beim Strangpressen. In: Fortschr. Ber. VDI Reihe 2 Nr. 678, 3-24 (2011)

[SIE01] K. Siegert, Conform-Verfahren. In: M. Bauser, G. Sauer, K. Siegert, Strangpressen. Aluminium-Verlag, Düsseldorf (2001)

[STE90] W. Steininger, Eine Untersuchung zur FE-Simulation von Gesenkschmiedeprozessen. Dissertation, Universität Dortmund, VDI-Verlag, Düsseldorf (1990)

[STÖ78] D. Stöckel, Faserverbundwerkstoffe. In: G. Rau, Metallische Verbundwerkstoffe. Werkstofftechnische Verlagsgesellschaft, Karlsruhe (1978)

[SUR98] S. Suresh, Fatigue of Materials. 2. Ed., Cambridge University Press, Cambridge, Großbritannien (1998)

[TAY34] G. I. Taylor, H. Quinney, The Latent Energy in a Metal after Cold Working, Proc. of the Royal Society London, A413, 307-326 (1934)

[THE76] J. J. Theler, A. Wagner, A. Ames, Herstellung von Aluminium/Stahl-Verbundstromschienen mit metallurgischer Bindung zwischen Aluminium und Stahl durch Verbundstrangpressen. Metall, 30 [3] 223-227 (1976)

[TIL05] W. Tillmann, E. Vogli, K. A. Weidenmann, C. Fleck, Reinforced lightweight composite materials. Proc. of ITSC 2005, Basel/Schweiz, 2.–4.05.2005, Br. 658 (2005)

[TIL76] L. Tillmann, Der Einfluss von Faser/Matrix-Reaktionen auf die mechanischen Eigenschaften von Aluminium-Faserverbundwerkstoffen, Dissertation, Universität Stuttgart (1976)

[TON02] T. Tonogi, K. Okazato, S. Tsukada, Precise Extrusion Technology by Conform Process for Irregular Sectional Copper, Hitachi Cable Review 21 77-82 (2002)

[VOI89]   W. Voigt, Ueber die Beziehung zwischen den beiden Elasticitätsconstanten isotroper Körper. Annalen der Physik 38 573-587 (1889)

[WAG75]   A. Wagner, H. Kidratschky, Deutsches Patent Nr. DE 2414178 Offenlegungsschrift. Deutsches Marken- und Patentamt München (1975)

[WAG83]   A. Wagner, U. Hodel, Verbundstrangpressen, ein Verfahren zur Herstellung metallisch gebundener Strangpressprofile aus Aluminium und Stahl. Konf.-Einzelbericht: Neue Verfahren der Massivumformung, Symp. D. DGM, Bad Nauheim (1983)

[WAG87]   A. Wagner, H. Kidratschky, Deutsches Patent Nr. DE 2414178 C2 Patentsschrift. Deutsches Marken- und Patentamt München (1987)

[WEI05a]   K. A. Weidenmann, M. Schomäcker, E. Kerscher, D. Löhe, M. Kleiner, Composite extrusion of aluminium matrix specimens reinforced with continuous ceramic fibres, Light Metal Age, 63 [5] 6-10 (2005)

[WEI05b]   K. A. Weidenmann, C. Fleck, V. Schulze, D. Löhe, Materials Selection Process for Compound-extruded Aluminium Matrix Composites, Adv. Engin. Mat. 7 [12] 1150-1155 (2005)

[WEI05c]   K. A. Weidenmann, E. Kerscher, V. Schulze, D. Löhe, Grenzflächen in Verbundstrangpressprofilen auf Aluminiumbasis mit verschiedenen Verstärkungselementen, Praktische Metallographie Sonderband, 37 131-136 (2005)

[WEI05d]   K. A. Weidenmann, C. Fleck, V. Schulze, D. Löhe, Grenzflächencharakterisierung in drahtverstärkten Verbundstrangpressprofilen mit Aluminiummatrix In: M. Schlimmer, Verbundwerkstoffe und Werkstoffverbunde, DGM-Matinfo-Verlag, 45-50 (2005)

[WEI05e]   K. A. Weidenmann, C. Fleck, V. Schulze, D. Löhe, Analyse der Mikrostruktur und des Eigenspannungszustandes seilverstärkter Aluminiumstrangpressprofile, Matwiss. und Werkstofftech., 36 [7] 307-312 (2005)

[WEI06a]   K. A. Weidenmann, Werkstoffsysteme für verbundstranggepresste Aluminiummatrixverbunde, Dissertation, Shaker-Verlag, Aachen (2006)

[WEI06b]   K. A. Weidenmann, E. Kerscher, V. Schulze, D. Löhe, Characterization of the interfacial properties of compound-extruded lightweight profiles using the push-out-technique, Materials Science and Engineering A 424 205-211 (2006)

[WEI06c]   K. A. Weidenmann, E. Kerscher, V. Schulze, D. Löhe, Mechanical Properties of compound-extruded aluminum-matrix profiles under quasi-static loading conditions, Advanced Materials Research: Flexible Manufacture of Lightweight Frame structures, 10 23-34 (2006)

[WEI07a]   K. A. Weidenmann, A. M. Klaska, E. Kerscher, D. Löhe, Gefüge hybrider Verbundstrangpressprofile auf Aluminiumbasis, Prakt. Met. Sonderband 39 231-236 (2007)

[WEI07b]   K.A. Weidenmann, E. Kerscher, V. Schulze, D. Löhe, Werkstoffsysteme für verstärkte Leichtbauprofile. In: Fortschr. Ber. VDI Reihe 2 Nr. 661, 69-105 (2007)

[WEI07c]   K. A. Weidenmann, Th. Schwind, E. Kerscher, D. Löhe, Zyklische Beanspruchung drahtverstärkter Verbundstrangpressprofile mit Aluminiummatrix. In: Materialwissenschaft und Werkstofftechnik, 38 [2] 75-78 (2007)

[WEI07d]   K. A. Weidenmann, C. Fleck, V. Schulze, D. Löhe, Mechanical properties of rope-reinforced aluminium extrusions under quasistatic loading conditions, International Journal of Materials Research (früher: Zeitschrift für Metallkunde), 98 [1] 39-46 (2007)

[WEI08a]   K. A. Weidenmann, E. Kerscher, D. Löhe, Gefüge und Eigenschaften verbundextrudierter Aluminiumlegierungen, MP Materials Testing, 50 [3] 133-141 (2008)

[WEI09a]   K.A. Weidenmann, T. Hammers, M. Merzkirch, E. Kerscher, Charakterisierung des mechanischen Verhaltens verbundstranggepresster Leichtbauprofile unter schlagartiger Beanspruchung. In: Krenkel W.: Verbundwerkstoffe, 168-173 (2009)

[WEI10a]   K. A. Weidenmann, E. Kerscher, T. Hammers, Mechanical Properties of Compound Extruded Aircraft Stringer Profiles Under Cyclic Loading AEM 12 [7] 584-586 (2010)

[WEI10b]   K.A. Weidenmann, E. Kerscher, M. Merzkirch, In Situ Damage Detection With Acoustic Emission Analysis During Cyclic Loading of Wire Reinforced EN AW-6082, Advanced Engineering Materials, 12 [7] 637-640 (2010)

[WOE15]   R. Woernle, G. Benoit, Die Drahtseilfrage. Verlagshaus Gutsch, Karlsruhe (1915)

[YI06]   S.-B. Yi, C.H.J. Davies, H.-G. Brokmeier, R.E. Bolmaro, K.U. Kainer, J. Ho-
           meyer, Deformation and texture evolution in AZ31 magnesium alloy du-
           ring uniaxial loading, Acta Materialia 54, 549–562 (2006)